반기성 교수의
기후와 환경 토크 토크

반기성 교수의

# 기후와 환경
# 토크토크

반기성 지음

프리스마

"슈퍼엘니뇨가 가져온 엄청난 재앙"이라는 한 언론의 기사 제목처럼 2015년에 지구촌은 엄청난 기상 이변을 겪었다. 미국 해양대기청NOAA 또한 "2015년은 지구 관측 사상 가장 무더운 해"였다고 발표했다. 지난 2015년 우리나라도 11월부터 12월까지 이상고온 현상이 발생했다. 미국은 성탄절에 동부지역의 기온이 22℃ 이상 올라가면서 화이트크리스마스가 아닌 벚꽃이 핀 핑크크리스마스를 맞았다. 평균기온이 영하 10℃를 밑도는 모스크바와 헬싱키는 영상 7℃에서 10℃로 평년보다 무려 15℃ 이상 높았다. 이처럼 전 세계 각지에서 일어난 기온 이상은 바로 엘니뇨 때문이다. 그런데 엘니뇨는 높은 기온만이 아니라 미국과 유럽에 폭우도 가져왔다. 미국의 경우 2015년 12월 말에 중서부지역에 250mm의 호우가 내렸다. 400여 곳의 강이 범람 위기를 맞았고, 그중 45곳은 피해가 심각해 무려 1,700만 명이 피난을 해야 할 정도였다. 토네이도도 미주리 주, 텍사스 주를 강타하면서 큰 재해가 발생했다. 유럽의 폭우 역시 엄청난 피해를 가져왔다.

사실 토네이도나 폭우는 겨울에 나타나지 않는다. 기온이 낮아지면 공기 중에 함유된 수증기량이 적어 집중호우가 내리지 않는다. 그런데도 한겨울 집중호우가 발생한 것은 미국 지역의 기온이 초여름 기온으로 급상승했기 때문이다. 기후변화는 엘니뇨를 더 자주 더 강하게 발생시킨다고 기후학자들은 보고 있다. 기후변화나 강력한 엘니뇨는 기상 재해와 경제적 피해만 가져오지는 않는다. 인류의 문명을 붕괴시킬 수도 있다.

"예전의 그리스 땅은 비옥했다. 수많은 사람을 먹여 살릴 만큼 식량도 풍족했다. 나무가 많았고 토양이 두터워 땅은 빗물을 저장했다. 적당한 비와 풍부한 샘물과 강은 풍요의 상징이었다. 그러나 지금은 아니다. 기름진 땅은 떠내려가고 앙상한 땅덩어리만 남았다." 그리스 철학자 플라톤이 『플라톤의 대화』 「크리티아스」 편에서 한탄하는 말이다. 기후변화와 환경 파괴가 그리스를 황폐화시켰다는 그의 말은 선견지명이다.

그렇다면 정말 기후변화가 문명의 흥망에 영향을 줄까? 제레드 다이아몬드는 『문명의 붕괴Collapse』에서 기후변화, 환경훼손, 인구증가 등이 문명을 붕괴시킨다고 말한다. 엘스워드 헌팅턴은 "기후가 건조해지자 경제적 곤궁, 기근, 무질서가 그리스를 휩쓸었다. 로마 제국이 무너진 것도 3세기 초반에 조성된 열악한 기후 조건 때문이다"라고 말한다. 그렇다면 기후변화에서 가장 큰 피해를 가져오는 엘니뇨도 문명에 영향을 줄까? 역사 속에 답이 있다. 한 번도 아니고 여러 번 영향을 주었다.

먼저 앙코르 왕국을 살펴보자. 왕국이 위치한 동남아시아는 비가 많이 오는 지역이다. 앙코르 왕국의 전성기는 900~1200년대로 이때는 지구온난기와 우기가 겹치면서 벼농사는 매년 풍작이었다. 풍부한 농산물은 앙코르 왕국을 떠받치는 하늘의 선물이었다. 그런데 16세기 말에 이르러서 앙코르 왕국은 붕괴한다. 대체 무슨 일이 벌어진 것일까? 기후학자들은 벼농사의 쇠퇴가 결정적이었다고 말한다. 오랫동안 계속된 가뭄으로 벼농사가 큰 타격을 입었기 때문이라는 거다. 동남아 지역에 가뭄이 발생하는 경우는 엘니뇨가 발생하는 때이다. 엘니뇨 때는 몬순이 발달하지 못하고 고기압이 발달한다. 비가 내리지 않고 심각한 가뭄이 발생하고 수시로 발생하는 엘니뇨로 인해 식량 생산이 격감될 수밖에 없다. 결국 앙코르 문명은 식량 부족이 환경 파괴와 겹쳐지면서 열대 우림에 잠들고 만 것이다.

마이크 데이비스의 『빈곤의 역사Late Victorian Holocausts: El Niño Famines and the Making of the Third World』를 보면 1876년부터 1879년까지 무려 4년 동안 계절풍이 불지 않았다. 엘니뇨 때문이었다. 그 여파로 인도에서 1,030만 명이, 중국에서도 2,000만 명이 굶어 죽었다고 한다. 19세기 말까지 강력한 엘니뇨가 세 차례나 전 세계를 강타했다. 대기근은 남아프리카에도 잔인하게 몰려왔다. 비가 내리지 않자 초지가 사라져 가축들이 먼저 죽었다. 식량과 물이 부족해지면서 노약자들도 쓰러져 갔다. 당시 남아프리카 원주민인 줄루족은 지배국이었던 영국에 도움을 요청했다. 그러나 영국은 그들의 요청을 거절했다. 살기 위해 줄루족은 1878년 반란을 일으켰다. 그리고 줄루Zulu 문명은 영국의 토벌로 역사 속에서 사라졌다.

서남아프리카에 있는 나미비아에서도 마찬가지 일이 벌어졌다. 이 지역을 지배하던 나라는 독일이었다. 엘니뇨는 동부아프리카에도 심각한 가뭄을 가져왔다. 대기근이 들자 나미비아의 독일인들은 원주민인 헤레로족을 그들의 거주지에서 쫓아냈다. 생존을 위해 헤레로족은 1904년 반란을 일으켰으나 독일군에 의해 거의 몰살당했다. 엘니뇨가 헤레로Herero 문명을 사라지게 한 원인이 된 것이다.

남태평양 뉴칼레도니아의 카나크족도 엘니뇨와 제국주의의 희생자다. 프랑스는 엘니뇨로 대가뭄이 들자 원주민 땅을 빼앗았다. 1878년 카나크족은 대기근을 견디다 못해 반란을 일으킨다. 그러나 프랑스의 신무기에 당할 방법이 없었다. 카나크족이 몰살되면서 또 하나의 아름다운 문명이 사라졌다. 남미 페루 지역에 있었던 치무Chimu 문명도 엘니뇨의 영향으로 멸망했다. 미국의 고고학자 미카엘은 엘니뇨에 수반된 엄청난 비가 치무 문명을 붕괴시켰다고 말한다. 일부 기후학자들은 마야와 잉카Inca 문명 멸망에도 엘니뇨가 영향을 주었다고 말한다.

자, 그렇다면 엘니뇨는 현대문명에도 영향을 줄까? 미 국방성은 「미래 예측 보고서」에서 더 심해지는 기후변화와 엘니뇨 등으로 몇몇 국가는 금세기 안에 사라질 것이라고 예측했다. 엘니뇨 등의 이상기상과 기후변화는 우리에게도 미래의 큰 위협으로 다가올 것이다.


저 하늘 무지개를 보면 내 가슴은 뛰노라

내 어린 시절이 그러했고 어른인 지금도 그러하고

늙어서도 그러하리.

그렇지 않으면 차라리 죽는 게 나으리.

    윌리엄 워즈워스의 「무지개」라는 시에 나오는 내용이다. 어린시절 교과서에 실린 그의 시를 읽고는 무척이나 아름다운 서정시라는 생각을 했다. 그러나 후에 그가 사라져 가는 무지개에 대한 안타까움을 그린 시였다는 것을 알았다. 그의 조국 영국은 산업혁명으로 매연이 도시를 뒤덮었다. 오염물질이 공기 중에 많아지면 무지개는 나타나지 않는다. 그는 어릴 적에 아름다운 무지개를 많이 보았을 것이다. 그런데 어른이 되었을 때 무지개가 사라졌다. 얼마나 안타까웠을까? 알고 보니 그는 평생 70만 리(28만km)를 걸으면서 자연파괴에 반대한 환경주의 시인이었다.

    당시 세계적인 시인들은 자연을 사랑했다. 환경이 보존되어야 한다고 생각했다. 괴테는 구름에 관한 많은 시를 남겼다. "바다의 침묵한 가슴을 넘어가니 / 차가운 연무가 내뿜은 덮개 마냥 걸려 있네." 층운에 관한 시에 나온다. 적운은 "아직도 솟아오르니, 마치 천상의 부름이 / 그것을 하늘의 지고한 방으로 몰아대는 듯하네", 권운은 "더 높고 높지만 수증기가 굴러떨어지네 / 당당함은 그 혼의 가장 고귀한 자극이라!"라고 읊었다. 그의 구름에 대한 시를 읽다 보면 감탄할 수밖에 없다.

    1820년대 초 메리셸리도 자연을 노래한다. "나는 갈증 난 꽃들에게 시원한 소낙비를 전하네 / 바다와 강물을 축여서 / 나는 백일몽에 잠긴 잎새들에게 / 살포시 그늘을 드리우네." 셸리의 감성적 자연은 존 러스킨에게도 영향을 준다. 그는 산업화로 파괴되는 자연을 다룬 책을 출간하기도 했다. 이런 감성적인 흐름을 과학적인 흐름으로 바꾼 사람이 레이첼 카슨Rachel Carson이다. 그녀는 『침묵의 봄Silent Spring 』에서 환경 파괴의 무서움을 이야기한다. 이후 환경운동이 본격화되기 시작했다.

말로만 환경보호가 아닌 행동이 중요함을 알리는 계기는 1969년 코펜하겐 대학교에서 열린 과학자들의 세미나 때 벌어진 사건이었다. 이 대학 학생들이 세미나 장으로 오염된 물을 들고 들어와 과학자들에게 뿌렸다. 그 후 여러 운동을 거쳐 1992년 브라질의 리오에서 지구정상회의가 열렸다. 기후변화, 생물 다양성 감소, 산림유실이 주요 과제였다. 기후변화협약도 나왔으나 선진국과 후진국의 이해 충돌로 조약체결은 이루어지지 않았다. 1997년에 와서야 온실가스 배출량을 1990년 수준으로 줄이자는 교토협정이 맺어진다. 그러나 이 역시 미국 등의 참가 거부로 유명무실해졌다. 1988년 유엔 정부간기후변화위원회IPCC[1]가 출범하면서 정량적인 온실가스의 위험이 연구되기 시작했다.

2014년 5차 보고서가 나왔다. 결과는 지구온난화의 원인이 온실가스라는 점, 그리고 온실가스를 감축하는 비용이 지구온난화로 인해 입게 되는 경제적 피해보다 적다는 것 등이었다.

2015년 12월 파리에서 기후변화협약당사국총회COP21가 열렸다. 회의가 열리기 전에 오바마 미국 대통령은 "기후변화의 위협은 IS의 테러리즘과 유사"하다면서 더는 기회를 놓치면 안 된다고 역설했다. 프란치스코 교황은 "전 세계가 자살 일보 직전 … 환경재앙 막아야"라고 기후합

---

**1** 국제연합의 전문기관인 세계기상기구(WMO)와 국제연합환경계획(UNEP)에 의해 1988년 설립된 조직이다. 인간 활동에 대한 기후변화의 위험을 평가한다. IPCC는 연구를 수행하거나 기상 관측을 하는 조직은 아니다. 기후변화에 관한 국제연합기본협약(UNFCCC)의 실행에 관한 보고서를 발행하는 것이 주 임무이다.

의를 강하게 요구했다.

환경운동가인 필리프 스콰르조니Philippe Squarzoni는 온실가스 저감 노력이 정말 시급함을 인류가 이제라도 깨달아야 한다고 그의 책『만화로 보는 기후변화의 거의 모든 것Saison Brune』에서 은유적으로 말한다. 책 내용을 잠깐 소개하면, 한 노련한 스카이다이버가 있었다. 어느 날 스카이다이빙 수업을 카메라에 담기 위해 비행기에 올라 하늘에서 뛰어내렸다. 그때서야 그는 깨닫는다. 촬영에만 신경을 쓰는 바람에 낙하산을 비행기에 두고 온 것이다. 잘못된 것을 안 순간 때는 이미 늦었다. 그는 무슨 생각을 했을까? '조금 전으로 다시 돌아갈 수만 있다면…….' 스콰르조니는 기후변화도 이와 다르지 않다고 말한다. 기후변화가 초래할 재앙에 인류의 반응은 너무나 무덤덤하다.

많은 사람의 염원이 모여 지난 2015년 12월 파리에서 195개국이 파리 합의문Paris Agreement을 냈다. 그런데 말이다. 당장 모든 나라에서 유엔에 제출한 탄소 저감 계획을 100% 실천한다고 하자, 그렇더라도 당분간 지구온난화는 진행형일 것이다. 이미 몇십 년에 걸쳐 대기 중에 배출된 온실가스가 여전히 영향을 미치기 때문이다. 설사 그렇더라도 나는 지금이라도 시작하는 것이 내일보다는 빠르며, 늦었다고 생각되는 순간이 가장 빠르다고 믿는다. 그러기에 기후합의가 정말 다행이 아닐 수 없다.

그런데 우리나라의 행보를 보면서 정말 유엔에 제출한 온실가스 저감에 적극적으로 참여할 의지가 있는지 궁금할 때가 있다. 중국의 베이징 등은 심각한 미세먼지로 공포 분위기다. 적색 경보가 내려지고 공장

가동이 중단되고, 난방시간을 조정하고, 차량운행을 반으로 줄이고 있다. 그런데도 공기가 별로 좋아지지 않는다. 왜 그런 것일까? 바로 난방과 산업에서 사용하는 석탄의 양이 지나치게 많아서다. 석탄에서 나오는 이산화탄소와 공해물질은 온실가스를 증가시킨다. 공기의 질을 악화시켜 초미세먼지 같은 물질을 발생시켜 건강에 엄청난 피해를 주는 것이다.

2013년에 영국의 환경 영향 평가 회사인 트루코스트Trucost Plc. 사는 한 보고서에서 '석탄화력발전소는 환경비용이 가장 높은 사업'이라고 적고 있다. 이처럼 이익은 적고 그에 비해 피해는 훨씬 크다 보니 각국은 석탄화력발전소를 줄이거나 폐쇄하고 있다. 미국은 2020년까지 100여 기 이상의 석탄화력발전소를 폐쇄할 계획이다. 영국은 석탄화력발전소 확장이라는 손쉬운 방법을 거부하고 청정에너지 시설에 투자를 늘리고 있다. 2015년 2분기 영국 전력 생산의 25%는 재생에너지에서 나올 정도다.

그런데 우리나라는 어떤가? 2015년 한국에는 53기의 석탄화력발전소가 운영 중이다. 앞으로 24기의 석탄화력발전소를 더 만들 계획이다. 세계적인 흐름에 거꾸로 가고 있다. 기후변화의 주범인 석탄화력발전소를 짓겠다는 정부도 나름대로 어려움이 있을 것이다. 수력이든, 원자력 발전이든 발전소를 짓겠다고 하면 주민이나 NGO들의 대대적인 반대가 벌어진다. 여기에 석탄은 다른 것에 비해 아직은 경제성이 높기도 하다. 그러나 현재의 달콤함에 빠져 다음 세대가 살아야 할 미래를 담보해서는 안 된다. 기후변화 시대에 맞는 패러다임이 필요한 때다. 에너지

업계의 한 관계자는 "한국이 파리 기후변화협약에서 높은 수준의 온실가스 감축안을 제시했지만, 석탄 화력 발전 증가로 인해 석탄 소비량은 계속 늘어날 수밖에 없는 상황"이라며 "온실가스 절감을 위한 근본적인 대책 논의가 시급하다"고 말한다. 우리나라의 기온 상승률이 세계 평균보다 1.5배 이상 높고, 해수 온도 상승은 3배 정도 높은 것을 정부가 잊은 것은 아닐까? 빌 게이츠는 "모든 것이 좋아질 것이라는 어설픈 기대는 하지 말고, 상황을 개선할 수 있다는 확신을 갖고 발 빠르게 대처해야 한다"고 강조했다. 이런 노력은 정부에게만 미룰 일이 아니다. 기업과 국민 모두 적극적으로 온실가스 저감과 환경보존에 동참할 때 이루어진다고 생각한다.

이 책은 《스포츠 서울》에 2년 동안 연재했던 글을 묶은 것이다. 올곧이 한 주제만을 두고 심도 있게 쓴 책이 아니어서 주마간산走馬看山의 느낌도 있다. 그러나 한 편 한 편 애정으로 쓴 글들이다. 강헌주 스포츠서울 편집부장님과 김세영 프리스마 사장님께 깊은 감사를 드린다. 내 어머니 김순배님과 아내 심상미, 그리고 수현, 윤미, 찬양이에게도 감사를 전한다. 항상 은혜를 주시는 하나님께 영광을 올린다.

2016년 1월

여의도에서 반기성

**차 례**

**Chapter 1**

# 기후는
# 우리에게
# 무엇인가?

# 기후는 문명에
# 어떤 영향을 주는가?

기후climate라는 단어를 사전에서 찾아보면 '일정한 지역에서 장기간에 걸쳐 나타나는 대기현상의 평균적인 상태. 기상은 시시각각 변화하는 순간적인 대기현상이지만 기후는 장기간의 대기현상을 종합한 것이다'라고 정의한다. 서양에서 기후는 지후地候[1], 동양에서는 24절기節氣 혹은 72후候 등 시후時候의 뜻이 강하다. 현재 우리가 사용하는 기후라는 말속에는 이 둘의 의미가 모두 포함되어 있다. 정리하면 기후란 '지구 상의 특정한 장소에서 매년 시간에 따라 반복되는 가장 뚜렷한 대기 상태의 종합'이다.

그러면 일상에서 자주 말하는 '날씨'는 기후와 어떻게 다른 것일까? 날씨weather란 '길지 않은 시간대의 종합적인 기상 상태'라고 짧게 정리할 수 있다. 여기서 기상과 다른 점은 날씨가 생활 조건에 더 깊이 관여

---

**1** 지리적 차이는 지후(地候), 시간적 차이는 시후(時候)라고 정의한다.

하고 있다는 것이다. 날씨는 기압, 기온, 습도, 바람, 구름의 양, 구름의 형태, 강수량, 일조日照, 시정視程(대기의 혼탁한 정도)의 기상 요소를 종합한 대기 상태이다. 쉽게 이야기해보자. 날씨가 매일 매일의 기상 변화라면 기후는 장기간에 걸친 날씨 변화의 종합이라고 이해하면 된다. 공상과학 소설가인 로버트 A. 하인라인Robert A. Heinlein은 "기후는 앞일을 내다보는 것이고, 날씨는 지금 코앞에 닥친 것이다"라고 말한다. 정말 쉽고도 단순한 정의다.

그러나 기후도 변한다. 계절에 따라 변하기도 하고 해가 바뀜에 따라 바뀌기도 한다. 단, 일정한 기후 기간이 바뀌지 않는 한 잘 변하지 않는다. 기후는 날씨들의 30년 통계이다. 30년을 날씨 통계 기간으로 정한 것은 세계기상기구WMO의 권장사항이다. 이때 30년은 1951~1980년, 1961~1990년 등과 같이 역법으로 정해지는 기간이며, 이를 기후 기간이라고 한다. 그런데 기후는 대기 상태만으로 규정되는 것은 아니다. 지구의 기후에는 기후 시스템climate system의 역할이 크다. 기후 시스템은 대기atmosphere, 해양ocean, 지면land surface, 빙권cryosphere, 생물권biosphere의 5권역이 상호작용을 해 만들어낸다. 그리고 지구 표면의 복사 가열과 냉각, 그리고 대기의 해양 순환 작용으로 기후가 달라진다. 이때 이런 작용을 일으키는 에너지의 원천은 태양복사이다.


홍수가 닥치면 물에 잠기는 유프라테스 강의 범람원은 이제 대부분 문명의 손길이 미치지 않는 황량한 고립 지역으로 남아 있다. 굽이치는 모래 언덕, 언제 사용되었는지 모르는 운하의 둑, 자갈로 덮인 옛 주거지의 둔

덕만이 밋밋한 대지 위에 멋없이 나지막이 솟아 있다. 드문드문 초목도 눈에 띄기는 하지만 풀 한 포기 자라지 않는 곳이 대부분이다. 동서남북 어디를 보아도 바람에 깎여나간 거친 지표면과 주기적으로 물에 잠기는 침하 지반이 얼기설기 이어져 있어, 각오를 단단히 하고 이곳을 찾은 여행자가 아니면 실망할 수밖에 없는 정경이다. 인간의 흔적을 직접 말해주는 것이라고는 어쩌다가 눈에 띄는 천막뿐이다……. 그러나 한때 이곳은 이 세상에서 가장 먼저 도시를 세웠고 가장 먼저 문자를 썼던 문명의 심장부에 해당하는 자리였다.

_로버트 맥 애덤스R. M. Adams

먼지 바람이 휘날리는 사하라 사막의 한가운데 묻힌 과거의 역사, 빽빽한 정글에 묻힌 마야와 앙코르와트, 한때는 수많은 사람이 풍요를 구가했지만 지금은 황폐한 유적으로 변해버린 곳들. 이런 유적지들의 주인공이었던 사라진 문명의 이미지는 우리를 궁금증에 빠지게 한다. 그곳에 살던 사람들은 누구였을까? 도대체 그들에게 무슨 일이 벌어졌던 것일까? 저렇게 황폐한 땅에 어떻게 문명이 번창할 수 있었을까? 인간이 파괴한 것일까? 외계인의 행위일까? 매우 급격한 기후 변동이 있었던 것일까? 침략자들이 도시를 파괴한 것일까? 인간 역사의 내부에 문명의 흥망성쇠를 낳는 어떤 미지의 힘이 도사리고 있는 것일까? 이런 물음들에 매혹되어 일생을 바친 과학자와 역사가들이 많다.

멸망한 로마 제국이나 화산으로 파괴된 도시 이야기를 책이나 수업을 통해서 접할 때마다 묘한 딜레마를 느낀다. 분명 저 문명을 건설하기 위해 쏟아 부은 노력이 막대했을 텐데 어떤 이유로 한 줌의 유적으로만 남게 된 것일까? 어떤 문명도 영원한 문명은 없었다. 그렇다면 현대 사회도 과거의 문명처럼 무너질 수 있다는 말인가? 문명이 몰락할 수밖에 없다면 우리 인간의 멸망은 곱절로 확실해진다는 어느 학자의 말이 옳단 말인가? 많은 사람이 고도의 과학기술력과 풍부한 에너지원, 역사에 대한 방대한 정보를 가진 현대 문명은 그 어떤 위기도 능히 극복할 수 있을 거라고 믿고 있다. 정말 그럴까?

20세기에는 숱한 변화가 있었다. 19세기까지 추호의 의심도 받지 않았던 미래에 대한 확신이 무너지는 일들이 벌어지고 있다. 지구 문명의 절대적 가치에 대한 확신이 흔들리고 있다. 사회가 얼마나 쉽게 무너질 수 있는가를 깨달은 이후로 사람들은 줄곧 붕괴에 관심을 두어왔다. 하지만 역사가와 사회과학자에게 문명의 붕괴라는 현상은 여전히 설명하기 쉬운 이야기가 아니다. 특히 그것이 기후에 의해 결정지어질 때는 더하다. 폴 길딩Paul Gilding은 그의 책 『대붕괴The great disruption』에서 "기후 위기는 세계 경제와 우리의 삶을 붕괴시키고 파멸시킬 것"이라고 말한다.

최근 붐이라고 할 정도로 멸망이나 종말에 관한 영화가 많이 나오고 있다. 거리는 잡초로 뒤덮이고 생존자들은 폐허의 도시를 약탈한다. 모두 살아남기에 급급하다. 이런 시나리오는 지나치게 과장되기는 했지만 앞서 예를 든 과거 사라진 문명들에서 공통으로 드러나는 모습이다.

영국 케임브리지 대학 앤드루 코일 렌프루Andrew Colin Renfrew 교수는 붕괴된 사회에서 나타나는 특징을 이렇게 요약한다. "무엇보다 먼저, 중앙의 통제와 권위가 무너진다. 붕괴에 한발 앞서 나타나는 반란과 지방 세력의 이탈은 중앙의 약화를 알리는 전주곡이다. 국고 수입이 감소한다. 이민족의 침입은 점점 성공을 거둔다. 국가 재정이 바닥나면서 군사력은 약화일로를 걷는다. 난국을 타개하기 위해 지배층이 서민들을 쥐어짜 민심 이반離叛 현상이 가속화된다. 체제가 와해하고 나면 중앙의 지시가 더는 먹혀들지 않는다. 정치적 실권을 가졌던 세력의 힘은 약화된다. 많은 경우 그들은 약탈을 당하고 결국에 가서는 버림받는다. 통일되어 있었던 영토에서 군소 국가들이 출현한다. 백성을 지켜주던 법의 보호막은 사라지고 무법천지가 휩쓴다. 문자 기록은 영영 끊기거나 치명적인 타격을 받아 암흑시대가 이어진다. 수많은 정착지가 한꺼번에 버려진다. 인구와 정착지의 수는 몇 세기 전이나 심지어는 1,000년 전의 수준으로 떨어진다." 문명의 붕괴를 단적으로 표현하는 말이다.

문명의 붕괴를 설명하는 데는 두 가지 시각이 있다. 하나는 인간의 부실한 관리로 인하여 자원 기반(주로 농업)이 점진적으로 와해한다는 시각이다. 다른 하나는 환경의 동요나 기후변화로 인하여 자원이 급격히 줄어든다는 시각이다. 둘 다 의존도가 높은 자원들이 고갈됨으로써 문명이 붕괴한다는 입장이다.

기후로 문명의 흥망성쇠를 설명하려는 현대의 이론적 시도는 엘스워드 헌팅턴Ellsworth Huntington[2]에 의해 시작되었다. "한 민족의 문화는 본질적으로 …… 인종적 유산에 의해 좌우된다"고 주장한 헌팅턴의 생물학

---

**2** 미국의 지질학자. 『문명과 기후』에서 인간이 가장 활발하게 활동할 수 있는 최적의 기후 조건을 제시했다. 그는 월평균기온 3.3~18.3℃, 습도 70% 이하, 연간 20회 내외로 저기압이 통과하는 지역에서 인간은 신체 활동과 뇌 활동이 가장 활발하므로 문명이 발생할 수 있었다고 주장했다.(출처: 『지구과학사전』, 북스힐, 2009. 『기후, 문명에게 말을 걸다』, 『살아 있는 지리 교과서』, 휴머니스트, 2011.)

적 모델은 현대 인류학자들의 강한 반발에 부딪혔다. 그러나 헌팅턴은 문명은 기후의 영향을 받는다고 주장했다. 과거의 수많은 강대국은 기후 조건에 따라서 흥하기도 하고 때로는 망하기도 했다는 것이다. "이 집트와 그리스에서는 기후 조건이 유리한 동안에는 문명이 발달했지만, 지금은 그렇지 못하다"라고 말한다. 기후가 건조해지자 경제적 곤궁, 기근, 환경 파괴, 무질서가 그리스를 휩쓸었다는 것이다.

로마 제국이 무너진 것도 3세기 초반에 조성된 열악한 기후 조건 때문이었다고 본다. 헌팅턴은 자극적인 기후 조건에서 문명이 번성한다고 본다. 예를 들면 빈발하는 태풍은 사람들에게 문명을 낳을 수 있는 활력을 제공한다. 하지만 기후 조건이 달라지면 사람들은 문명을 유지하는 데 필요한 정력과 '진취성'을 잃어버리게 된다는 것이다.

이에 반해 일부 기후학자들은 헌팅턴의 주장과는 약간 상반된 이론을 내놓는다. 그들에 따르면 물질적 요인의 변화(가령 화산 활동의 증가)가 기후변화를 가져오고, 기후변화는 식량 공급에 영향을 미쳐 사람들의 행동에 변화가 생긴다는 주장이다. 이를테면, 전쟁이 일어나고 폭동 등으로 사회 안정성이 낮아진다는 것이다. 이들은 기후가 바뀌면 주변 지역이 먼저 영향을 받아 문명의 변방에 있던 완충국들은 문명의 특성을 잃고 유목과 약탈 생활로 회귀해 결국 약화된 권력의 중심부를 무너뜨리게 된다고 주장했다.

# 기후변화를
# 어떻게 알아내는가?

지구가 만들어진 이래 어떤 기후를 나타냈는가를 연구하는 분야를 고기후古氣候학이라고 한다. 그렇다면 몇억 년, 몇천만 년 전의 기후가 어떠했는가를 무슨 방법으로 알아내는 것일까?

가장 많이 이용하는 방법은 빙하의 표본을 분석하는 것이다. 2004년에 개봉된 영화 〈투모로우The Day After Tomorrow〉를 보면 극빙하의 표본을 채취하는 장면으로 시작한다. 빙하는 기후학자들에게 엄청난 정보를 알려준다. 이들은 빙하학氷河學, glaciology3을 연구한 사람들이다. 예를 들어 남극이나 그린란드 내륙에는 1년 내내 기온이 영하에 머물면서 내린 눈이 녹지 않고 계속 쌓여 수천 미터 두께의 빙하가 형성되어 있다. 빙하

---

**3** 빙하 및 일반적인 얼음과 관련된 현상을 연구하는 학문이다. 지구물리학, 지질학, 자연지리학, 지형학, 기후학, 기상학, 수문학, 생물학, 생태학 등의 두 가지 이상의 분야에 걸쳐 연구한다. 또 빙하가 인간에게 미치는 영향을 연구하는 데에는 인문지리학과 인류학이 더해진다. 화성과 목성의 얼음 존재를 연구하는 것도 빙하학의 지구 대기권 밖의 한 연구 분야이다.

는 많은 눈이 쌓여서 만들어지는데, 이때 눈 틈새 사이로 당시의 공기가 스며든다. 그리고 눈 위에 더 많은 눈이 쌓이고 또 쌓이면서 압축되어 얼음으로 변한다. 스며들었던 공기는 공기 방울의 형태로 빙하 밑에 갇힌다. 이러한 방식으로 수만 년이나 수십 만 년을 빙하 밑에 갇혀 있던 공기 방울은 과거 지구 대기 조성을 그대로 간직하고 있어서 귀중한 화석자료가 된다. 빙하 속에 갇혀 있던 공기 방울을 분석함으로써 지구 대기의 조성, 이를테면 이산화탄소 농도, 메탄 농도 등의 복원이 가능해진다. 가장 중요한 정보는 당시의 기온이다. 기온을 복원하기 위해서 산소 동위원소[4]가 사용된다. 또 얼음에 구멍을 뚫으면 여러 면에서 나이테와 비슷한 얼음 코어를 채취할 수 있다. 이 얼음 코어는 수천 년에 걸쳐 기후를 정확하게 알려준다. 얼음 코어 분석이 중요한 것은 그 안에 포함된 황산의 수치로 언제 강력한 화산이나 혜성 폭발이 있었는지를 유추할 수 있다는 것이다.

빙하 분석은 '북그린란드 빙하 프로젝트'를 통해 널리 알려졌다. 북그린란드 빙하 프로젝트는 20만 년에 걸친 기후 변동의 비밀을 푸는 열쇠 역할을 했다. 러시아와 프랑스가 남극에서 공동으로 시추했던 보스토크 빙하들은 42만 년이 넘는 기간의 기후 정보를 담고 있다. 하지만 지금까지 시추된 빙심 중에서 가장 오래된 것은, 2004년 유럽 '남극 빙심 시추 프로젝트'에서 시추된 빙하다. 3,270m 깊이에 있던 이 얼음층의

---

**4** 동일한 원소로서 양자수는 일정하지만, 중성자 수가 달라서 질량이 다른 원소를 말한다. 원자의 외부구조, 즉 전자의 배치는 같고, 원자핵의 구조가 다른 원소이다. (출처: 『지구과학사전』, 북스힐, 2009.)

나이는 약 80만 년으로 추정된다. 기후학자들은 이 빙하를 분석함으로써 오늘날로부터 가장 가까운 시기에 있었던 8차례의 대빙하기 주기를 파악할 수 있었다.

빙하의 표본보다 더 오랜 기후를 분석하는 도구가 퇴적물 분석[5]이다. 다른 분야의 힘을 빌려야 한다는 점은 있지만, 고식물학과 고동물학의 힘을 빌리면 동식물의 퇴적층을 구별할 수 있다. 또한 화석 연구와 심해 시추 기술의 발달도 퇴적물 분석에 도움을 실어주었다. 심해 시추 기술은 지각의 형성, 물의 성질, 생물종 등 매 시기의 기후에 관한 정보를 얻을 수 있다. 이외에도 지금으로부터 4~10만 년 전까지의 기후 변동을 파악하기 위해 적용되는 방법들은 많다. 예컨대 퇴적층의 나이를 추정할 수 있는 점토층 분석, 퇴적된 식물의 꽃가루를 분석해 습지퇴적층의 나이를 유추하는 화분학, 빙퇴석의 나이를 측정하는 지의류 분석 등은 연대 측정에 유용하게 사용되는 방법이다.

세 번째로 방사능 측정법을 이용하는 방법이 있다. 자연계에 존재하는 많은 원소는 불안정한 원자핵을 갖고 있다. 원자핵이 붕괴하는 과정에서 많은 양의 방사능이 방출된다. 이때 질량분석계로 모원소와 딸원소의 비율을 측정한다. 그런 후 해당 원소의 반감기를 적용하면 퇴적층의 지질 연대를 파악할 수 있다. 암석과 미네랄의 지구화학적인 특성과 녹는점에 대한 지식 또한 필수적이다. 암석과 미네랄을 구성하는 원소들의 반감기를 이용해 암석의 나이와 응고 시기를 측정할 수 있다. 이로

---

**5** 퇴적물 분석은 선사기후, 식물과 동물유기체의 퇴적층, 화산퇴적층, 해수면 및 호수면의 고도, 하안단구, 토양층위, 빙하의 흔적 등 고기후 이해에 필요한 단서를 제공해준다.

써 해당 시기의 기후에 대한 추정이 가능해지는 것이다. 1940년대 후반 미국의 물리학자 윌러드 리비$^{\text{W. F. Libby}}$가 개발했던 방사성 탄소연대 측정법은 기후사의 한 획을 긋는 위대한 발견이었다.

네 번째로 지구복사량을 이용하는 방법이 있다. 1941년에 세르비아의 천체 물리학자 밀루틴 밀란코비치$^{\text{Miutin Milankovic}}$가 과거 100만 년 전까지 지구에 도달한 태양 복사량을 계산해냈다. 밀란코비치는 여름 동안 태양 복사에너지가 줄어든 기간을 알아내고 유럽 대륙 전역에서 일어났다고 알려진 네 번의 빙하 주기와 일사 변화에 관계가 있음을 발견했다. 그의 이론에 따르면 지구복사량에 영향을 주는 것 중에는 지구 궤도의 형태인 이심률, 지축의 기울기인 경사도의 변화, 춘분점 이동과 연관된 근일점$^{\text{perihelion}}$(태양 주변을 도는 천체가 태양과 가장 가까워지는 지점)의 경도 변화가 있다. 현재는 더욱 정교한 기후 이론이 발견되고 있지만 밀란코비치의 발견은 기후 역사 연구에 엄청난 기여를 했다. 그가 세심하게 계산한 궤도 이론은 지난 200만 년 동안 빙하기가 발생한 원인을 정확하게 설명할 수 있었다.

다섯 번째 방법은 나이테를 이용하는 방법이다. 미국에 최초로 건너갔던 청교도들이 자취도 없이 사라졌다. 이들 이주민이 사라진 이유에 관한 연구가 오랫동안 진행되었다. 후에 나이테를 이용한 고기후 연구가 시작되면서 그 원인 가운데 당시 있었던 심각한 가뭄이 이주민들의 실종과 관련이 있다는 것이 밝혀졌다. 이후 나무의 나이테를 이용해 고기후를 연구하는 방법이 사용되고 있다. 1909년에 더글러스$^{\text{A. E. Douglass}}$

가 미국 남서부의 고고학 조사에서 새로운 방법을 찾아냈다. 그는 옛날 푸에블로족 원주민 마을의 유적지에서 사용된 목재의 나이테가 살아 있는 나무에서 채취한 표본의 나이테와 같은 유형의 생장 변화를 나타낸다는 사실에 주목했다. 이것으로 그는 졸지에 700년까지 거슬러 올라가는 완벽한 기후 기록을 얻게 되었다! 더글러스는 연륜 연대학의 기본 개념 중 하나인 비교 연대 측정을 발견한 것이다. 그 외에도 북아일랜드 퀸스 대학의 마이크 베일리M. Bailey 교수는 나이테 연구 중 '태양빛 약화'라는 새로운 이론을 만들었다. 그는 당시의 전 세계의 나이테 자료를 대부분 수집한 다음 비교·분석해 독보적인 업적을 이루었다.

여섯 번째는 역사자료를 이용하는 방법이다. 유럽의 중세 도시에서 발견되는 연대기[6]들에는 특이한 기상현상들이 기록되어 있다. 인쇄술의 발명은 15세기 이래 기록을 통한 정보 저장의 혁명을 가져왔으며 이것들이 기후 분석에 유용한 자료가 되는 것이다. 역사 기록들 가운데 중세에 기록되었던 기상일지는 특별한 기후 자료다. 천문학자 요하네스 뮐러J. P. Müller 의 사상이 기상일지 작성의 확산에 이바지했다. 뮐러의 천문력에는 매일 매일의 지구·해·달 등의 위치를 예측한 정보와 함께 별도의 기재를 위해 남겨둔 빈칸이 있었다. 당시의 천문학에서는 날씨, 수확량, 바람의 세기, 수력 등이 행성의 배열과 직접적인 연관성이 있다고 기록하고 있었다. 하지만 15년간 기상일지를 작성한 성 아우구스티노

---

**6** 연대적 순서의 역사적 사실과 사건을 가리킨다. 편년사(編年史)라고도 부른다. 일반적으로 역사적으로 중요한 사건과 지역적인 사건을 어느 정도의 동등한 균형을 맞춰 기록자의 관점에서 일어난 사건을 기록한다.

수도참사회의 한 수도사는 이 일지를 토대로 날씨 예측에 사용되었던 농민들의 규칙과 천체기상학의 예측은 대부분 틀렸다는 결론을 내렸다. 반면 취리히의 신학자 볼프강 할러[B. Haller]가 1545~1576년 기록했던 기상일지는 소빙하기 날씨에 대한 전반적인 파악이 가능하리만큼 정확한 것으로 기후학자들은 평가한다.

마지막으로 기상 자료의 유추 및 분석이 사용된다. 앞에서 사용한 나무의 나이테, 빙하의 핵, 역사 기록 그리고 현대의 기상관측 기록 등의 정보를 종합하여 기상 상태를 추정하고 재구성하여 기후를 분석하는 방법이다. 램[Hubert H. Lamb]을 비롯한 기후학자들은 최소한 1675년까지 거슬러 올라가는 북대서양진동[NAO7]의 기록을 재구성했다. 낮은 NAO 지수들은 시기적으로 17세기 말에 찾아왔던 것으로 알려져 있다. 갑작스러운 몇 차례의 혹한과 일치한다. 지난 2세기 동안 NAO의 극단치들은 1880년대 빅토리아 시대 영국의 겨울 같은, 인간이 결코 잊을 수 없는 기록적인 추위를 몰고 왔다. 또 다른 낮은 지수 기간으로는 1940년대를 들 수 있는데 히틀러가 러시아를 침공하던 시기로 당시 유럽에는 혹한이 닥쳤다. 가장 최근에는 우리나라에 한파가 심했던 2011년과 2012년에 NAO 지수가 가장 낮았다

---

**7**   북대서양진동(NAO, North Atlantic Oscillation)은 아이슬란드 근처의 기압과 아조레스(Azores) 근처 기압의 서로 대비되는 변동으로 구성된다. 평균적으로, 아이슬란드의 저기압 지역과 아조레스의 고기압 지역 사이에 부는 편서풍은 유럽 쪽으로 전선 시스템을 동반한 저기압을 이동시키는 역할을 한다. 그러나 아이슬란드와 아조레스의 기압 차는 수일에서 수십 년의 시간 규모상에서 섭동하는 현상을 보이므로 때때로 역전될 수도 있다. (출처: 기상청 기후변화정보센터 용어 사전)

# 기후, 인류 4대 문명의 태동부터 멸망까지 견인하다

세계의 문명은 거대한 강 주변에서 탄생했다. 그런데 왜 문명들은 큰 강 유역에서 발달했던 것일까? 후빙기 고온기에는 지구의 대부분이 기후적으로 생활하기에 적합했다. 어느 곳이든 비가 충분하게 내렸고 기온도 온난했다. 따라서 특정한 지역에 모여 살지 않아도 되었다.

그런데 고대 문명은 약 5,000년 전 나일 강, 메소포타미아, 인더스 강, 황하 유역에서 발생한다. 이들의 공통점은 '큰 강 유역'이었다. 지금으로부터 5,000년 전 비를 가져오던 적도서풍이 불지 않으면서 갑자기 기후 건조화가 닥쳤다. 농지가 말라붙고 기온이 내려가자 사람들은 큰 강 유역으로 모여들기 시작하면서 이곳에서 고대 문명이 발생하였다. 이들 지역에서는 가뭄을 피해 이주해온 많은 인구를 먹여 살리기 위해 관개농업을 발달시키고 농작물을 개량하였다. 또 유입민을 노예로 삼아 신전이나 피라미드 등의 대규모 건축물들을 만들었다.

가장 먼저 탄생한 것으로 알려진 이집트 문명과 기후에 대해 살펴보자. 이집트는 북쪽의 지중해로 흘러가는 나일 강을 따라 뻗어 있다. 그 외 지역은 사막으로 둘러싸여 있다. 이집트 사람들은 이 뜨거운 모래 황무지를 '테스레트(붉은 땅)'라고 부르는데, '사막'이라는 뜻의 영어 단어 '데저트desert'는 여기서 유래했다고 한다. 고대 이집트인에게 사막은 위험과 죽음을 가져다주는 지옥 같은 곳이었다. 태양과 사막 그리고 거대한 나일 강을 이해하지 못하고는 이집트를 이야기할 수 없다.

매년 일어나는 나일 강의 범람은 이집트에는 축복[8]이었다. 나일 강의 범람은 비옥한 경작지를 제공해주는 것만이 아니라 교통의 간선으로도 이용되었다. 이집트 문명의 생성과 발전은 나일 강의 홍수 없이는 불가능한 것이었다.

나일 강 하류는 4대 문명 발상지 중의 하나다. 많은 학자는 기원전 5,000년경에 문명이 시작되었다고 추정한다. 당시는 지질사적으로 플라이스토세Pleistocene Epoch, 홍적세의 마지막 빙하기인 뷔름Würm 빙하기가 물러가면서 기온이 서서히 상승할 즈음이었다. 기후가 건조기에서 습윤기로 변하면서, 아프리카의 북반부는 물기가 많은 대초원이 되었다. 현재의 사하라 사막과 건조한 사바나는 아름다운 나무로 뒤덮였으

---

**8** 로마의 플리니우스(Secundus Gaius Plinius)는 박물학에 관한 『자연사(Naturalis historia)』에 나일 강의 범람 수위에 따라 농작물이 얼마나 잘 자라는가에 대한 기록을 남겼다. 홍수가 나서 물이 범람한 높이가 18m이면 배고픔, 19.5m이면 고생, 21m이면 행복, 22.5m이면 안심, 그러나 27m 이상이 되면 재앙이라고 기록했다. 재앙은 강이 너무 범람해서 진흙집까지 쓸려가 버릴 때를 말한다고 하는데 다행히 100년에 한 번 이상 나타나지는 않았다. '나일 강의 홍수는 축복이요, 행복'이라는 이집트 사람들의 말은 과학적으로도 맞는 말이다.

며 물고기나 조수도 많았다. 기후가 따뜻해지면서 사람들은 나일 강 주변에서 농사를 짓기 시작했다. 북위 25도의 아열대 지역인 나일 계곡에는 계절적으로 서늘한 바람이 불었다. 반복적인 서늘한 기후는 나일 강의 홍수를 조절해주었고 고古 제국 성립에 커다란 도움이 되었다. 주기적으로 범람하는 나일 강의 풍부한 물은 곡식 생산량을 증대시켰다. 많은 사람이 몰려들었고 인구는 급증했다. 이처럼 나일 강 유역에서의 농업 발달이 문명 탄생을 이끈 것이다.

기원전 2000년 무렵 날씨가 변하기 시작했다. 온화했던 기후가 찌는 무더위로 바뀌었다. 서늘한 기후가 불러왔던 계절적 강우 현상이 중단되면서 주기적인 나일 강의 범람도 멈추어 버렸다. 강폭은 차츰 좁아지고 풀 대신에 모래가 들어섰다. 삼림도 모래바람이 불어대는 황야로 변했다. 새도 짐승도 물고기도 없어졌다. 아프리카 북부지방이 지금의 사하라 사막과 황야지대로 바뀐 것이다. 평화시대가 오래 지속되면서 일부 상류계층은 점차 극심한 낭비를 일삼았고 결국 경제도 크게 악화되면서 사회체제가 급속하게 붕괴하기에 이르렀다. 급기야 적기에 관개 공사를 하기도 어렵게 되면서 농업 생산성 역시 크게 떨어졌다. 이집트의 파라오도 기후변화에는 어쩔 도리가 없었다. 사람들은 갑작스레 찾아온 기온 상승에 대한 대응책으로 먼저 동굴을 팠다. 그 속에 물을 저장해 식수로 사용하기 위해서였다. 나일 계곡에서 조금만 밖으로 나가면 아무도 살 수 없는 사막이 펼쳐졌다. 물을 얻기 위해서는 수십 미터 깊이로 우물을 파는 수밖에 없었다. 우물이 없으면 초목은 물론이고 사람도 살아갈 수 없었다. 이집트 문명의 흥망을 결정짓는 가장 중요한 요인은 기후 조건이었다. 그런데 사람들이 살 수 없는 기후 환경으로 변하면서 이집트인들은 각지로 흩어져 갔다. 일부는 북쪽을 향해 지중해 연안에 도달하여 그곳 사람들과 혼합하여 베르베르Berber 문화를 창조했다. 일부는 남쪽으로 옮겨가면서 아프리카 대륙 중앙으로 들어가 그곳의 원주민과 혼합되었다. 기원전 2000년 이후에 아프리카의 역사가 두 방향으로 갈라진 데에는 갑작스러운 기후변화로 인한 이집트 고제국 사람들의 이동도 영향을 미쳤다.

두 번째로 문명이 발생했던 메소포타미아 지역 최초의 문명은 기원전 5000년경에 유프라테스 강가[9]에서 시작되었다. 페르시아 만으로 흘러들어 가는 티그리스 강과 유프라테스 강은 비옥한 평원을 만들어냈다. 이 지역은 지하자원이나 금속자원 등이 없었다. 농사를 짓기에도 적합하지 않았다. 돌과 나무도 부족한 곳이었다. 메소포타미아 평원에 존재하는 것은 오로지 진흙과 지하수뿐이었다. 그러나 강 하류에 형성된 토지는 상당히 비옥했다. 농사를 짓기에 하류는 좋았지만, 강의 잦은 범람으로 피해를 보는 일이 많았다. '자주 범람하는 강'이라는 이름이 붙을 만큼 빈번하게 홍수가 일어난 티그리스 강 유역은 더했다.

---

**9** "태초에 밀물 바다(압수Apsu) 신과 썰물 바다(티아마트Tiamat) 신만 있었다. 둘이 결혼하여 하늘의 신과 땅의 신을 낳았다. 땅의 신은 비의 신을 낳았다. 용의 형상을 한 썰물 바다 신은 매우 악했다. 아름답고 선한 생명체가 많으면 자신에게 위협이 될 것으로 생각하여 착한 신들과 전쟁을 준비했다. 이 사실을 알게 된 착한 신들이 썰물 바다 신을 설득했으나 결국 실패로 돌아가자 비의 신에게 악한 신과 싸워 달라고 부탁했다." 메소포타미아 문명 창조 신화에 나오는 이야기이다. 다른 문명과 달리 메소포타미아 문명은 민물과 바닷물이 주(主)신이 된다. 이것은 기후와 지리적인 영향 때문이다. 메소포타미아 지역에서 발생한 최초의 문명은 기원전 5000년경에 유프라테스 강가에서 시작되었다. 이곳은 육지가 바다가 만나는 경계인 습지에 있다. 민물과 바닷물과 섞이는 습지가 메소포타미아의 창조 신화에 큰 영향을 끼친 것이다.

통치자들은 안정적인 식량 확보를 위해 관개사업을 벌였다. 관개사업은 개인이 할 수 있는 일이 아니었다. 자연스럽게 강력한 권력을 가진 지도자가 탄생하게 되었다. 농경 생활을 영위하던 주민들의 거주지는 도시로 발전하기 시작했다. 기후 기록에 의하면 기원전 4000년경에 메소포타미아 전역에 커다란 홍수가 일어났다. 그런데도 사람들은 이 지역에 뿌리를 내리고 도시를 재건하면서 다시 세력을 확대해나갔다.

기원전 3500년경에는 수메르인들이 세운 우루크<sup>Uruk</sup>를 비롯한 여러 도시국가가 생겨나면서 본격적인 문명이 탄생했다. 고대도시 에리드와 우르가 발달했다. 메소포타미아 각지에 도시를 건설하고, 지구라트로 대표되는 건축물을 남겼던 수메르인들도 있었다. 기원전 2350년경 메소포타미아 문명이 만들어진 티그리스 강과 유프라테스 강 사이에 '아카드<sup>Akkad</sup>'라 불리는 도시국가가 세워졌다. 아카드 제국을 세운 사르곤<sup>Šarru-kinu</sup>왕은 메소포타미아 지역의 여러 도시국가를 정복했다. 그런데 아카드 제국이 어느 날 갑자기 역사에서 사라졌다. 아무런 기록도 남지 않았다. 아카드 제국의 멸망은 역사가들에게 미스터리였다.

1993년 고고학자와 지질학자, 그리고 토양과학자로 이루어진 미국과 프랑스 공동 연구팀이 연구에 나섰다. 연구팀은 폐허가 된 아카드 제국의 도시에서 채취한 토양의 수분을 최첨단 과학기법으로 분석했다. 그 결과 지금부터 4,200년 전부터 약 300년 동안 건조화로 인한 극심한 가뭄이 지속하였음을 밝혀냈다. 즉, 기후 건조화로 중동 지역 전체가 황폐화하자 사람들이 물을 찾아 다른 곳으로 떠나가면서 도시와 촌락 대부분이 버려진 것이다. 기후학자들은 메소포타미아 문명의 멸망에는 가뭄 외에 기온 저하도 큰 영향을 끼쳤다고 말한다. 세계 각지에서 수집된 화분을 분석한 결과, 기온이 차차 내려가 당시에는 2℃나 낮아졌던 것으로 추정한다. 평균기온의 2℃ 하강은 농작물의 생장에 치명적이다. 결국 고대인들은 가뭄과 기온 저하로 농경생활을 포기할 수밖에 없었다. 메소포타미아 문명은 건조화라는 기후 변동[10]으로 시작하여 건조화와 기온 저하로 끝을 맺은 문명이었다. 그리고 세계 최초의 제국인 아카드는 기후변화로 인해 붕괴한 최초의 제국으로 역사에 기록되었다.

이번에는 인더스 문명을 살펴보자. 세계 4대 문명의 하나인 인더스 문명은 여느 문명과는 크게 구별되는 차이점이 있다. 메소포타미아·나일·황하 문명은 왕을 정점으로 하는 강력한 통치체제를 기반으로 국가를 유지했다. 절대 권력을 상징하는 웅장한 건축물들을 건설했다. 즉, 확고한 신분제도가 정치를 지탱했던 문명이라고 할 수 있다. 그러나 인더스 문명에는 왕과 같은 강력한 권력이나 권위를 나타내는 상징물이 존재하지 않는다. 인더스 문명을 대표하는 유적지로는 수수께끼의 도시 모헨조다로Mohenjo Daro와 하라파Harappa를 들 수 있다. 이들 문명은 상당히 정교하고 아름다웠다고 전해진다.

그런데 기원전 1800년경부터 인더스 문명은 쇠퇴하기 시작한다. 이 무렵 모헨조다로도 잘 계획된 도시에서 점차 빈민촌들이 생겨나는 도시로 변했다. 성곽 요새 지구에도 허름한 집들이 들어서면서 도시의 행

---

**10**  예일대 고고학자 하지 웨이스 교수는 "급격한 기후변화가 한 문명이 멸망하는 데 직접적인 관련이 있는 것을 보여주는 첫 번째 사례가 메소포타미아 문명이다. 이 큰 가뭄은 지난 1만 년 사이에 일어난 주요한 기후학적 사건 중 하나이며, 기후변화가 인간의 생존에 막대한 영향력을 행사할 수 있음을 보여준 예다"라고 말한다.

정 기능은 마비 상태로 빠져들었던 것으로 추정된다. 모헨조다로의 몰락을 시작으로 인더스 문명권의 여러 도시로 점차 쇠퇴의 길을 걷게 되었다. 결국 인더스 문명권의 도시들은 기원전 1500년경에는 완전히 멸망해서 사라지고 만다. 한때는 초목이 우거진 비옥한 땅이 모래로 뒤덮인 사막 도시로 완전히 변했다. 이런 황량한 상태는 다음 2,000년 동안 계속되었고, 이 지역에는 '인간 사회의 곡창 지대'가 아닌 타르 사막이라는 쓸쓸한 이름이 붙게 되었다. 화려한 문화를 꽃피웠던 지역이 사람이 거의 살지 않는 사막으로 완전히 변해버리면서, 많은 과학자와 환경론자들에게 하라파는 세계 최초로 기후변화와 환경 파괴로 인한 재앙의 상징이 되었다.

인더스 문명의 멸망에는 여러 학설이 있다. 이 중 가장 신뢰가 높은 것은 인도에 대가뭄[11]이 닥치면서 모헨조다로 지역 등이 건조지대가 됨으로써 멸망하였다고 보는 견해다. 토지의 건조화로 염분이 지표에서 나오는 염분 노출이 농작물 생산에 치명적인 타격을 주어 문명이 멸망했다는 것이다. 식량 부족은 환경 파괴로 이어지면서 인더스 문명이 사라졌다. 인도 다음 거주자들인 아리아인Aryan이 도착하기 전에 몇 세기 동안 역사의 단절이 나타난다. 유적도 기록도 거의 없는 시대이다.

앞에서 살펴본 이들 고대 문명의 발생에서 단순하게 정리해 본다면 다음과 같다. 기후 최적기(후빙기 고온기) → 농경의 발달 → 건조화 →

---

**11**　인더스 문명의 멸망에 관한 연구로 사용된 것이 화분학이다. 인더스 계곡의 꽃가루 종류에 어떤 변화가 있었는지에 관해 조사하는 데 사용되었다. 이외에 분석지형학을 사용했다. 지형학은 강의 본류와 지류 등 하계의 형태와 흐름에 관한 연구를 통해 고기후를 연구하는 학문이다.

인구 이동 → 하천 유역에의 인구 밀집 → 문명의 발상, 산업과 관개 기술의 발달 → 나무의 대량 소비 → 심각한 환경 파괴로 인한 삼림 감소 → 기후의 변화로 사막화의 가속 → 관개 시설 재료 부족 → 염분에 의한 농지의 불모화 → 인구의 분산 → 문명의 소멸 공식이다.

# 지진과 소빙하기, 지중해 문명의 멸망의 배후

우리는 유럽 문명의 시작은 그리스라고 생각한다. 그러나 실제로는 그리스가 아닌 미노아 문명Minoan civilization이다. 이 문명은 지금의 크레타 섬을 중심으로 발달하였다. 미노아 문명은 기원전 2600년경 시작되었다. 에게 해 주변의 세계는 크레타 섬을 중심으로 하는 중기 청동기시대로 들어갈 때다. 크레타 섬은 다른 섬들보다 훨씬 면적이 넓은 데다 평야가 많았다. 당시에는 문명 성립에 필요한 온난한 기후 조건이 갖추어져 있었다. 크레타 섬은 아시아와 가까워 해상교통을 통해 오리엔트 문화권과 직접 연결되어 있었다. 이로 인해 밝고 생동적인 해양문화와 해상 무역이 발달하면서 고도의 문명이 성립될 수 있었다.

기원전 16세기에 미노아 문명은 한차례 큰 어려움을 겪는다. 이 당시 많은 궁전이 무너졌다는 기록이 있고 후에 다시 궁전들을 다시 짓게 된다. 바로 이 사건이 테라Thera 섬에서 일어난 화산폭발이라고 고고학자들은 보고 있다. 테라 섬 발굴의 책임자는 미노아 문명을 평생 연구했던 그리스의 마리나토스$^{S. Marinatos}$였다. 그는 크레타의 여러 유적지를 발굴하던 중 이상하게도 기원전 16세기를 기점으로 지중해 문명의 중심 세력이 바뀌는 것을 발견했다. 크레타의 미노아 문명에서 그리스 본토의 미케네 문명으로 이동하는 것이었다. 마리나토스는 미노아 문명이 테라 섬에서 일어난 화산 폭발로 인한 붕괴와 지진에 의해서 생기는 해일 쓰나미(지진해일)로 상당히 큰 피해를 보고 쇠퇴한 것으로 보았다. 화산에서 올라간 먼지로 인해 기온이 떨어진 데다가 큰 가뭄까지 겹치자 식량 부족을 겪으면서 어쩔 수 없이 다른 곳으로 이주할 수밖에 없었다는 것이다. 여기에 더해 그리스인들의 침략으로 크노소스를 포함한 각지의 궁전은 파괴되었고 주민은 사방으로 흩어졌다. 이후 에게 문명의 중심은 그리스 본토로 옮겨가게 되었다.

그리스 본토에서 가장 먼저 발생한 문명은 미케네 문명이다. 미케네 문명은 그리스 남부 펠로폰네소스 반도에 있는 북동부 아르골리스의 미케네 유적지에서 이름을 따온 고대 그리스의 문명이다. 미케네인들은 미노스인을 멸망시켰을 뿐 아니라, 그리스 전설에 따르면 미케네의 강력한 적수였던 도시국가 트로이아를 두 번이나 패퇴시켰다고 한다.[12]

기원전 1100년경 미케네 문명은 멸망한다. 수많은 도시가 약탈되었고, 이 지역은 역사가들이 암흑시대로 부른 시대로 넘어간다. 미케네인

---

**12** 이 증거는 호메로스의 일리아스나 그 밖에 신화 사료에서만 찾아볼 수 있다. 트로이와 트로이 전쟁의 실재 여부는 확실하지 않다. 1876년 독일 고고학자 하인리히 슐리만(Heinrich Schliemann)은 소아시아(터키) 서부 히사리크에서 유적을 발굴하고, 이 지역을 트로이라고 주장했다.

들은 아나톨리아나 다른 그리스 섬들로 도망쳤다. 왜 이런 일이 발생했을까? 많은 기후학자는 이 지역에 닥친 대규모 가뭄의 영향이라고 보고 있다. 고고학자들이 발굴한 자료를 바탕으로 유추해보면 당시에는 몇 년이나 계속된 가뭄으로 이미 식량이 바닥났다는 것이다. 이로 인해 인구가 줄고 곳곳에 아사자가 속출했다는 증거가 있다고 한다. 이로 인해 미케네 문명은 점차 쇠퇴하였고, 힘이 약해진 미케네 문명은 결국 반란과 이민족의 침입으로 무너졌다는 것이다.

그리스 문명은 고대 그리스 시대[13]를 말한다. 기원전 1100년경은 미노스 문명과 미케네 문명 등 에게 문명이 끝나던 때이다. 고대 그리스 시대는 도기 양식과 정치적 사건을 기준으로 네 시대로 세분한다. 첫 번째 시대는 기원전 1100년경~기원전 750년경인 그리스 암흑기Greek Dark Ages다. 이들은 도기에 기하학적 문양을 썼다. 두 번째로는 기원전 750년경~기원전 480년경의 그리스 상고기Archaic Greece다. 이 시기에는 예술가들이 경직되고 신성한 자세를 취하는 커다란 입상 조각 작품을 만들었다. 세 번째로는 기원전 500년경~기원전 323년인 그리스 고전기Classical Greece다. 파르테논 신전처럼 고전적이라고 평가받는 예술 양식을 선보이는 시기다. 네 번째 시대는 기원전 323년~기원전 146년인 헬레니즘 시대의 그리스Hellenistic Greece다. 그리스의 문화와 패권이 중동까지 뻗어간 시대다. 이 시대의 처음과 끝은 각각 알렉산드로스의 죽음과 로마의 그리스 정복이 일어난 때에 해당한다.

---

**13** 고대 그리스(Ancient Greece)란 그리스의 역사 가운데 기원전 1100년경~기원전 146년의 시대를 말한다.

고대 그리스인은 고대 말기에 이르기까지 고도의 문명을 이룩하였고, 유럽 문화의 원류가 되었다. 그리스 문명은 폴리스(도시 국가)의 시민이 이룩한 것이다. 따라서 폴리스의 발전과 밀접하게 연관되어 있다. 그리스의 정치는 귀족정치, 과두정치, 참주정치를 거쳐 민주정치의 실현과 쇠퇴를 거친 역사였다. 지중해를 중심으로 한 통상무역이 성행하고 화폐경제가 발전하던 사회였다. 폴리스 사회를 기반으로 철학·과학·문학·미술 등의 문화가 꽃피었으며, 그 중심은 아테네였다. 철학의 아버지 탈레스를 비롯하여 히포크라테스, 호메로스, 헤로도토스 등 많은 수학자와 철학자들을 배출하기도 했다. 고대 그리스 사람들은 동족 의식을 가지고 부분적으로 결합을 이루었다. 그러나 폴리스를 중심으로 하는 독립성이 강해 통일된 단일 국가를 형성하려는 뜻이 없었다. 따라서 이들은 필요하면 폴리스 간에 동맹을 맺는 형식을 취하였다. 이러한 도시국가 체제는 당시 세계의 다른 여러 지역에서는 거대한 제국 또는 왕국이 형성되었던 것과는 다른 그리스만의 독특한 특징이다.

그리스는 지중해성 기후에 속하여 여름에는 덥고 건조하며 겨울에는 비가 약간 오며 춥다. 이런 환경 때문에 언제나 물 부족이 골칫거리였다. 그러나 이러한 기후 덕택에 그리스 일대는 포도와 올리브가 가장 중요한 농산품이었다. 소규모의 목축을 수반한 다각적인 농업경영이 지중해 일대의 농업 특색을 이루었다. 그리고 그리스에는 산이 많고 평야가 적어 각 골짜기나 평지가 하나의 지리적 단위를 이뤘는데, 이러한 지리 조건이 그리스에서 폴리스라는 작은 도시국가가 들어선 주된 요인이었다. 이러한 지형으로 말미암아 그리스 사람들은 바다로 진출하게 되었다. 이렇듯 자연환경이 유리하지 않기 때문에 그들은 일찍이 해외 무역에 종사하였다. 특히 포도주, 올리브와 공산품은 이들에게 매우 중요한 물자였다.

미케네 사회가 붕괴한 뒤 그리스 본토에는 서너 부족으로 이루어진 소왕국이 여기저기 나타났다. 현실적인 생활 단위는 개별 가족으로 구성된 촌락 공동체였다. 그리스의 지형 때문에 각 자치 공동체는 바다나 산맥에 따라 이웃과 단절되어 각 섬과 계곡, 평야에 각자 독자적인 취락을 이루었다.

그리스 문명 가운데 가장 대표적인 도시국가는 아테네다. 귀족정치를 거쳐 참주정치, 그리고 그 이후에 민주정치의 꽃을 피운 도시국가 아테네는 살라미스 전쟁을 승리로 이끌었다. 기원전 6세기에 아테네, 스파르타, 코린토스, 테베 등 여러 도시가 지배적인 위치에 서게 된다. 각 폴리스는 주변 농촌 지역과 소읍을 장악하였으며, 또 아테네와 코린토스는 주요 해운·상업 강국으로 부상하였다. 강력한 해상력을 바탕으로 한 델로스 동맹의 맹주로 제국의 패권을 차지했다. 그러나 이것은 스파르타와 그리스 본토 도시의 펠로폰네소스 동맹을 위협하였다. 결국 두 세력 간 갈등은 기원전 431년~기원전 404년 펠로폰네소스 전쟁으로 이어졌다. 아테네는 펠레폰네소스 전쟁 중 기원전 430년, 429년, 427년에 3차례나 역병이 돌아 큰 피해를 입는다. 이 역병은 극심한 기후변화가 가져온 재앙이었다. 결국 아테네는 스파르타에 의해 멸망한다.

아테네에 이어 등장한 도시국가의 맹주가 스파르타다. 스파르타는 정복을 통해 성장한 문명이다. 스파르타의 성인 남성들은 병사가 되어 늘 전쟁에 대비하였다. 상류층도 병사로 훈련받아가며 살아가야 했다. 스파르타의 시민은 부자와 빈민이 모두 평등하여 시민의 결속을 강화할 수 있었다. 그러나 출생과 함께 심사를 거쳐 불구나 허약한 경우에는 남자뿐 아니라 여자들도 버림을 받았다. 스파르타 시민에게는 개인적인 사생활이 없었고, 오직 훌륭한 전사가 되는 게 인생의 목적이었다. 그러나 군을 크고 강하게 유지할 자발적이고 능력 있는 남성의 공급이 줄어들었다. 이 무렵이 기원전 380년경이다. 또 다른 세력이 이미 고대 그리스의 북쪽에서 세력을 결집하고 있었다. 마케도니아 왕국이었다.

기원전 338년 카이로네아 전투Battle of Chaeronea 에서 테베와 아테네 연합군을 패퇴시키면서 마케도니아의 필리포스는 그리스 전역의 패자로 올라섰다. 필리포스가 암살되면서 그의 아들 알렉산드로스가 왕위에 올랐다. 알렉산드로스는 그리스군 4만 2,000명을 이끌고 페르시아와 이집트를 지나 인도까지 갔다. 알렉산드로스는 기원전 323년 6월에 죽기 전까지 지중해를 중심으로 펼쳐진 그리스 문화에서 벗어나 11년 동안 유럽, 아프리카, 아시아 대륙에 걸쳐 대제국을 건설하였다. 알렉산드로스의 가장 큰 업적은 헬레니즘 문화를 만든 것이었다. 그러나 기원전 146년 로마에 의해 그리스가 멸망하면서 그리스 문명은 막을 내렸다.

지중해의 패권은 로마로 넘어갔다. 기원전 600년경부터 로마 사람들이 지금 이탈리아라고 부르는 지역의 중심부를 지배하기 시작했다. 이들이 지배한 이탈리아 지역은 자연의 혜택이 별로 없었다. 땅은 밀 같은 다수확 작물을 키우기에 적합하지 않았다. 이들도 그리스와 마찬가지로 올리브와 포도 등 과수에 눈을 돌렸다. 그러나 이것만으로 잘살 수는 없었다. 이들이 잘살 수 있으려면 밖에서 찾을 수밖에 없었다. 로마의 외부팽창 요인을 이해해야만 문명도 이해할 수 있다. 이들은 외향적인 세계관을 갖고 있어서 주변국의 발전적인 것들을 모두 받아들였다. 그리고 이런 관점을 다시 고치고 통합해서 제국 성장의 밑거름으로 삼았다. 보병 전술과 신화, 예술, 건축은 그리스에서 모방했다. 중기병과 말에 관한 전문 지식은 페르시아에서 찾았다. 강력한 해상 도시였던 페니키아와 카르타고를 공격할 때는 그들의 배 한 척을 포획하여 두 달 만에 비슷한 배 100척으로 어엿한 함대를 만들어냈다. 로마 사람들의 강점은 모방력과 함께 거칠고 사나운 힘과 끈기였다. 이런 특성은 로마 공화정 초기인 기원전 509년~ 기원전 44년 사이에 몇 번이나 멸망될 뻔한 상황을 극복하는 데 큰 도움이 되었다.

기원전 146년에는 그리스를 제국에 통합했고, 기원전 129년에는 소아시아(터키)마저 점령했다. 기원전 64년에 폼페이우스 장군의 지휘 아래 아르메니아와 레바논, 시리아, 유대를 정복했다. 옥타비아누스 장군이 기원전 31년에 이집트를 정복했다. 나일 강 유역에서 거의 무한정 공급되는 곡식으로 이집트 곡창 지대는 로마 제국 전역에 식량을 무제한 공급하였다.

기원전 30년에는 로마의 인구가 50만~100만 명 사이가 되어, 지구상에서 가장 큰 도시가 되었다. 갈리아(오늘날의 프랑스)는 율리우스 카이사르$^{\text{I. Caesar}}$와 갈리아 아르베르니$^{\text{Arverni}}$족의 부족장 베르킨게토릭스$^{\text{Vercingetorix}}$의 숨 막히는 전투 끝에 카이사르가 승리하면서 로마 통제 아래로 들어왔다. 브리튼은 기원전 55년에 처음 정복되었다. 북서쪽으로는 라인 강과 도나우 강이 자연스럽게 국경을 이루어 강을 따라 상비군을 주둔시켜 고트족과 서고트족 같은 게르만족의 침입을 막았다.

기원전 1세기 말에는 카이사르의 암살 이후 흔들리던 로마를 다시 통일시킨 아우구스투스가 제정시대를 열었다. 제정 초기의 로마 제국은 강력한 패권을 바탕으로 '팍스 로마나Pax Romana'로 불리는 태평성대를 구가하였으며, 라틴어 문학의 전성기를 이루었다. 트라야누스Traianus 황제 시대(98~117년)에 제국은 최대의 영토를 확보했다. 그 패권이 스코틀랜드에서 수단까지, 포르투갈의 대서양 연안에서 카프카스 지방까지 미쳤다. 이 영역은 오늘날 미국 영토 면적의 3분의 2에 해당하고, 인구는 연구에 따르면 현 미국의 절반에 약간 못 미칠 정도의 규모였을 것으로 추측된다. 하나의 세계를 이룬 이 거대한 제국 안에서, 그리스, 오리엔트, 셈족, 서유럽 등 고대 세계의 여러 문화가 융화되고 다시 퍼졌다. 고대 로마는 서구 세계의 법, 정치, 전쟁, 예술, 문학, 건축, 기술, 언어 분야의 발전에 크게 이바지하였으며, 그 영향은 오늘날까지도 이어지고 있다.

그러나 게르만족의 침입이 시작되면서 로마 제국은 쇠퇴기에 접어들었으며, 5세기경 서로마 제국은 몰락하고 게르만족의 여러 독립 국가로 갈라졌다. 한편 동로마 제국은 외침을 막아내면서 계속 존속하였다.

로마 제국은 게르만족의 침입과 몽골 고원에서 쳐들어온 훈족, 초기 기독교도들의 저항, 납 중독, 전염병 등 여러 가지 이유로 결국 멸망했다. 그러나 최근에는 기후변화로 인한 게르만족의 대이동이 로마의 멸망을 가져왔다는 이론이 지지를 받는다. 대개 역사가들은 로마 제국이 완전히 멸망한 때를 서로마 제국의 황제가 게르만족의 오도아케르에게 폐위된 기원후 476년으로 잡는다. 그런데 이들 게르만족은 기후변화로 서쪽으로 이주해온 훈족의 압박에 서유럽과 로마로 쫓겨갔다.

로마의 융성과 멸망의 이유를 기후로 보는 견해도 있다. 로마가 문명으로 자리 잡고 발달하던 시기를 서브애틀랜틱기라고 부른다. 서늘한 여름과 온화하고 비가 많은 겨울로 대변되는 서브애틀랜틱기의 습하고 서늘한 기후는 예수가 탄생할 때까지, 다시 말해서 로마 도시왕국과 로마공화국을 아우르는 시기까지 지속되었다. 이 시기 지하수위는 오늘날보다 높았을 것이다. 북아프리카의 오아시스들은 상대적으로 풍요로운 생활기반을 제공했을 것이다. 북아프리카가 왜 로마 제국의 곡식 창고가 될 수 있었는지를 설명해주는 열쇠를 발견하게 된다. 로마공화국의 문화가 그리스와 에트루리아의 도시국가들과 함께 발전할 수 있었던 것은 이처럼 유리했던 기후 덕분이었다.

로마 최초의 황제인 아우구스투스의 통치기(기원전 20년~기원후 14년)에는 기후가 꽤 따뜻한 편이었던 것으로 분석된다. 당시의 기온은 오늘날과 비슷한 수준이었다. 로마는 트라야누스 황제<sup>Marcus Ulpius Trajanus</sup> 시대에 영토를 가장 넓게 확장했다. 당시 로마 제국의 영토는 스코틀랜드의 국경에서 카스피 해와 페르시아 만에 이르기까지 광활한 지역이었다. 로마 제국의 영토 확장은 온난하면서도 너무 건조하지 않았던 기후 조건에서 이루어졌다. 따라서 기후사에서는 이 시기를 로마의 기후 최적기라 부른다.

기원후 1세기에서 400년경까지 온난화는 빙하의 해빙과 해수면의 상승을 가져왔다. 이런 기후[14]가 대제국 로마를 결속시키고 북쪽으로 진행되는 영토 확장에 이바지했을 것이다. 알프스의 횡단이 1년 내내 가능하게 되면서 갈리아와 게르마니아, 라이티아, 노리쿰의 정복과 통치가 쉬워졌다.

5세기에 접어들면서 기후가 로마의 반대편에 서기 시작했다. 날씨는 더 서늘해지고 북아프리카는 완전히 메마른 땅으로 바뀌었다. 로마의 곡식 창고가 사라진 것이다. 기후변화는 게르만족의 대이동을 불러왔다. 410년 로마는 서고트족에 의해 약탈당했으며, 반달족은 서부지방을 휩쓴 후 429년에는 로마령 북아프리카를 점령했다. 당시 세베리누스 St. Severinus는 오스트리아와 바바리아 지역에서 선교활동을 벌였다. 그는 로마 제국의 붕괴를 상세하게 서술하고 있다. 전쟁과 추방, 폭력이 지배하는 세계에서 날씨가 결정적인 영향을 주지 않았을 수도 있다. 하지만 세베리누스의 전기에서는 추위와 굶주림, 질병에 대해 끊임없이 언급한다. 세베리누스는 병들고 굶주린 이들을 돕기 위해 구호품을 실은 배를 띄웠지만, 그 배는 라인 강의 얼음 속에 갇히는 신세가 되었다고 나온다. 나빠지는 기후로 인해 주거지들이 해안으로 옮겨지고, 배후지는 공동화되었다. 소아시아의 에페소스, 팔미라, 안티오키아 등의 대도시들도 쇠퇴하기 시작했다. 로마 비잔티움의 역사가 프로코피우스Procopius

---

**14** 플리니우스가 남긴 문헌에는 포도와 올리브가 이전보다 훨씬 북쪽에서 재배되었다고 나온다. 포도 재배의 북쪽 한계선은 기후를 가늠하는 좋은 지시자다. 도미티아누스 황제는 알프스 북부에서 포도 재배를 금지한다는 내용을 담은 칙령을 내렸던 적도 있을 정도다. 이는 당시의 기후 조건이 알프스보다 훨씬 북쪽에서도 포도 재배가 가능했을 만큼 따뜻했다는 사실을 의미한다.

는 "유스티아누스 황제$^{Justinian}$의 통치 10년째에 태양빛이 1년 내내 어두 웠으며 태양이 마치 달처럼 보이기도 했다"라고 썼다. 헌팅턴이 아시아 지역의 건조화를 로마 멸망의 일차적인 원인(훈족의 대대적인 유럽 침공) 으로 보는 이유를 이 점에서도 찾을 수 있다.

# 페트라와 우바르 그리고 악숨을 무너뜨린
# 지진과 호우와 가뭄

중동지역에 페트라Petra라는 독특한 문명이 있다. 페트라[15]는 고고학적으로 대단히 중요한 곳이다. 페트라는 요르단 수도 암만에서 남쪽으로 190km 정도 떨어진 사막지대에 있다. 사람이 살지 않는 황량한 사막지대에 산들이 높이 솟아 있는 곳이다. 해발 950m의 산속에서 바싹 말라붙은 강줄기를 따라가다 보면 갑자기 눈앞에 환상적인 광경이 들어온다. 붉은빛을 띤 바위에 세워진 고대도시 페트라가 나타난다.

유적 중에서 로마식 파사드로 지어진 카즈네 신전이 대표적이다. 영화 〈인디아나 존스 - 최후의 성전〉에 나올 정도로 환상적인 건축미를 자랑한다. 이 신전은 '파라오의 보물창고'라고 불렸다. 페트라 주변의 암반은 기본적으로 붉은빛이다. 따라서 일조량과 태양의 방향에 따라 색

15  훗날 '바위'라는 뜻의 그리스 어를 따서 지은 명칭

깔이 시시각각 변한다. 이러한 특성이 페트라에 아름다움과 신비감을 더해주고 있다.

페트라는 협곡을 이루는 암석을 직접 깎아서 만든 화려한 석조 건축으로 유명하다. 역사학자 요세푸스$^{Josephus}$와 그리스의 지리학자인 스트라본$^{Strabo}$은 페트라에 대한 유명한 '장미색 바위'의 사막 도시에 관한 이야기를 남겼다. 그러나 이 풍요로운 도시는 로마 제국 말기에 버려졌고 잊혔다. 1812년에 스위스의 탐험가 요한 부르크하르트$^{J.\ Burckhardt}$에 의해 페트라가 다시 발견되었다.

페트라는 로마 시대에 놀라운 부를 이룩하였다. 페트라의 위치는 전략적, 지리적 위치가 뛰어났다. 페트라는 수많은 대상이 지나는 교차로였다. 서쪽에는 가자, 북쪽에는 다마스쿠스, 서쪽과 남쪽에는 각각 이집트와 페르시아만이 있었다. 유목민이었던 나바테아인들이 기원전 6세기경 그 지역으로 옮겨와 자리를 잡았다. 페트라는 교역의 요지로 언제나 외부의 침입이 끊이지 않았다. 그래서 나바테아인들은 외적들의 공격을 효과적으로 막을 수 있는 거대한 바위 속에 주거지를 만들었다. 나바테아인들은 와디 무사$^{Wadi\ Musa}$[16]를 따라 시가지와 무덤, 신전 등을 건설했다. 그들의 건축 기술은 수준 높기로 명성이 나 있다. 수로와 함께 돌을 쌓아서 만든 저수조를 본 현대 건축가들조차 감탄할 정도다.

기원전 3세기경이 되자 페트라는 잘 정비된 도시가 되었다. 그리고 기원전 1세기에는 중동지역의 상업 중심지가 되었다.

---

**16**  모세의 강이라 불리는 강으로 우기에만 물이 흐른다.

오늘날의 기준으로 볼 때 인구가 대단히 희박한 건조한 사막에서 어떻게 문명이 번성했고, 살아남았을까? 로마 시대에도 페트라가 위치한 요르단 남서부 외진 곳은 붉은 사암으로 이루어진 황량한 곳이었다. 침식과 풍화가 일어나 깎아지른 절벽으로 둘러싸인 마른 계곡이었다. 페트라 자체는 초승달처럼 생긴 계곡에 발달했다. 계곡 주위로는 100m 높이의 가파른 절벽이 둘러싸고 있다. 주위를 둘러싸고 있는 고원의 꼭대기는 식물이 살기 어려워서 대부분 식물은 계곡 바닥에서만 자라고 있었다.

오늘날 페트라의 기후는 대단히 혹독하다. 연간 강우량이 평균 130~150mm에 불과하며, 대체로 겨울에만 비가 내린다. 그렇다면 나바테아 문명은 어떻게 이런 혹독하고 건조한 사막에서 살아남았을까? 어떻게 번성하기까지 할 수 있었을까? 그 해답은 세 가지 인위적인 산물에서 찾을 수 있다. 바로 돈, 기술, 지속 가능성의 윤리다.

고대 나바테아인들은 혹독한 사막 한가운데에서 번성하는 왕국을 만들고 유지하기 위해 대단히 중요한 세 가지 요소를 갖추고 있었다.

첫째, 이들은 무역하는 대상들로부터 벌어들인 거의 무제한의 자금을 자신들의 삶의 질을 향상시키는 데 이용했다. 둘째, 대단히 뛰어난 기술자들이 있어서 기술적으로 까다로운 여러 가지 물 문제를 극복할 수 있었다. 셋째, 어쩌면 이것이 가장 결정적인 요소로 작용했을 것이다. 이들에겐 바로 환경이라는 자연의 한계를 극복하고 싶은 강한 열망이 있었다. 나바테아인들은 정교하고도 값비싼 수공학 구조물들을 만들었다. 대부분의 구조물은 모세의 샘(우물)으로 불리는 오아시스 '아인

무사<sup>Ain Musa'</sup>의 풍부한 물을 이용했다. 나바테아인들은 수백 년을 이어오면서 엄청난 물 관리 체계를 건설하고 유지했다. 흐르는 물을 가두고 물길을 바꾸는 댐도 여러 개 건설했다. 각각 댐은 겨울철에 갑작스럽게 불어난 물 때문에 일어나는 홍수를 방지하기 위해 설계되었다. 사막이라는 환경의 한계를 극복하기 위해 이런 기가 막힌 창조적인 시스템을 만들어낸 것이다. 고고학자들은 페트라의 전성기에는 약 2만 명의 인구가 사막에서 상대적으로 호사스러운 생활을 했을 것으로 추정한다.

그런데 무슨 일이 있었던 것일까? 오늘날 페트라는 사막에 폐허로 방치되어 있다. 정원도 없고, 물도 없고, 사람도 살지 않는다. 이렇게 근사하게 설계된 도시가 무너진 이유는 무엇이었을까? 페트라와 그 주변 지역은 단층 활동의 지배를 받는 지리적 특성이 있다. 363년 5월 19일, 갑자기 지구 내부에 저장된 에너지가 분출되었다. 지진이었다. 이 지각 변동으로 발생한 지진은 페트라를 포함해 수백 개의 도시를 파괴했다. 가장 큰 타격은 나바테아인들이 수세기에 걸쳐 세심하게 건설했던 물 관리 체계가 무너진 것이었다. 당시 수입이 줄어들면서 수로를 다시 만들거나 유지할 돈이 없었다. 아칸소 대학의 지형학자인 톰 패러다이스<sup>(T. Paradise</sup> 박사 같은 과학자들은 오랜 세월에 걸쳐 페트라의 역사적 건축물들이 천천히 풍화되는 과정을 세심하게 증명했다. 한 위대한 문명을 지진이라는 기상현상이 몰락시킨 것이다.

오만에 있던 우바르<sup>Wabar</sup> 문명도 독특한 문명이다. 우바르는『아라비안나이트』와『코란』에도 나오는 환상의 도시로 와바르<sup>Wabar</sup>, 퀴단<sup>Qidan</sup>, 이람<sup>Iram</sup>라는 이름으로 불리기도 한다. 우바르는 기원전 수천 년경에 있었던 고대 도시로 유향 교역으로 크게 번성했었다. 그런데 전설에서는 우바르가 알라의 분노로 어느 날 갑자기 사라졌다고 전한다. 우바르에 살았던 사람들이 엄청난 부로 교만에 빠지자 이슬람의 신 알라가 도시를 파괴하고 폭풍을 일으켰다. 이로 인해 우바르는 모래 깊숙이 파묻혀 사라졌다는 것이다.

고고학자와 탐험가들은 전설의 도시 우바르가 어딘가에 반드시 존재했을 것으로 생각했다. 영화 〈아라비아의 로렌스〉에 등장하는 로렌스[T. E. Lawrence]도 그런 사람 가운데 한 명이었다. 그는 우바르를 '사막의 아틀란티스'라고 불렀다. 실체는 없이 전설 속에만 존재한다는 뜻이다. 우바르 문명을 찾기 위한 노력이 계속되었다. 마침내 한 개인의 집요한 노력과 현대 과학 기술의 결합으로 우바르가 모습을 드러냈다.

아마추어 고고학자였던 니콜라스 크라프[N. Kraf]가 미 항공우주국[NASA]의 우주선을 이용해 우바르 유적을 조사했다. 그는 우바르가 있었다고 추정되는 지역을 찾아냈다. 이 지역을 위성에서 촬영한 화상을 컴퓨터로 정밀하게 분석했다. 마침내 고대에 낙타를 이용한 대상들의 교역로를 찾아내는 데 성공했다. 그는 모래 밑에서 팔각형 건축물을 비롯한 수많은 유적을 발견했다. 마침내 동서 길이가 22km에 이르는 전설의 도시 우바르가 발견된 것이다.

우주탐사로 우바르 유적이 발굴된 다음 왜 이슬람 사람들이 우바르를 저주받은 도시라 부르게 되었는지 밝혀졌다. 도시 밑에서 거대한 석회암 동굴이 발견되었기 때문이다. 고고학자들은 지하에 있던 석회암 동굴이 무너져 지반침하가 일어났다고 추정한다. 순식간에 땅이 꺼지면서 도시가 모래 속에 묻혀버렸다는 것이다.

지금부터 5,500년 전에 아라비아 반도는 물기가 많은 대초원이었다. 현재의 아라비아 사막은 푸름이 우거진 곳이었다. 산들은 아름다운 나무로 뒤덮였으며 물고기나 동물들도 많았다. 그런데 기원전 2000년경 무렵 날씨가 변하기 시작했다. 비가 내리지 않으면서 풀 대신에 관목이나 모래가 들어섰다. 삼림도 모래바람이 불어대는 황야로 변했다. 지금의 아라비아 사막과 같이 변한 것이다. 기후가 바뀌었어도 우바르 문명은 살아남았다. 바로 이 지역에서만 생산되는 유향 때문이었다.

그러나 시간이 흐르면서 다시 기후가 바뀌었다. 기원후 1세기부터 소빙하기의 영향으로 에티오피아 남쪽 지방에 비를 내리던 몬순대가 북상하였다. 몬순대의 영향으로 비가 더 많이 내렸다. 전설에 따르면 우바르 유적이 사라진 것이 바로 이 시기라고 한다. 이런 기후변화가 우바르 유적을 무너뜨린 요인이 되었다고 과학자들은 말한다. 우바르가 가라앉은 것은 도시 밑에 있던 거대한 석회암 동굴이 무너졌기 때문이라는 것은 이미 밝혀진 사실이다. 석회암 동굴을 무너뜨린 힘은 물기가 석회암을 부식할 때 나왔다. 몬순대가 북상하면서 많은 비가 내려 다량의 물이 지하로 스며들어 석회암 동굴이 침식되었다. 침식된 지하 동굴이 무너지면서 도시가 땅 밑으로 꺼져 들어가고 꺼진 도시 위로 모래가 덮으면서 우바르는 파묻혔다. 몬순대의 이동이 위대한 역사를 사막의 모래 밑으로 사라지게 한 것이다.

오만의 유향이 거의 사라지면서 유향은 다른 지역에서 생산되기 시작했다. 지금의 에티오피아 지역인 악숨^Axum이었다. 이곳에서 유향이 대량 생산되면서 새로운 문명이 탄생했다. 바로 악숨 문명이다. 그런데 우바르 문명이 많은 비로 붕괴했다면 악숨 제국은 대가뭄으로 멸망하고 만다.

악숨 제국이 위치했던 에티오피아 고원은 사하라 사막 남쪽으로 길게 뻗은 건조한 평원 사헬의 끝에 있는 '아프리카의 뿔Horn of Africa'에 자리 잡고 있다. 이 고원은 평균 해발 2,000m에 가파르고 높은 절벽들로 인하여 주변 환경과 고립되어 있다. 그런데도 악숨은 홍해와 적당히 가까워서 동로마 제국과 인도양 사이를 오가는 무역에서 상당한 이익을 얻을 수 있었다. 홍해에 인접한 항구인 아둘리스는 악숨 왕국이 국제 무역에 참여하는 관문이었다. 악숨 제국은 아둘리스를 통해 상아, 코뿔소 뿔, 노예, 사향, 흑단, 금가루, 유향 등을 비롯한 많은 물건을 수출했다. 특히 유향은 악숨 제국에 막대한 부를 가져다주었다. 유향이 나는 나무는 악숨의 영토 내에서 잘 자랐다. 해마다 수천 톤의 유향이 생산되었는데 금만큼이나 귀하고 비쌌다.

사람들이 모여 마을을 이루거나 문명이 발생하기에는 척박한 지역이었음에도 악숨 제국이 번영을 누리게 된 데는 기후의 도움이 있었다. 악숨은 적도 부근에 있지만, 2,000m 이상의 고원지대였기에 기후가 비교적 온화했다. 주변 지역은 메말랐지만, 이곳은 시원하고 비도 적당히 내렸다. 남쪽 정글지대에 번창하던 열대병도 이곳에는 미치지 못했다. 게다가 1세기부터 8세기까지 사람이 살기에 무척 좋은 기후로 바뀌었다.

소빙하기의 영향으로 에티오피아 남쪽 지방에 비를 내리던 몬순대가 북상하였다. 몬순대의 영향으로 날씨가 점점 더 서늘해지고 비가 더 많이 내렸다. 식량 생산이 급격히 늘어났고, 인구도 급속히 증가했다. 악숨 제국은 풍부한 돈과 인력으로 군대를 양성하여 이웃 국가들을 침략했고 정복민을 노예로 삼았다.

4세기경에 악숨은 전성기에 이르렀다. 그러나 영원한 것은 없는 법이다. 새로운 힘이 악숨 제국을 서서히 조여 왔다. 5세기에 서로마 제국이 무너지고, 6세기 말과 7세기 초에 동로마 제국은 점점 가난해졌다. 악숨의 상품을 구매하는 시장이 많이 줄어들기 시작한 것이다. 이런 정치적 파국이 없었더라도 악숨은 파멸하게 각본이 짜여 있었다. 기후변화와 환경 파괴 때문이었다. 서늘하고 비가 많이 내리던 상태가 몇백 년에 걸쳐 지속하자 사람들은 점차 농업을 확대했다. 나무를 베어내면서 6세기에 이르러 악숨 땅에는 가장 가파른 산등성이와 가장 깊은 계곡을 제외하고는 숲이 모두 사라졌다. 숲이 사라지면서 비에 토양의 영양물질이 다 씻겨 내려갔다. 약 750년경 온난기가 도래하면서 몬순대는 남쪽으로 다시 내려갔다. 예전처럼 1년에 3개월 정도 비가 내리는 기후로 되돌아간 것이다. 침식되고 영양분이 씻겨 나간 토양에 강수량까지 줄자 농업 생산량은 곤두박질쳤다. 굶주림에 시달리게 되면서 제국은 붕괴하기 시작했다. 많이 내리는 비로 부흥했던 제국은 너무 적게 내리는 비 때문에 멸망의 길로 접어든 것이다. 중앙 집권적 권력은 붕괴하였고 악숨은 버려졌다. 19세기 고고학자들의 발굴 작업으로 재발견될 때까지 악숨은 외부 세계의 관심 밖에 있었다.

**Chapter 2**

# 영화와 문학 속
## 기후와 환경
### 이야기

# 외면할 수 없는
# 불편한 진실

우리에게 고전이 된 영화가 있다. 2006년에 만들어진 〈불편한 진실An Inconvenient Truth〉이다. 개봉되자 극과 극의 평가가 나온 영화다. 미국 부통령 출신인 앨 고어Al Gore가 출연한 영화라 세간의 관심을 모았다.

진보적인 기후학자들은 전 세계에 기후변화와 지구온난화의 심각성을 일깨워주었다는 평을 내렸다. 이 영화는 2007년 아카데미 시상식에서 다큐멘터리 상을 수상하고, 앨 고어는 이 영화로 유엔 정부간기후변화위원회와 함께 2007년 노벨평화상을 공동으로 수상했다.

그러나 보수적인 기후학자들은 맹반격을 가했다. 미국 최대 일기예보 전문 회사 '웨더채널' 설립자는 앨 고어를 사기 혐의로 고소했다. 지구온난화의 위험을 과대포장하였고, 주요 보고서에는 오류가 있다는 이유에서였다. 2007년 10월 영국 법원은 〈불편한 진실〉이 여덟 가지 오류가 있다는 판결을 내렸다. 판사는 "영화가 지구온난화를 다루는 데 여덟 가지 잘못된 점이 있다. 이 중 상당수는 앨 고어 자신의 관점을 지지하기 위해 과장된 것이다"라고 말했다.

그러나 당시 〈불편한 진실〉에 묘사된 내용 가운데 오류라고 주장했던 많은 내용이 사실이었음이 최근 들어 증명되고 있다. 나는 앨 고어의 용기와 노력, 영화의 내용을 지지한다. 그래서 대학 강의 때 학생들과 이 영화를 함께 본 후 토론을 한다. 많은 학생이 영화 한 편으로 알고 싶지 않은 '불편한 진실'을 알게 되었다고 말한다.

영화 〈불편한 진실〉의 줄거리를 잠깐 살펴보자. 킬리만자로, 몬타나주 빙하국립공원, 콜롬비아 빙하, 히말라야, 알프스 산맥, 남미 파타고니아 등은 아름다운 빙하와 만년설이 있는 곳이다. 그러나 2005년 많은 빙하가 녹아내려 자연생태계의 심각한 파괴를 불러왔다. 영화에서는 2005년이 지구 역사 65만 년 동안 가장 높은 온도를 기록했던 해였다고 설명한다.[17] 도대체 왜 이런 일이 발생한 것일까? 이 모든 것의 원인은 바로 인간들이 만들어낸 지구온난화 때문이라는 것이다. 그래서 미국 전 부통령이자 환경운동가인 앨 고어는 지구온난화가 불러온 심각한 환경 위기에 관한 자료를 모아 슬라이드 쇼를 만들어 강연을 시작한다. 산업과로 인한 이산화탄소 배출량이 증가면서 북극의 빙하가 10년 주기로 9%씩 녹고 있는데 지금 속도대로라면 머지 않아 플로리다, 상하이, 인도, 뉴욕 등 대도시의 40% 이상이 물에 잠기게 된다. 네덜란드와 방글라데시 등 해면보다 낮은 나라는 지도에서 아예 사라지게 된

---

**17** 2015년 11월 기준으로 2014년이 지구 역사상 가장 더웠던 해로 기록되었다.

다. 빙하가 사라짐으로 인해 빙하를 식수원으로 사용하는 인구의 40%가 심각한 식수난을 겪을 것이다. 빙하가 녹으면서 해수면의 온도가 상승하면서 '카트리나'[18]와 같은 초강력 허리케인이 2배로 증가한다. 이와 같은 끔찍한 미래는 겨우 20여 년밖에 남지 않았다. 문제는 이뿐만이 아니다. 기온 상승은 전 세계에서 빠르게 진행되고 있어서 어떤 지역은 대홍수, 또 어떤 지역은 극심한 가뭄을 겪을 것이다. 이런 현상으로 인해 기후까지도 완전히 뒤바뀔 것이다. 극심한 지구온난화는 인류의 생명과 지구의 안전을 위협할 것이다. 결국에는 인류 생존의 터전과 목숨까지도 잃게 될 것이라고 영화 속 앨 고어는 경고한다. 환경 위기를 극복하기 위한 노력이 필요하다고 역설한다. 인류가 같이 노력하고 실천하고 행동한다면 미래는 달라질 것이라는 거다. 정말 우리가 지구온난화를 가져오는 탄소 소비를 줄이고 저감에 참여한다면 지구는 좋아질까? 오랜 세월이 걸리겠지만, 답은 '그렇다'이다.

그럼 앨 고어의 〈불편한 진실〉처럼 지구온난화는 빙산들을 녹여 많은 도시가 물에 잠길까? 이런 이야기를 담은 영화로는 〈워터 월드Water world〉도 있다. "지구의 먼 미래, 극지대의 빙산들이 녹아서 지구 표면을 온통 물로 덮어버렸다. 그래도 살아남은 자들은 이 워터 월드에 적응해 갔다." 1995년 개봉되었던 영화 〈워터 월드〉의 홍보 문구다. 케빈 레이

---

**18** 2005년 9월 미국 남부지역을 강타한 최고 시속 280km의 강풍과 폭우를 동반한 초대형 허리케인이다. 피해 지역은 뉴올리언스 주, 루이지애나 주, 미시시피 주, 앨라배마 주 등 미국 남부지역이었다. 큰 인명피해와 함께 주택과 상가 등이 완전히 침수되어 약탈과 전염병이 발생하였다. 이로 인해 미 남부 산업시설이 마비되어 한동안 미국의 경제가 침체되었고 국제 유가가 상승하는 등 세계 경제에도 영향을 끼쳤다.(출처 : 《매일경제》, 《매경닷컴》)

놀즈가 감독했고 케빈 코스트너가 주연으로 나왔던 영화다.

이 영화는 지구 전체가 물로 휩싸여 인류의 문명이 수중에 가라앉게 된다는 이야기로 시작한다. 엄청난 재난에 인간은 스스로 인공섬을 만들어 생존 투쟁을 벌인다. 영화는 우리의 미래를 보여주는 거울이라는 말을 한다. 영화 속 미래는 지금보다 발전된 사회를 담기도 하지만 많은 작품은 암울한 미래상을 담기도 한다. 그런데 놀라운 것은 암울한 미래를 담은 영화는 대부분이 에너지와 환경 문제를 다룬다.

영화 〈워터 월드〉의 대체적인 줄거리를 보자. 수백 년 동안 인간들의 자연 훼손으로 지구는 더워졌다. 북극의 얼음이 녹아 전 지구는 물로 뒤덮여 인간들은 바다 위를 표류하게 된다. 바다 위에 인공섬을 만들고 생존을 위해 피나는 투쟁을 한다. 그러한 투쟁은 케빈 코스트너가 어느 한 인공섬의 정문을 통과하면서 모험으로 변하기 시작한다. 육지를 찾기 위한 갈등과 액션이 볼 만하다.

이 영화가 개봉된 지 벌써 20년이 넘었다. 한때는 영화 줄거리가 엉터리라는 말이 나왔었다. 그러나 현재의 우리 상황을 보자. 영화 〈워터 월드〉에서처럼 빙하가 녹으면서 해수면 상승이 일어나 지구가 물에 잠긴다는 가정이 기정사실로 받아들여지고 있다. 남태평양 국가들인 투발루나 키리바시 같은 경우 이미 물에 잠기기 시작했다.

그러면 정말 북극과 남극의 빙하가 다 녹으면 영화 〈워터 월드〉에서처럼 지구 전체가 물에 잠길까? 실제로 북극 빙하는 꾸준히 녹으면서 해수면 상승에 일조하고 있다. 이미 북극 빙하의 40%가 녹았다는 보고가 나올 만큼 빙하 환경은 심각한 수준이다. 그러나 〈워터 월드〉에서처럼 남극과 북극의 빙하가 모두 녹더라도 '제2의 노아의 방주' 사건은 일어나지 않으리라고 본다. 미 항공우주국은 남극의 빙하가 모두 녹을 경우 해수면은 약 50~80cm 상승할 것으로 추정한다. 만일 북극 빙하가 다 녹으면 최대 5m 정도 올라갈 것으로 추정한다. 전 세계의 많은 지역이 물에 잠기겠지만, 영화 〈워터 월드〉에서처럼 지구 전체가 물에 잠기지는 않는다는 뜻이다.

빙하가 녹아서 생기는 문제 중에 가장 심각한 것은 해수면 상승이다. 그리고 이는 이상기상을 만들어내는 원인이 되기도 한다. 북극 빙하는 태양광선의 90% 이상을 지구 밖으로 반사한다. 그런데 빙하가 녹으면서 그전까지 반사해온 태양광선의 상당량을 바다가 흡수하고 있다. 그 영향으로 북극의 온도가 올라간다. 이것이 2009~2012년 우리나라에 강한 겨울 한파를 가져온 원인[19]이었다. 또 따뜻한 바다는 바람의 세기를 상승시키는 동시에 습도를 올려 강력한 태풍을 만든다. 최근 슈퍼태풍의 가능성이 언급되는 것도 바로 해빙과 해수 온도 상승 때문이다.

예를 든 영화들은 우리가 알고 싶지 않은 불편한 이야기들을 우리에게 들려준다. 실감나는 화면으로 생생하게 보여준다. 설사 빙하가 녹고, 동물들이 죽어가고, 재앙이 발생하는 사실이 받아들이기에는 불편할지 몰라도 반드시 알아야 할 내용들이다. 나는 가끔 꿈을 꾼다. 우리가 사는 지구가 쾌적한 공간으로 변해가는 꿈이다. 이것이 불가능한 일일까?

---

**19** 왜 북극 기온이 올라가면 북반구의 겨울에 한파가 닥치는 것일까? 그 이유는 북극 기온이 상승하면 지구 기압계에 변동이 발생하여 강력한 혹한을 가져오는 고기압을 만들어내기 때문이다.

# 환경 파괴로
# 미래가 바뀌고 있다

2014년 11월 말 강력한 한파와 폭설이 미국 동부지역을 강타했다. 38년 만의 폭설로 미국 동부지역은 도시 전역이 마비 상태였다. 도대체 11월 에 강력한 한파가 닥친 이유는 무엇 일까? 그 원인은 지구온난화로 인 한 기후변화 때문이다. 지구온난화로 인한 기온 상승이 북극의 빙하를 재빠르게 녹였다. 북극 기온이 상승하면서 북극 한기를 둘러싼 제트기 류가 약해졌다. 약해진 제트기류는 남쪽인 미국 쪽으로 사행하면서 강 한 북극 한기를 끌고 내려왔다.

미국 혹한을 보면서 기후변화가 우리의 삶을 어떻게 변화시킬 것인 가가 최근의 화두가 되었다. 그런데 이때 시기를 맞춘 듯 영화 〈인터스 텔라Interstellar〉가 개봉되었다. 개봉관에 오르자마자 대박이었다. 1,000만 관객이 금세 넘었다. 〈인터스텔라〉의 전제는 지구의 기후변화다. 지구 온난화와 기후변화, 생태계의 파괴 등으로 지구는 사람이 살 수 없는 행성으로 변해간다. 〈인터스텔라〉를 보면서 영화감독들이야말로 시대를 앞서가는 사람들이구나 싶었다. 나는 과학도이면서 천문우주도 공부했고, 기상학도 공부했다. 그런데 뛰어난 영화감독들이 영화에서 보여준 미래의 일들이 얼마 가지 않아 그대로 이루어지는 것을 보면 전율하게 된다. 어떻게 저들은 미래의 속살을 세밀하게 볼 수 있는 것일까?

영화 〈인터스텔라〉는 크리스토퍼 놀란이 메가폰을 잡았다. "169분간 엉덩이를 들썩일 필요가 없는 영화" 영화의 홍보 문구다. 볼거리도 많고 생동감 넘치는 장면 전환도 압권이다. 지구온난화와 기후변화, 생태계의 파괴 등으로 지구는 사람이 살 수 없는 행성으로 변해간다. 산소의 양도 줄어가고, 식량의 감산으로 옥수수 외에는 먹을 것도 없다. 지독한 황사[20]가 시도 때도 없이 불어 닥친다. 인류는 서서히 종말을 기다려야 하는 상황이다. 이때 인류의 마지막 희망을 품고 사람들이 이주해서 살 수 있는 다른 행성을 찾는다.

영화를 보면서 정말 감탄했다. 영화에서 상정한 여러 가지 현상들은 지구온난화로 인한 기후변화, 환경 파괴의 상황을 너무 잘 예측했다는 생각이었다. 기온이 상승하면서 식량이 가산된다거나 전염병이 확산과 사막화 등으로 황사 등의 모래 먼지 발생량이 증가한다거나 하는 것들은 사실 IPCC에서도 예측해온 것들이다. 다르다면 이 영화에서는 더욱 강력한 피해로 사람들이 도저히 살 수 없는 지구로 그린다는 거다.

이 영화를 보면서 참 멋있는 우주공간을 보는 쏠쏠한 재미도 있었다.

---

**20** 지독한 황사 바람은 1930년대 미국 중부에 몰아닥친 샌드보울(Sand Bowl) 사태를 벤치마킹한 것이 아닐까 하는 것이 나의 생각이다.

여기에, 블랙홀이나 웜홀 등의 천문이론을 배우는 좋은 기회가 되기도 했다. 나는 이 영화를 만든 크리스토퍼 놀란 감독의 팬이다. 그가 만든 영화 〈메멘토〉, 〈인셉션〉, 〈다크나이트〉 등은 정말 좋은 영화라고 생각한다. 현존하는 세계 최고의 영화감독이라고 생각할 정도다. 그는 할리우드 영화의 진부한 공식을 오밀조밀한 이야기로 바꿔낸다. 정교한 과학이론을 단순한 영화의 포장지처럼 쓰지 않고 영화 속 삶의 한 부분으로 만들어내는 귀재다. 놀랍게도 아인슈타인의 '일반상대성이론'[21]을 접목해 '웜홀을 통한 시간 여행이 가능하다'는 상황을 구현했다. 아무래도 날씨 쪽 일을 하다 보니 이 영화에 나오는 광활한 우주 풍광, 구름조차 얼어버리는 얼음의 행성, 1시간이 지구의 7년에 해당하는 타임 딜레이time delay 행성 등도 흥미로웠다. 그런데 여기서 새 행성에서 새로 찾은 인간의 희망이 과연 얼마나 지속될지, 얼마 동안이나 인간을 구원할 수 있을지 고민하지 않을 수 없었다.

영화를 보고 나오면서 늦둥이 아들에게 "아버지는 자식들을 위해서 언제든 유령이 될 수 있어"라는 주인공의 말을 했다. 어쩌면 이 영화에서 이야기하고 싶었던 것 중의 하나가 이 이야기가 아니었을까? 공간과 세계와 시간의 장애물을 극복할 수 있는 유일한 길은 바로 사랑이라는 것 말이다.

1870년 남아프리카의 킴벌리에서 다이아몬드가 발견되었다. 영국은

---

**21** 1916년, 아인슈타인이 관성 질량과 중력 질량이 같다는 등가 원리를 출발점으로 하여 전개한 이론. 그 후 여러 실험에서 실증되었다. 아인슈타인 방정식의 해로부터 공간 내에 블랙홀이라는 기묘한 장소가 있다는 것이 유도되었다. 일반상대성이론에 대한 관심이 최근 다시 고조되고 있다.

다이아몬드 광산 근처에 살던 원주민들을 쫓아냈다. 저항하는 반투족과 보어인들을 무자비하게 죽였다. 자기들에게 충성스러웠던 줄루족마저 내쫓았다. 반란을 일으킨 줄루족은 비참하게 살육되었다.

"우리에게 이익이 된다면 어떤 짓이든 상관없다. 우리가 곧 법이며 정의다." 백인들은 돈이 된다면 악마의 짓거리도 서슴지 않았다. 자연과 평화롭게 살아오던 원주민들은 모든 것을 빼앗겼다. 땅, 곡식, 가족, 문명, 그리고 꿈까지도.

수우족이 살고 있던 땅에서 금광이 발견되었다. 미국은 그들을 쫓아내기 위해 대규모 병력을 동원했다. 더는 쫓겨날 수 없었던 수우족은 다른 인디언과 힘을 합쳐 저항했다. 전쟁에서의 패배로 수많은 수우족이 죽었고 그들의 땅에서 쫓겨났다. 1853년 뉴칼레도니아를 점령한 프랑스는 원주민의 땅 90%를 빼앗고 내륙 산악 지역으로 그들을 쫓아냈다. "이 땅은 프랑스 것이고 우리가 돌려받은 것뿐이다"라고 외치며 항의하는 원주민들은 끔찍하게 살해했다. 나미비아를 침략한 독일은 자원을 차지하기 위해 원주민들을 추방했다. 저항하는 원주민들을 죽이고, 항복한 원주민들조차 사막으로 내쫓았다. 나미비아 원주민 중 겨우 1만 5,000명만 살아남았다. 비극적인 민족 살해가 벌어진 것이다.

이와 비슷한 설정을 영화 〈아바타Avatar〉에서도 볼 수 있다. 이 영화에서도 잔인한 백인들의 이야기가 나온다. 이들은 자원 획득을 위해 나비 행성에 사는 원주민 지역을 초토화한다. 토착민 전멸도 불사한다. 이익을 위해서라면 다른 민족의 삶은 아무 상관이 없는 것이다. 영화를 같이 보던 아내가 손을 부르르 떨었던 영화다. 어쩜 그리 악할 수 있는지.

이 영화는 2009년 12월에 개봉되었다. 제임스 카메론이 메가폰을 잡았고 샘 워싱턴과 조 샐다나가 주연으로 나온다. 때는 2154년, 지구는 자원의 무분별한 사용과 환경 파괴로 에너지가 고갈되었다. 이 문제를 해결하기 위해 지구로부터 멀리 떨어진 행성 '판도라'에서 대체 자원을 채굴하기 시작한다. 하지만 판도라의 대기는 인간이 견딜 수 없는 독성이 있었다. 결국 인류는 판도라의 토착민 '나비'의 외형에 인간의 의식을 주입, 원격 조정이 가능한 새로운 생명체 '아바타'를 탄생시킨다.

영화의 주인공은 하반신이 마비된 전직 해병대원 제이크 설리다. 그는 아바타 프로그램에 참가할 것을 제안받고 판도라 행성에 왔다. 자원 채굴을 막으려는 나비족을 원래 서식지로부터 이주시키라는 임무를 받는다. 임무를 수행하기 위해 제이크는 나비족과 같이 생활한다. 그들의 신뢰를 얻기 위해 그들의 문화와 전통을 배우고, 전사가 되기 위한 노력을 한다.

그런데 그 과정에서 제이크는 나비족 원주민 여자 '네이티리'를 사랑하게 된다. 백인들의 무자비한 자원강탈 계획을 알게 된 제이크는 지구인의 행위가 옳지 않다고 생각한다. 우여곡절 끝에 같은 생각을 하는 동료들과 함께 싸우며 판도라를 지켜낸다. 그리고 나비족의 의식을 통해 그는 인간의 육신에서 나비족의 육신으로 다시 부활한다.

감독인 제임스 카메론은 "우주 자원을 확보하려는 인간과 이를 막으려는 원주민의 대결구도를 통해 환경 파괴에 대한 메시지를 전달하고 싶었다"라고 밝혔다. 이 영화는 정말 화려하고 환상적인 CG가 볼 만하다. 그러나 감독의 말처럼 그 안에는 지구 환경 오염문제, 인간의 개발

욕심, 자연의 응징 등의 메시지가 잘 드러난다. 그래서일까? 환경문제에 대한 대중의 인식을 고양한 작품에 주는 '환경미디어상'을 수상하기도 했다.

다시 앞으로 돌아가자. 줄루족과 수우족, 그리고 나미비아 원주민 이야기, 그리고 〈아바타〉의 공통점은 무엇일까? 기후가 원인이 되었다는 공통점이 있다. 서구열강의 침탈 뒤에는 대기근과 엘니뇨가 있었다. 〈아바타〉는 지구온난화와 에너지 고갈 문제가 원인이었다. 기후변화로 닥친 경제적 어려움을 자원 강탈을 통해 해결한다는 것이다. 미 국방성은 앞으로 지구온난화가 더 많은 전쟁을 불러오리라 전망한다. 증가하는 기상 재앙, 식량과 물 부족으로 인한 국가 간 갈등, 난민 증가 등이 심각하다는 것이다. 두려운 일이 아닐 수 없다.

"나는 당신을 봅니다." 영화 〈아바타〉에 나오는 인사말이다. 사랑의 마음으로 상대를 바라볼 때 배려와 존중을 할 수 있다는 의미이다. 약한 자들이 쫓겨나고 죽임을 당하는 것이 아닌 아우르고 더불어 사는 세상이 왔으면 좋겠다. "I see You!"

아바타와 비슷하게 지구의 자원이 고갈되고 환경이 파괴되자, 외계 행성을 정복하기 위한 복제 인간에 관한 영화도 있다. 영화 〈블레이드 러너Blade Runner〉이다. 리들리 스콧이 감독하고 해리슨 포드, 룻거 하우어, 숀 영이 출연한 영화다. 1982년에 만들었으니 30년이 넘었다. 감독인 리들리 스콧은 꽤 유명한 감독이다. 영화 〈글래디에이터〉, 〈한니발〉, 〈킹덤 오브 해븐〉, 〈로빈후드〉, 〈바디오브 라이즈〉 등 우리나라 관객들에게도 친근한 감독이다. 나도 개인적으로 참 좋아하는 감독이기도 하다. 하지만 이 영화가 개봉될 당시 스티븐 스필버그 감독의 〈E.T.〉도 개봉된 탓에 흥행에는 참패했다. 영화 〈E.T.〉제작비의 거의 2배를 들인 영화였는데도 말이다. 리들리 스콧에게는 굴욕이었다. 〈E.T.〉가 보여준 달콤한 SF 이야기와 어둡고 불안하고 기막히게 암울한 디스토피아적 미래를 그린 영화의 차이였다. 그러나 명장은 명장이다. 시간이 흐르면서 리들리 스콧 감독의 인간 존재론적 성찰을 토대로 한 이 영화의 진가를 알아보는 팬들이 늘기 시작했다. 1992년 결말이 수정된 감독판이 나왔다. 영화팬들에게 극찬을 받았다. 포스트 모더니즘의 대표작이자 SF 작품의 바이블로 추앙받을 불멸의 명작이 되었다.

앞에서도 말한 〈아바타〉와 외계 정복 이야기는 같다. 그런데 배경화면은 너무 다르다. 〈아바타〉의 화면은 밝고 환상적이다. 그러나 〈블레이드 러너〉는 한없이 음울하다. 영화 속 이야기를 살펴보자. 영화 속 배경은 2019년 11월이다. LA는 400층이나 되는 높이의 건물들로 가득 차 있다. 끊임없이 번쩍이는 네온등과 광적 행위가 만발한 도시다. 그러나 지구는 환경 파괴와 엄청난 인구 증가로 심각한 문제를 안고 있다. 결국 다른 행성으로의 식민지 이주가 본격화되기 시작한다. 타이렐 사는 인간을 단순히 복제하는 단계를 넘어 진보적인 새로운 복제 인간을 만들어내는 데 성공한다. 복제 인간들은 다른 행성들을 식민지로 만드는 데 동원되는 노예들이다. 그런데 이들이 식민지 행성에서 유혈 폭동을 일으키고 지구로 잠입한다. 특수경찰대인 블레이드 러너는 복제 인간들을 사살하란 임무를 받는다. 블레이드 러너는 고도의 감정이입과 반응 테스트를 통해 인간과 복제 인간을 구별할 수 있는 능력을 지닌 경찰이다. 이들과 복제 인간이 벌이는 전투 장면이 처절하다. 블레이드 러너의 인간 주인공은 복제 인간을 제거하는 과정에서 변화한다. 복제 인간의 고통과 처절한 아픔에 공감하면서 생명의 존엄성을 깨닫게 되는 것이다. 결국 그는 복제 인간을 데리고 탈출한다.

이 영화를 보면서 리들리 스콧 감독이 영화속에서 표현했던 날씨가 실제로 오늘날 일어나고 있다는 점에 매우 감탄했다. 암울하고 황량한 2019년의 로스앤젤레스는 고도의 자본주의와 기계문명으로 뒤덮여 있으면서 전체주의와 다문화가 뒤섞여 있는 상태다. 그런데 이를 표현해 주는 것이 강력한 산성비[22]다. 영화의 배경은 늘 어둠이 드리워진 대기에 끊임없이 내리는 산성비가 화면을 장악한다. 이러한 환경오염과 인구 증가로 황폐해진 지구는 더는 살기 좋은 녹색 별이 아니었다. 때문에 다른 행성에 식민지화 이주 정책을 펴게 되는 것이다. 이 영화에서 산성비와 파괴된 오존층을 상징하는 도구로 우산이 등장한다. 미래세계의 도심은 화려하다. 멋진 우주선이 떠다니며 우주 식민지에서의 새로운 삶에 관한 광고가 도시를 도배한다. 하지만 초현대적 고층 건물 숲과는 다르게, 땅에서는 산성비를 맞지 않기 위해 우산을 쓰고 다니는 초라하기 그지없는 사람들이 있다. 유토피아가 아닌 디스토피아의 낙후된 슬

---

22 산성비란 일반적으로 pH 5.6이하의 산도(酸度)를 띠는 강우를 말한다. 산성비는 자동차 배출 가스 등 공해로 인해 대기 중에 발생한 황산 및 질산 이온이 물방울에 녹아내리는 것으로 대기오염도와 밀접한 관계를 갖고 있다. 산성비는 건물, 교량 및 구조물 등을 부식시키고 식물의 수분 흡수를 억제하며 토양의 유기물 분해를 방해하는 등 토양과 수질을 오염시켜 생태계에 손상을 입힌다. 또한 대기오염물질이 장거리 이동되어 인접 국가에 산성비 피해를 야기해 국제적인 문제도 발생시킨다. 우리나라는 주로 난방 연료를 많이 사용하는 겨울철에 산성비가 내린다. (출처: 《매일경제》, 〈매경닷컴〉)

럼가 그 이상 그 이하도 아니다. 영화에서 그나마 배경이 미래세계라는 것을 증명할 수 있는 것은 사람들이 쓰고 다니던 형광등처럼 빛이 들어오는 우산이다. 얼마나 아이러니한가?

제작된 지 30년이 넘었음에도 이 영화에서는 최근 발명된 기술들이 선보인다. 〈매트릭스〉, 〈터미네이터〉, 〈마이너리티 리포트〉 등의 영화들을 사이버펑크Cyberpunk[23] 장르로 분류한다. 엄청난 과학기술이 발달했음에도 이들 영화에서 표현되는 미래의 첨단기술 수준과는 다르게 인간은 그 기술로 인해 피해를 보거나 그 전보다 더 암울하게 살아간다. 바로 이러한 사이버펑크 장르의 효시가 되는 영화가 〈블레이드 러너〉다. 영화의 시작과 함께 등장하는 피라미드 모양의 집단 거주지와 하늘을 날아다니는 자동차들은 당시만 해도 상상 속 최첨단 기술이었다.

하지만 영화가 개봉된 지 35년이 지난 지금, 비행 자동차는 개봉 당시만큼 황당무계한 기술이 아니다. 네덜란드의 항공기 개발업체 PAL-V가 도로를 주행하고 하늘도 날 수 있는 1인승 헬리콥터형 비행 자동차를 개발했다. 그러나 비행 자동차가 주요 교통수단이 되는 것은 영화 속 배경인 2019년을 훌쩍 넘어 2050년 정도에 실현될 전망이다.

또 다른 첨단과학 기술로는 홍채인식 기술이 있다. 현재 이 기술은 보안 분야에서 실용화되고 있다. 그 외 영화 속에는 날개 없는 선풍기도 등장한다. 이것도 2009년 영국의 다이슨 사에서는 날개 없는 선풍기를

---

**23** 사이버(cyber)라는 단어와 펑크(punk)라는 단어가 합쳐져 이루어진 이 용어는 자기 자신의 개성과 기술적인 능력으로 무장한 소수 문외한의 감각이나 믿음을 지칭하는 용어다.

개발함으로써 실현된 기술[24]이다. 보통 선풍기보다 15배 많은 바람을 일으키는 첨단 기술이다.

이 영화는 정말 우울하다. 마치 일주일 이상 장마가 계속되어 집 안에 콕 처박혔을 때의 심정이다. 미래에 인간들의 지구환경 파괴가 없었으면 좋겠다. 영화 속 과학기술들이 현실화되는 것처럼 우리 삶의 환경 또한 암울해지고 지구가 아닌 다른 행성을 찾아야 하는 일이 벌어질 수도 있다고 상상하면 마음이 답답해진다. 지구에 살지 못하고 우주식민지로 이주해야 하는 상황이 일어나지 않았으면 좋겠다는 거다.

이들 SF 영화 〈아바타〉와 〈인터스텔라〉, 〈블레이드 러너〉는 기후변화와 인간의 무분별한 자원낭비, 그리고 심각한 환경 파괴가 불러오는 비극을 그린 영화들이다. 이들 영화 외에도 〈일라이〉, 〈데몰리션맨〉, 〈레지던트 이블〉 등에서도 황폐해진 미래 지구의 모습을 볼 수 있다. 이것은 그만큼 현재 지구의 기후변화와 사막화가 심각한 상황이라는 반증이기도 하다. 〈매드맥스〉는 자원고갈과 대체에너지 개발에 관한 이야기지만 역시 암울한 지구의 미래를 보여준다. 지구온난화를 막기 위한 전 지구적 노력이 시급하다. 기후 대재앙의 티핑 포인트tipping point[25]가 다가오고 있다. 당신은 그것이 보이지 않는가?

---

**24**  날개 없는 선풍기는 이미 구식 기술이다. 스페인의 볼텍스블레이드리스 사는 날개가 없는 풍력발전기를 만들었다.

**25**  예기치 못한 일들이 갑자기 폭발하는 지점으로 극적 전환점 혹은 급변 지점을 뜻한다.

# 깨어 있어라,
## 그날이 다가온다!

북극 얼음이 녹는 이야기를 다룬 대표적인 영화가 〈투모로우The Day After Tomorrow〉이다. "깨어 있어라, 그날이 다가온다!" 영화 〈투모로우〉의 홍보 문구다. 2004년 6월에 개봉했으니 만들어진 지 벌써 10년이 넘었지만 지금 봐도 매우 현실감 있는 영화다. 론랜드 에머리히가 메가폰을 잡고 데니스 퀘이드, 제이크 질렌할, 이안 홈이 주연을 맡았다.

영화가 개봉되자 상반된 두 견해가 포털 사이트를 덮었다. 하나는 '지구온난화에 대한 경각심을 일깨우고 있다. 자연재해 앞에 인류의 무력함을 잘 나타내고 있다'는 평이었다. 다른 하나는 '일반인들의 비이성적인 두려움을 가차 없이 이용한다. 지구온난화에 대한 과대선전을 조장한다'는 평이었다. 그러나 영화 〈투모로우〉는 결코 발생할 수 없는 일이 아니다. 과거에도 이와 같은 일이 지구 상에 발생했었다. 약 1만 1,500~1만 2,800년 전에 갑자기 지구에 빙하기가 닥쳤다. 한랭기인 '영거 드라이아스Younger Dryas '26라고 부르는 시기다. 영화 〈투모로우〉도 영거 드라이아스에서 많은 아이디어를 얻은 것으로 알려졌다.

드라이아스Dryas는 고위도, 고산 지역의 추운 기후대에서 번성하는 담자리꽃 이름이다. 지구가 따뜻해지면서 서서히 고위도로 물러나던 담자리꽃이 이 시기에 갑자기 다시 번성한 데서 붙여진 이름이다. 이 시기에 매머드, 검치호랑이를 비롯한 대형 포유류의 멸종이 있었다. 영화 〈아이스 에이지Ice Age〉에 등장하는 주인공들이기도 하다. 영거 드라이아스기가 끝나고 기온이 올라가면서 농업이 시작되었다. 현재의 인류 문명이 시작되었다고 할 수 있는 중요한 시기이기도 하다.

그렇다면 지구는 왜 이런 갑작스러운 소빙하기를 맞이한 것일까? 영거 드라이아스기 소빙하기에 관한 지금까지의 고전적인 가설은 북미의 빙상 융해가 원인이라는 것이다. 기온의 상승으로 빙하가 녹으면서 얼음 둑 뒤에 엄청난 양의 담수가 고여 있었다. 부하를 이기지 못하고 갑자기 둑이 터지자 모든 물이 대서양으로 흘러나갔다. 이 때문에 적도의 따뜻한 물을 북쪽으로 이동시키던 대서양 해류 순환이 멈춰버렸다. 지구는 빙하기가 찾아오면서 춥고 건조한 시기가 계속되었다는 거다.

영화 〈투모로우〉의 줄거리를 잠깐 살펴보자. 기후학자인 잭 홀 박사는 남극에서 빙하 코어를 탐사하던 중 지구에 이상 변화가 일어날 것을 감지한다. 그는 국제회의에서 지구의 기온이 급격히 낮아질 것을 발표한다. 급격한 지구온난화로 인해 남극과 북극의 빙하가 녹고 바닷물이

---

**26** 유럽에서 처음으로 쓰인 용어로, 마지막 빙기가 끝나가는 과정에서 기후가 아주 나빠져 빙하의 후퇴가 지체되거나 혹은 오히려 다시 전진했던 시기를 일컫는다.

차가워지면서 해류의 흐름이 바뀌게 된다는 것이다. 지구 전체가 빙하로 뒤덮이는 거대한 재앙이 올 것이라고 경고한다. 그러나 그의 주장은 무시당한다.

얼마 후 아들이 탄 비행기가 이상 난기류를 겪는다. 지구 곳곳에 이상기후 현상이 나타나게 된다. 빙하의 붕괴로 인하여 30m 높이의 쓰나미가 맨해튼을 뒤덮는다. 슈퍼 토네이도는 로스앤젤레스를 파괴한다. 커다란 우박이 도쿄에 내리고, 뉴델리는 눈 속에 파묻힌다. 세 개의 강력한 허리케인과 같은 폭풍이 북반구를 뒤덮는다. 온도는 초당 $18°F$로 급강하하여 사람들을 완전히 얼려버린다. 도시는 얼음으로 동결되어버린다. 순식간에 지구가 얼어붙으면서 빙하기를 맞이하게 된다.

기후학자 잭은 현재 인류의 생존을 위해서는 지구 북부에 있는 사람들은 이동하기 너무 늦었으므로 포기하자고 한다. 우선 중부지역부터 최대한 사람들을 멕시코 국경 아래인 남쪽으로 이동시켜야 한다는 거다. 이야기의 재미를 위해 기후학자 잭의 아들 이야기가 삽입된다. 재난영화의 기본인 아버지의 아들에 대한 사랑이 얼어붙은 지구와 대조적으로 화면을 달군다. 인류는 기후변화 앞에서 속수무책으로 당한다. 그리고 결국 살아남은 자들이 새로운 삶을 시작한다. 오만한 관료의 모습을 보여준 미국 부통령 역 케네스 웰쉬의 대사가 가슴을 때린다. "우리는 깨달았습니다. 분노한 자연 앞에서 인류의 무력함을, 인류는 착각하고 있었습니다. 지구의 자원을 마음대로 쓸 권한이 있다고, 허나 그건, 오만이었습니다."

대학에서 기후학을 강의하면서 리포트 과제를 주었더니 가장 많은 학생이 선택한 기후변화 관련 영화가 〈투모로우〉였다. 왜 이 영화를 선택했느냐고 물었더니 가장 현실적인 것으로 보았다고 한다. 사실 영화 〈투모로우〉같이 빙하의 해빙으로 해류 순환이 바뀌면서 빙하기가 찾아온다는 이야기는 일부 기후학자 사이에서 상당한 지지를 받고 있다.

미국 천문학회 태양 물리학 분과회의에서 과학자들은 2020년부터 지구에 미니 빙하기가 올 것으로 전망하고 있다. 미 국방성 미래 예측에서도 2020년 이전에 해수 열염순환[27]이 멈추면서 빙하기 도래 가능성을 예견하고 있다. 정말 미 국방성의 미래 예측처럼 2020년 이전에 투모로우 같은 소빙하기가 올까? 그것은 아무도 모른다. 그러나 인류가 만들고 있는 지구온난화는 정말 심각하다는 인식은 절대적으로 필요하다.

지구에 빙하기가 닥친다는 설정을 한 영화로는 〈설국열차Snow piercer〉도 있다. 영화를 좋아하는 한국 사람으로 한국영화의 대박 이야기는 정말 신이 난다. 그런데 말이다. 한국 영화를 보면서 느끼는 것은 정말 한국영화의 수준이 높아졌다는 거다. 어린 시절 한국영화의 수준은 낮았다. 그러다 보니 외국영화가 상대적으로 높은 평가를 받았다. 나의 잠재의식 속에는 '우리나라 영화보다는 외국영화가 훨씬 잘 만들고 재미있어'가 자리 잡았다. 〈최종병기 활〉, 〈명량〉, 〈암살〉, 〈베테랑〉 등 많은 영화가 천만 관객을 돌파했다. 왜 우리나라의 젊은 사람들이 한국영화를 즐겨보는 것일까? 단연코 영화의 수준이 높기 때문이다. 그런 영화 중

---

**27** 열염순환(熱鹽循環, thermohaline circulation)은 밀도차에 의한 해류의 순환을 말한다. 심층순환(深層循環, deep sea current) 또는 대순환(大循環)이라고도 한다. 그린란드 부근에서 남쪽으로 내려와 대서양에서 인도양과 태평양으로 가는 거대한 열염순환 해류를 대양 대순환 해류(大洋大循環海流, Oceanic Conveyor Belt)라고도 부른다.

의 하나가 〈설국열차〉다. 이 영화는 영화 〈괴물〉을 만들었던 봉준호가 메가폰을 잡고, 내가 정말 좋아하는 송강호가 주연을 맡았다. 지구온난화 문제를 해결하기 위해 인위적으로 시도한 방법 때문에 빙하기가 닥쳤다는 설정이다.

영화 줄거리를 보자. 2014년 7월 세계 79개국 정상은 지구온난화를 해결하기 위해 'CW-7' 살포를 결정한다. CW-7은 지구의 대기 온도를 인위적으로 낮추기 위해 개발된 인공냉각제다. 항공기를 이용해 대기 성층권에 CW-7을 대량으로 뿌린다. 문제는 기온이 조금만 내려가야 하는데 갑자기 강력한 한파가 몰아쳐 빙하기가 닥쳤다. 지구 상의 살아 있는 모든 것이 얼어붙었다. 생명체는 오직 지구를 순환하는 '설국열차'에 탄 사람만 살아남게 된다는 이야기다.

원작 만화의 첫머리를 보면 설국열차는 영화보다 훨씬 큰 1,001량짜리다. 사실 원작은 영화보다 어둡고, 차갑고, 비관적이고, 더 깊다. 원작을 보면 설국열차는 선택받는 사람만이 탈 수 있는 '황금 칸', 보통사람이 타는 '2등 칸', 그리고 짐승 칸이라 불러도 될 '꼬리 칸'으로 나뉘어 있다. 황금 칸과 꼬리 칸은 '1대 99'의 대결처럼 신자유주의 체제 아래 놓인 자본주의의 비판처럼 보이기도 한다. 관람객들 사이에선 황금 칸과 꼬리 칸에 누가 탈 것인지를 놓고 여러 말이 오가고 있는 것도 이 때문이다. 최근 포털 사이트에 나도는 황금 수저와 흙 수저의 이야기와 비슷하다. 영화 속 기차는 '자본주의 체제'를 상징한다.

봉준호 감독도 한 인터뷰에서 이렇게 말했다. "기차는 옛날로 치자면 증기기관이다. 증기기관은 영국 산업혁명의 대명사 격으로 자본주의를 있게 한 핵심 요소다." 기차는 전 세계를 국경 없이 질주하며 부의 무한 증식을 꾀하는 초국적 자본을 상징한다. 〈설국열차〉의 기차는 터널처럼 앞뒤로의 이동만을 허락한다. 사람들이 골몰하는 문제는 '어떻게 하면 앞칸으로 나아갈 수 있느냐'가 된다. '앞칸으로의 전진'의 의미는 상당히 이중적이다. 출세나 반란 등의 의미가 있기 때문이다.

영화에는 꼬리 칸 아이들이 엔진 부품으로 이용되는 장면이 나온다. 꼬리 칸 사람들은 시스템 유지에 필요한 거대한 인력 소모 풀로 상징된다. 여러 상징이 복합적으로 교차하고 있어 조금 어렵게 느껴지는 영화이기도 하다. 봉준호 감독은 영화 〈괴물〉에서도 환경 파괴에 대한 목소리를 높였다. 〈설국열차〉에서도 마찬가지다. 인류가 선택해야 하는 것이 무언가 깊이 사유하게 만드는 영화다.

그런데 말이다. 여기에서 소개한 영화 〈투모로우〉와 〈설국열차〉 모두 극심한 빙하기가 도래한다는 점에서는 같다. 그러나 〈설국열차〉는 지구 온난화를 막기 위해 인위적으로 약품을 대기상공에 뿌리다가 빙하기가 온다. 반면에 〈투모로우〉에서는 지구의 해수 열염순환이 멈추면서 빙하기가 온다. 해수 열염순환은 지구 깊숙이 흐르는 해류의 순환이다. 그런데 이 순환이 멈춘다는 것이다. 그린란드 지역의 해수가 빙하가 녹은 물로 인해 농도가 엷어져 깊은 바다로 순환하는 해류가 멈추는 것이다. 심해해류의 순환이 멈추면 표층해류도 멈추게 되고 난류가 북상하지 못하면서 지구에는 빙하기가 온다.

영국 해양연구소 해리 브라이든Harry Bryden 박사는 의미심장한 발표를 했다. 그는 북대서양의 남쪽에서 유럽으로 흘러오는 멕시코 난류의 양이 1950년대와 비교했을 때 30% 줄었다고 2005년 과학 전문 주간지 《네이처》에 발표한 적이 있다. 상당히 과학적인 근거가 있는 영화다.

그런데 〈설국열차〉의 설정은 조금은 비과학적이라는 시각이 많다. 과학자들은 냉매를 이용해 지구의 기온을 낮추는 방법은 비현실적이라고 말한다. 이것은 지구온난화 문제를 막기 위해 온실가스를 줄이는 대신 지구공학[28]으로 해결하려는 방법의 하나다. 현재까지 지구공학자들이 지구온난화를 막기 위해 제시한 아이디어는 여러 가지가 있다. 우주에 커다란 거울을 달아 태양열 일부를 반사한다. 혹은 해양 수증기를 인위적으로 많이 만들어 햇빛을 차단하는 구름을 만든다. 또는 바다에 철가루를 뿌려 이산화탄소를 흡수하는 식물성 플랑크톤을 활성화시키자는 의견도 있다. 현재까지 가장 현실적인 방안으로 인정받는 아이디어는 황산을 에어로졸 형태로 성층권에 살포해 햇빛을 차단하는 아이디어다. 지구공학자들의 말에 의하면 성층권은 비가 내리지 않고 대류권과도 분리돼 있어 차단막을 형성하면 2년 이상 효과가 나타날 것이라는 거다. 〈설국열차〉에서 성층권에 약품을 뿌린 것도 이 때문이다.

나의 짧은 생각인지 모르겠다. 영화에서처럼 기후라는 것은 생명체

---

**28**　대기, 땅, 바다로 이어지는 지구의 온도 순환 시스템에 사람이 개입해 온난화 속도를 늦추자는 취지의 연구 분야이다. 지구공학은 심각해지는 지구온난화에 대한 해결책을 제시한다. 대기 중에 미세입자를 뿌리고 지구 궤도에 거대 거울을 설치해 햇빛을 차단하거나, 대기 중 이산화탄소를 분리해 심해나 암반에 저장하는 등의 기술이 제안된 바 있다. 빌 게이츠 마이크로소프트 공동 창업자도 지구공학 연구를 적극적으로 후원하고 있으며, 대표적인 지구공학 프로젝트는 영국 정부가 250만 달러(30억 원)를 지원한 성층권 입자 분사를 통한 기후공학(SPICE)이다. 한편 일부 환경운동가들은 지구공학을 통해 인공적으로 기온을 바꾸면 지구의 강우 패턴이 급속하게 변해 어느 지역에선 홍수가 나고 다른 쪽은 가뭄이 극심해질 수 있다고 우려하고 있다.

와 같아서 자칫 잘못 건드렸다가는 영화 〈설국열차〉에서 빙하기가 오는 것처럼 예상할 수 없는 결과가 발생할 수 있다고 생각한다. 그래서 온실가스 감축을 통해서 원인을 해결하는 것이 아닌 기후를 인위적으로 조절하겠다는 것은 위험한 발상이 아닌가 하는 생각을 자주 한다.

# 지구는
## 생명체가 살 수 있는 축복받은 행성

내가 좋아하는 배우 중에 줄리아 로버츠가 있다. 그녀는 정말 프로다운 배우다. 그냥 예쁜 공주 같은 배역은 없다. 독특하면서도 평범한 일상 속 사람들의 삶을 정말 진지하게 잘 연기한다. 〈에린 브로코비치Erin Brockovich〉라는 영화가 있다. 주인공은 누굴까? 바로 줄리아 로버츠다. 이 영화에서도 그녀는 두 번이나 이혼한 여자로 나온다. 아이 셋을 어렵게 키우는 워킹 맘이다. 가진 돈도 없다. 직장에서도 해고당하고 교통사고까지 당했다. 대책이 없다.

2000년 스티븐 소더버그가 메가폰을 잡은 영화의 이름은 여자 주인공 이름이다. 〈에린 브로코비치〉다. 그녀는 절망적인 상황에서 자신의 교통사고를 담당한 변호사에게 일자리를 부탁한다. 그의 도움으로 소규모 법률회사의 말단직원으로 일하게 한다. 여기서도 줄리아 로버츠는 평범한 여자로 나오지 않는다. 욕도 잘하고 옷차림도 요란하다. 다른 직원들은 그녀를 좋아하지 않는다.

법률회사에서 일하던 어느 날, 줄리아 로버츠는 서류 가운데 이상한 의료기록을 발견한다. 전력사업을 하는 대기업 PG&E의 공장에서 크로뮴[29] 성분을 유출하고 있다는 것이다. 이 독성물질은 수질을 오염시켜 힝클리 마을 사람들을 병들게 하는 것이다. 이 사실을 알게 된 줄리아 로버츠는 변호사의 도움을 받아서 치밀한 조사를 벌인다. 그녀는 마을 주민 600명 이상의 고소인 서명을 받아낸다. 그런 다음 대기업을 상대로 엄청난 소송을 시작한다. 결국 법원은 4년 후 PG&E가 미국 법정사상 최고액인 3억 3,300만 달러를 배상하라고 판결한다. '줄리아 로버츠, 짱이야!' 소리가 절로 나오는 영화다.

이 영화는 시사하는 바가 크다. 영화처럼 많은 기업이 오염과 오염 원인을 잘 알고 있으면서도 은폐하고 부인한다는 점이다. 많은 기업이 오염 사고가 나면 오리발 내밀기에 급급하다. 아니면 사건을 질질 끌어 아주 눈곱만큼의 배상으로 끝낸다. 내가 대기오염을 강의할 때 가장 많이 인용하는 사례를 보자. 보팔 참사는 기업이 일으킨 환경 참사의 대표적인 예다. 1984년 12월 2일 밤이다. 미국 석유화학기업인 유니언카바이드 사가 인도의 보팔에 세운 살충제 공장에서 유독성 물질인 메틸이소시안염[MIC] 가스 40톤이 누출되었다. 이 사고로 즉사한 사람만 2,259

---

29   원소기호는 Cr, 원자량은 52 미량 원소로 예전에는 크롬이라고 불렀다. 인슐린 수용체와 착체를 형성하고 인슐린과의 결합을 돕는 것으로 인슐린 활성 발현에 관여하는 금속 원소이다. 결핍되면 글루코오스(포도당) 대사장애 등이 일어난다. 6가크롬화합물은 유독하며 급성 세뇨관 괴사, 만성적으로는 폐암 발생과의 관련이 알려져 있다. 이 밖에 피부에 알레르기 반응을 일으킨다. (출처: 《네이버캐스트 화학산책》)

명에 달했다. 사고 후유증으로 지금까지 2만여 명이 더 사망한 것으로 알려졌다.

후진국 정부들은 선진국 대기업의 편을 들어주는 경우가 많다. 사망뿐 아니라 건강에도 엄청난 영향을 주었음에도 아직도 구체적으로 어떤 건강에 위험이 있는지도 주민들은 모른다. 인도의학연구위원회ICMR가 조사를 했지만그 내용을 공개하지 못하도록 1994년까지 10년 동안이나 인도 정부가 막았다. 보팔 참사를 조사한 스웨덴 의료전문가 잉그리드 에커만Ingrid Eckerman에 따르면 52만 명이 유독가스의 영향을 받았다. 그중 20만 명이 15세 이하 어린이들이었으며 3,000명은 임신부였다. 에커만은 가스 누출 뒤 2주 안에 8,000명 이상이 숨진 것으로 추정한다. 인도 정부 발표의 2배나 된다. 인도 정부는 보상금으로 33억 달러를 요구했다. 그러나 유니언카바이드 기업은 5년 동안 질질 끌면서 겨우 4억 7,000만 달러만 지급했다.

이 영화에서도 주민들은 거대 회사를 상대로 싸움을 벌이거나 소송을 하는 것을 꺼린다. 환경 소송은 승소하기가 쉽지 않으며 이기더라도 그 액수가 얼마 되지 않는다는 인식 때문이다. 그리고 환경 피해를 본 주민들은 대부분 못살고, 못 배우고 나이 든 사람들이 많다. 최종 판결까지는 최소한 5~6년씩 걸리는 소송을 꺼릴 수밖에 없다. 대기업 공장 인근은 이 공장에서 근무하는 사람들의 친인척과 노동자 자신들이 거주한다. 그러기에 대기업과의 소송에 나서지 않는다. 그러다 보니 악덕 대기업은 더욱 자신 있게(?) 악행을 저지르는 것이다. 영화 〈베테랑〉에 나오는 재벌 아들처럼 말이다. 그러기에 이 영화가 나에게는 더욱 의미있게 다가왔다.

최근 본 영화 〈암살〉에 나오는 대화다. "그래. 네가 일본사령관과 매국노를 암살한다고 무엇이 바뀌니?" "그래, 아무것도 안 바뀔지 몰라, 그러나 최소한 누군가는 싸운다는 것을 보여줄 수 있잖아." 그렇다. 우리가 이런 환경오염을 저지르는 악덕 기업에 대해 소리 높여야 하고 저항해야 한다. 그래야 우리가 사는, 아니 우리 후손이 사는 이 땅이 조금이라도 깨끗해질 것이기 때문이다.

한 가지 제안이 있다. 이젠 우리나라도 징벌적 손해배상제punitive damages를 도입해야 한다는 거다. 재산피해는 물론 환경 파괴 등 엄청난 손실을 주었음에도 피해를 준 기업들은 팔짱만 끼고 있기 때문이다. 미국은 징벌적 손해배상제를 운영한다. 가해자의 고의나 방만한 과실 행위에 대하여 실제 피해액을 넘어서는 손해배상을 명할 수 있다.

좋은 예가 3만 톤의 기름이 유출된 1989년 알래스카에서 발생한 유조선 엑손발데즈Exxon Valdez 호의 원유 유출 사고다. 엑손 정유사는 재판에 재판을 거듭하다 2007년 최종적으로 25억 달러의 징벌적 손해배상액을 선고받았다. 우리나라는 5,000톤의 기름이 유출된 1995년 여수 씨프린스 호 사건 때 겨우 500억 원으로 사건이 해결되었다. 이것은 알래스카 사고의 보상액의 채 1%도 되지 않는다. 우리나라 법 체제 아래에서는 기업들이 대형 사고를 막기 위한 노력을 하지 않게 된다. 차라리 사고가 나서 배상하는 것이 싸다고 생각하는 것이다. 대형 환경사고를 일으킨 기업은 망한다는 인식을 세워야 할 필요가 있는 것이다.

자꾸 기업인들을 이야기하다 보니 조금 거시기(?)하다. 그런데 기업인은 다 악독한가? 그렇지는 않다. 정말 깨어 있는 그리고 양심 있는 기업인도 많다. 그런 기업인을 그린 영화가 〈프라미스드 랜드Promised Land〉다. 구스 반 산트가 메가폰을 잡고 맷 데이먼이 주연을 맡았다. 제10회 서울환경영화제 개막작으로 올려진 영화로 환경 문제를 잘 풀어간 영화로 평가받았다.

줄거리를 보자. 세계 최대 규모의 에너지 기업 '글로벌'의 협상 무패 기록을 가진 사람이 있다. 최연소 부사장 스티브다. 그는 뉴욕 본사 입성을 앞두고 동료와 함께 천연가스 매장 지역인 매킨리에 파견된다. 이곳은 최근 경기 하락의 큰 영향을 받은 곳이다. 그래서 이 지역 주민들에게 거액의 돈을 내밀면 채굴 동의를 쉽게 받을 수 있을 것으로 판단한다. 그러나 예상외의 사태가 발생한다. 사람들에게 존경받는 교사 프랭크(할 홀브룩)가 마을 전체에 채굴을 재고할 것을 요청한다. 여기에 환경운동가 더스틴이 천연가스 채굴이 지역 환경에 미치는 영향을 주민들에게 설명한다. 이들의 저항에 분노한 주인공 스티브는 무슨 수를 써서라도 이 마을을 설득시키려고 한다. 그러나 여러 우여곡절을 거치면서 스티브의 마음이 서서히 바뀐다. 정말 마을을 위해 진정으로 필요한 것이 무엇인지 생각하게 되는 것이다.

이 영화는 환경 개발과 보존이라는 이분법을 다루고 있다. 개발회사처럼 '개발을 하면 더 나은 삶이 주어진다'는 것이 하나다. 그러나 결국 개발은 환경의 파괴를 불러온다. 아무리 최선의 개발을 해도 말이다. 그렇다면 '개발에 따른 환경의 파괴인가?', 아니면 '더 나은 환경을 위해 일시적인 파괴는 감수할 수밖에 없느냐?'를 선택해야 한다. 이것만이 아니다. '더 나은 삶'이란 무엇인가도 생각해야 한다. '자연과 벗 삼아 소박하고 평온한 삶을 유지하는 것인가?', 아니면 '물질적인 자본의 혜택 속에 더 편리한 삶을 사는 게 좋은 것인가?'이다.

이 영화에서는 그런 문제들에 대해 생각하도록 질문을 던진다. 영화에서는 물질적으로 풍족하지 않지만, 자연과 더불어 소박한 삶을 살아가는 주민의 모습을 보여준다. 이들을 설득하기 어려워지는 스티브의 고민도 관객에게 전이된다.

이 영화의 결말은 자못 감동적이다. 마지막 반전은 주민들을 향한 스티브의 감동적 연설이다. 미래 인류의 발전을 위해서는 개발보다는 지금 그것을 투박하게 유지하는 선택 말이다. 개발과 정체, 자연과 문명의 이분법적 사고를 넘어서는 사유를 하게 만든 좋은 영화다. 영화 제목처럼 '약속받은 땅'은 무엇인지 말이다.

세 번째 영화로 〈지구Earth〉를 소개하겠다. 알래스테어 포더길, 마크 린필드가 연출한 다큐멘터리 영화다. "이 영화 한 편이 전 세계에 기적을 만들고 있습니다"라는 홍보 문구처럼 지구는 우리에게 소중한 곳임을 보여주는 영화다.

영화는 말한다. 우주공간의 수많은 행성 중 지구는 생명을 잉태하는 단 하나의 행성이다. 지구는 태양과 적당히 떨어져서 완벽한 기후 조건을 보인다. 생명체가 살아가는 축복받은 놀라운 행성이다. 약 46억 년 전, 한 행성이 지구와 충돌하면서 지구는 태양을 향해 23.5℃로 기울어졌다. 이 사건은 놀랍게도 엄청난 기적을 만들어낸다. 생명이 존재할 수 있는 완벽하고 축복받은 행성 지구가 탄생한 것이다.

영화 〈지구〉는 우리를 생명이 넘쳐흐르는 자연의 복판으로 이끈다. 지구의 북쪽에서 남쪽 끝까지 우리와 살아가는 생명체들이 펼치는 극적인 이야기다. 북극곰, 아프리카코끼리, 혹등고래 등 수백만 생명체들은 매년 태양을 따라 멀고도 긴 여행을 반복한다. 점점 빨리 녹는 북극의 바다 얼음도, 점점 넓어지는 아프리카의 사막도, 점점 먹이가 사라지는 남쪽의 대양도 반드시 건너가야 한다. 오직 살아남기 위해 이동하는 동물을 따라 촬영 팀도 같이 움직여 간다. 촬영팀은 세계 최고의 다큐멘터리영화의 장인으로 일컬어지는 'BBC 자연사단'이다. 무려 5년 동안 200여 곳의 현지 촬영과 총 1,000시간의 촬영 분량, 250일간의 항공 촬영을 통해 담아낸 〈지구〉는 너무나 아름다워 눈물이 날 지경이다.

이 영화는 지구의 아름다움만 보여주지는 않는다. 지구온난화의 해악을 생생하게 보여준다. 지구온난화로 빙하가 녹아 북극곰이 먹이를 구하지 못하고 굶어 죽는 장면이 나온다. 이 장면과 겹쳐 첫걸음을 내딛는 새끼 북극곰의 귀여운 모습이 나온다. 이 한 장면은 수천 편의 지구온난화 해악의 글보다 더 호소력이 있다. 이 지구 위에는 인간 외에 다른 많은 생명체가 그들의 아름다운 삶을 펼치고 있음을 보여준다. 환경 문제를 직접적인 비난의 메시지로 보여주지 않는 영화다. 오히려 주인공이기도 한 세 동물 주인공들을 중심으로 지구의 현실을 생생하게 전달한다. 어떤 환경영화들보다 지구에서 일어나고 있는 안타까운 현실들을 나지막하게 이야기한다. 그래서 인류의 미래 세대들도 이 지구를 누릴 수 있게 해야 한다고 영화는 말한다. "아직 너무 늦은 것은 아닙니다. 당신이 할 수 있는 것을 찾으십시오." 영화 마지막에 올라오는 자막이다.

마지막으로 소개할 영화는 〈노 임팩트 맨No Impact Man〉이다. 2010년 6월에 개봉한 다큐멘터리영화다. 로라 가버트, 저스틴 쉐인이 메가폰을 잡고, 콜린 비밴과 미쉘 콘린이 출연했다. 작가이자 환경운동가 '콜린'은 1년간 지구에 무해한 생활을 하는 프로젝트를 시작하기로 한다. TV를 버리고 쇼핑을 끊고 대중교통을 이용하면서 프로젝트는 시작된다. 이 프로젝트는 1년이 지나면서 점차 하기 힘든 행동으로 발전된다. 지역에서 나온 농산물만 사 먹기, 전기 사용 안 하기, 일회용품 사용 안 하기, 쓰레기 배출 제로 등이다. 지구를 병들게 하는 것들은 안 하겠다는 거다. 그러나 문제가 생긴다. 아내와 두 살 된 딸이 시간이 갈수록 너무 힘들어하는 것이다. 결국 야심 차게 시작한 프로젝트는 위기를 맞는다.

공감이 많이 간 영화다. 보통 환경 다큐멘터리가 관객을 일방적으로 가르치려 한다. 그래서 관객들의 저항을 가져온다. 그런데 이 영화에서는 주인공이 자신의 프로젝트 한계를 인정한다. 그래서 처음 시도했던 극단적인 방법에서 생활에 비교적 쉽게 적용할 수 있는 방법으로 바꾸어 나간다. 관객들이 자연스럽게 환경 보호 운동에 대한 거리감을 덜 느끼도록 만드는 영화다.

이 영화는 개인이 실천하는 환경운동이 사회에 얼마나 큰 영향으로 작용하는지를 보여주었던 영화로 개봉 당시 극찬을 받았다. 영화 〈노 임팩트 맨〉 속 일곱 가지 환경보호 실천 행동을 소개하면 이렇다. ①쓰레기 만들지 않기 ②교통수단 이용하지 않기 ③지역에서 생산되는 음식 먹기 ④쓸데없는 소비하지 않기 ⑤전기 사용 줄이기 ⑥물 아끼고 오염시키지 않기다.

'그럼……, 나는 어떤가? 어떻게 해야 할까?' 영화를 본 후 내 주변을
돌아보며 나 자신에게 되묻는다.

# 괴물 폭풍,
# 퍼펙트 스톰이 온다

교동·부평·김포·인천·안산·통진·풍덕·영종 등 8개 고을과 진
(津)은 조수가 불어났을 때 바람이 갑자기 크게 불었습니다. 파도가 높이
밀려오는 통에 바닷가의 제방이 충격을 받아 파손되지 않은 곳이 없으
며, 짠물이 넘쳐서 모든 곡식이 피해를 보았습니다. 이번에 일어난 해일
은 근래에 없었던 일로서 백성들의 사정을 생각하면 실로 참혹하기 그지
없습니다. 무너지고 깔린 민가의 구제는 곡물로 구별하여 주어서 안정을
되찾게 하고, 무너진 제방과 침전된 소금가마(염전)는 물이 빠지는 대로
고쳐 쌓도록 특별히 엄하게 지시하였습니다.


정조 14년(1790년) 7월 10일 경기 관찰사 김 사목이 왕에게 올린 장
계 내용이다. 아마도 높은 밀물[高潮] 때 폭풍해일이 겹쳐 경기도 일대의
바닷가 마을들이 큰 피해를 보았던 모양이다. 『조선왕조실록』을 보면

이런 해일에 관한 기록이 여러 차례 나온다.

해양 기상학적으로 해일海溢, surge은 폭풍이나 지진, 화산폭발 등에 의하여 바닷물이 비정상적으로 높아져 육지로 넘쳐 들어오는 현상을 말하며 그 원인에 따라 폭풍해일, 지진해일로 구분한다. 태풍이나 거대한 저기압에서 발생한 폭풍 때문에 발생하는 것은 폭풍해일, 지진이나 화산폭발로 일어나는 것은 지진해일(쓰나미)로 부른다. 폭풍이나 지진으로 인해 발생한 강한 에너지는 바닷물을 솟아오르게 하고 주변으로 밀려 나간 바닷물이 해안가에 이르러서는 파고가 높아져 해안선을 덮치게 되는 현상이 해일이다.

역사적으로 강력했던 해일은 한 민족의 역사를 바꾸기도 했다. 기원전 115년 유틀란트 반도를 강력하게 강타한 해일로 그곳에 살던 게르만 일족인 킴버족과 튜튼족이 큰 피해를 보았다. 그곳에서 살 수가 없었던 그들은 고향을 버리고 프랑스 남부까지 이동해 정착했다. 게르만인 최초의 이동이다.

1164년 2월 17일에는 강력한 폭풍해일이 프리슬란트를 강타했다. 프리슬란트 대부분을 초토화한 해일은 야데Jade 강어귀 사이에 야데 만을 만들었을 정도로 강력했다. 1219년 1월 16일 발생한 마르셀루스 해일은 2만 6,000여 명의 사망자를 냈다. 1287년 12월 14일에 덮친 해일 루치아로 무려 5만여 명의 인명이 희생되었다. 1372년에 다시 마르셀루스를 덮친 폭풍해일은 그로테 만드렝케Grote Mandränke(사람 잡는 큰 해일이란 뜻)로 불릴 정도로 피해가 컸고 10만여 명이 죽었다. 인프라가 갖추어진 20세기에도 폭풍해일은 여전히 위력을 발휘했다. 1953년 '북해 대범람'

으로 불린 폭풍해일은 사리와 겹쳐 거대한 해일을 만들었다. 최대 5m 이상의 해일이 발생했는데, 가장 피해가 컸던 나라는 국토 대부분이 해수면보다 낮은 네덜란드였다. 네덜란드에서만 1,835명이 목숨을 잃었고, 영국과 벨기에, 덴마크, 프랑스에서도 수백 명의 사람이 목숨을 잃었다. 재산피해는 추정하기 어려울 정도였다고 한다.

방글라데시는 국토 대부분이 해수면을 기준으로 해서 16m 이하이다. 그러다 보니 태풍에 특히 취약하다. 1970년 11월 12일과 13일 시속 240km가 넘는 태풍이 7m가 넘는 해일을 몰고 오면서 약 30만 명이 희생되었다. 우리나라는 『조선왕조실록』에 의하면 조선 시대에 48회의 해일 발생 기록이 있는데 대부분 폭풍해일이다. 20세기 들어서는 태풍 사라(1959년), 셀마(1987년), 매미(2003년) 등의 영향으로 해안 지방에서 큰 해일 피해를 보았던 기록이 있다.

이렇게 큰 피해를 주는 강력한 폭풍해일은 어떻게 만들어지는 것일까? 폭풍해일은 태풍이나 대규모로 발달한 저기압으로 인해 일어난다. 태풍과 대규모로 발달한 저기압의 특성은 기압이 무척 낮다는 것과 기압경도력[30]이 강하므로 바람이 강력해지고 바람의 풍속이나 풍향의 변화shear가 크다. 우선 기압이 낮아지면 바닷물이 상승하는 현상이 발생한다. 보통 기압이 1hPa(헥토파스칼) 낮아지면 바닷물의 높이가 1cm 정도 높아진다. 강력한 태풍의 경우 50hPa 이상 기압이 낮아지므로 최소

---

**30** 대기 중에서 두 지점 사이의 압력이 다를 때 압력이 높은 쪽에서 작은 쪽으로, 즉 고기압에서 저기압 쪽으로 작용하는 힘을 말한다. 일기도 상에서 등압선 또는 등고선이 밀집된 곳은 기압경도가 큰 곳으로 바람도 강하다.

한 평상시보다 50cm 이상 물결이 높아지는 영향이 있다. 여기에 강력한 바람으로 인해 파도는 더 높아진다. 바람이 초속 10m일 경우 파고는 약 10m 정도 된다. 따라서 태풍의 중심 부근에서는 통상 파고가 20m 이상 형성된다. 여기에 바람의 변위$^{shear}$ 효과까지 더해지면 파고는 더 높아진다.

역사적으로 기록된 강력한 해일은 태풍이나 거대한 저기압의 영향과 함께 조석의 영향을 같이 받을 때 발생했다. 특히 바닷물이 가장 높이 올라오는 사리와 겹치면 피해는 상상을 초월한다. 강력한 폭풍해일을 만들어내는 요소로는 태풍이나 저기압, 강력한 바람, 바람의 시어, 달로 인해 생긴 사리 현상 등이다. 이 요소들이 함께 어우러질 때 폭풍해일은 더욱 강력해져 해안선을 덮친다.

역사를 살펴보면 인류는 폭풍해일에 절대 굴복하지 않았다. 대서양 북해의 해안선은 옛날부터 큰 해일의 영향을 받으면서 이루어졌다. 그중에서도 덴마크에서 네덜란드까지 뻗어 있는 450km가 넘는 간석지는 무수한 해일 덕택에 생겨난 것이다. 해일에 굴복하지 않고 오랜 세월 제방을 쌓고 바닷물을 빼낸 다음 간석지를 만든 것이다. 10만 명이 죽은 '마르셀루스' 해일 후에 게르만족은 북프리슬란트에서 간척을 시작했다. 더 높고 견고한 둑을 쌓아 바다에 잃어버린 지역을 다시 찾으려는 노력이었다. 1953년 '북해 대범람' 해일 이후 네덜란드는 사리 때 해일이 발생해도 피해를 막을 수 있도록 대규모 제방을 건설했다. 아울러 해일의 에너지가 제방에 도달하기 전에 약해지도록 제방 밖의 경사가 완만한 조간대를 만들기도 했다. 영국의 경우 템스 강 수문을 만들어 홍수와 해일에 대비하고 있다.

2012년 10월 말, 미국 동북부 지방을 강력한 허리케인 '샌디Sandy'가 강타했다. 최소 50명 이상이 사망하고 600억 달러 이상의 재산피해가 발생했다. 허리케인 샌디는 최대 시속 120km의 강풍과 30cm가 넘는 폭우, 폭설을 동반했다. 미 동부 820만 가구가 정전되었다. 뉴욕시와 뉴저지 등을 물 폭탄과 함께 단전 사태에 빠뜨리면서 도시 기능을 마비시켰다. 오바마 대통령이 국가재난지구로 선포하면서 국가적으로 총력을 다해 복구할 것을 선언할 정도였다.

그런데 늦가을에 이렇게 강력한 허리케인이 발생할 확률이 높지 않다. 그런데도 이렇게 강력한 허리케인이 만들어진 것은 지구온난화로 인한 기후변화 때문이다. 전 지구적 해수 온도 상승으로 슈퍼 태풍이 만들어지고 있다. 여기에 늦가을까지 해수 온도가 높게 유지되다 보니 이런 괴물 허리케인이 만들어지는 것이다. 우스갯소리로 미국 오바마 대통령이 재선되는데도 허리케인 샌디가 큰 역할을 했다는 말이 있을 정도로 피해가 컸다.

허리케인 샌디의 경우 미국 북부지역을 지나가는 강력한 저기압과 부딪치면서 강력해졌다. 미 NBC 방송에서는 "샌디는 열대성 폭풍과 북극 제트기류가 합쳐진 강력한 허리케인입니다"라고 보도했다. 미 CNN은 "샌디는 겨울 폭풍우와 허리케인이 합쳐진 강력한 '프랑켄스톰 Frankenstorm '31이다"라고 보도한 것은 바로 이 때문이다. 그러니까 허리케

---

**31** 프랑켄스톰은 괴기한 악마를 뜻하는 프랑켄스타인과 폭풍을 뜻하는 스톰의 합성어이다.

인 샌디는 단독으로 엄청난 피해를 가져온 것이 아니라는 거다. 북극 제트기류와 연관된 겨울 폭풍우가 합쳐지는 바람에 프랑켄스톰 같은 강력한 폭풍이 만들어졌다는 것이다. 그만큼 두려운 폭풍이라는 뜻이다.

그런데 허리케인 샌디와 아주 비슷한 이야기가 있다. 영화 〈퍼펙트 스톰Perfect storm〉이다. 〈퍼펙트 스톰〉은 2000년에 볼프강 페터슨이 메가폰을 잡고 조지 클루니가 주연을 맡은 영화다.

영화 〈퍼펙트 스톰〉은 카리브 해에서 불어오는 허리케인과 캐나다의 오대호에서 만들어진 강력한 폭풍이 대서양에서 만나 상상할 수 없는 초강력 폭풍을 만들어낸다는 이야기다. 다만 차이는 하나는 해상에서 다른 하나는 육상에서 괴물 폭풍이 되었다는 거다. 허리케인 샌디는 남쪽에서 올라오는 허리케인과 뉴욕과 뉴저지에서 북쪽을 지나는 강력한 폭풍이 만나 초강력 폭풍으로 성장했다.

"미국 노바스코샤 근해에 거대한 폭풍이 인다. 30m 높이로 치솟는 태산 같은 파도, 유리창을 부수며 세차게 퍼붓는 물보라, 거대한 선박도 뒤집어놓을 듯 포효하는 바람. 그것은 백 년에 한 번 일어날까 말까 한 그야말로 '완벽한 폭풍', 즉 퍼펙트 스톰이었다." 영화 중에 나오는 설명이다. 1991년 한 척의 배가 북대서양의 대표적인 어항인 매사추세츠 주의 글루체스터에서 출항한다. 빈 배로 돌아갈 수 없는 안드레아 게일 호의 선장 조지 클루니는 먼바다로 나선다. 그때부터 바다 위에는 마치 인간의 오만을 용서하지 않는다는 듯 엄청난 파괴력을 지닌 폭풍 그레이스가 몰려오기 시작한다.

그런데 말이다. 이 영화에서는 상상에서나 존재한다는 30m의 파도가 나온다. 과학자들은 30m의 파도가 만들어지는 것은 물리적으로 불가능하다고 여겼다. 오래전에 북해관광을 하던 크루즈 선이 전방에서 다가오는 30m 높이의 물 벽을 만났다고 보고했을 때 거짓말로 치부되었을 정도다. 그런데 한 물리학자가 비선형이론인 슈뢰딩거 방정식에 의해 거대 파도가 만들어질 수 있다고 주장했다. 말 그대로 우연히 어떤 이유로 불안정한 파도가 주변에 있는 다른 파도들의 에너지를 흡수하면 거대 파도가 될 수 있다는 것이다. 그러나 생뚱맞은 이론으로 치부되면서 이 물리학자의 주장은 잊혔다.

그런데 1978년 독일의 화물선 뮌헨 호의 침몰, 1980년 원유 채취 플랫폼 알렉산더 키란트가 폭풍에 전복된 사고, 2002년 유조선 프레스티지호의 침몰을 규명하던 과학자들은 파도가 30m 정도여야 이런 사고가 발생할 수 있다고 밝혔다. 결국 2002년 12월 유럽연합이 맥스웨이브Max Wave라는 연구 프로젝트를 시작했다. 정말 30m급의 거대 파도가 존재하는지 알기 위해서였다. 유럽 우주국의 지구 관측 레이더 위성의 도움으로 25m 이상 30m급의 거대 파도가 존재한다는 것이 증명되었다. 학자들은 거대 파도를 괴물파도Monster Wave로 이름 지었고 미국학자들은 거대 파도를 프랑켄스톰으로 명명한 것이다.

영화 〈퍼펙트 스톰〉에 나오는 초강력 폭풍은 앞으로 더 자주, 더 강력하게 발생할 것으로 기후전문가들은 보고 있다. 지구온난화로 인해 빙산이 녹으면서 해수면이 상승하고 해수 온도가 높아지기 때문이다. 이것은 강력한 태풍이나 대규모 저기압이 발생할 확률이 높아진다는 것을 의미한다.

미국을 강타한 허리케인 샌디나 영화 〈퍼펙트 스톰〉의 강력한 폭풍은 물론 천재라고 할 수 있다. 그러나 인재人災의 성격도 강하다. 지구의 오염으로 인한 기후변화가 강력한 태풍과 허리케인을 만들고, 태풍은 다른 저기압과 만나 상상을 초월하는 거대폭풍을 만들기 때문이다.

바다 위에서만 위험할까? 그렇지 않다. 세계 인구의 약 절반에 해당하는 30억 명 이상의 사람들이 해안에서 200km 이내에 살고 있다. 이들 중의 상당수는 해안에 가깝게 산다. 따라서 강력한 폭풍해일로 바닷물이 범람할 경우 치명적인 피해를 볼 수 있다. 기후와 환경 파괴의 대가는 상상할 수 없는 비극으로 우리에게 돌아온다. 결국 영화 〈퍼펙트 스톰〉의 주인공인 선장과 선원들은 괴물 폭풍 속으로 사라진다.

영화가 우리에게 던지는 메시지는 무엇일까? 자연을 두려워하라는 것이다. 인류에 의해 흉포해진 자연 앞에 이제 그만 낮아져야 한다.

# 소설 속 현실 같은
# 기후와 환경 이야기

나는 영화를 즐겨보는 편이다. 그리고 책 읽기를 좋아한다. 중학교 때부터 부모 곁을 떠나 대도시에서 객지생활을 했다. 친구도 없지, 놀 거리도 없지 자연스럽게 책에 빠져들었다. 방과 후에는 학교 도서관에서 늦은 저녁까지 책을 읽었다. 중학교 때 학교 도서관에서 책을 제일 많이 빌려봐서였을까, 매년 독서왕에 뽑히고는 했다.

책 사랑은 고등학교 때까지 이어졌다. 고3 때였다. 대학시험 공부하기에도 시간이 빠듯한 시간이었다. 그런데도 역사소설에 빠져들어 몇 달간 도서관에서 독서 삼매경에 빠진 적이 있다. 내가 대학을 다니던 시절에는 통행금지가 있었다. 학교 앞 친구 하숙집에서 자고 새벽 4시 통행금지 해제 사이렌이 불면 학교로 뛰어갔다. 당시는 시험 기간 학교 도서관 좌석을 차지하기란 하늘의 별 따기였다. 간신히 좌석을 차지한 나는 시험공부를 한 것이 아니라 한심하게도 소설책을 읽었다. 친구들이 기막혀했다. 덕분에 F학점을 받은 과목도 있다. 지금도 독서만큼은 누구보다 많이 한다고 자부한다. 책을 읽는 일이 너무 재미있고 즐겁기 때문이다. 그래서 수입 중에 상당한 부분을 책을 사는 데 지출한다. 신혼초에는 책값이 너무 나간다고 아내와 말다툼(?)한 적도 있었다. 그런데 그것이 쓸데없는 일이 아니었다. 그 덕분에 다양한 일간지와 월간지에 글을 쓰게 되었다. 수입도 짭짤하다. 여기에 책도 펴낼 수 있게 되었다. 벌써 17권을 출간했으니 괜찮지 않은가?

책을 읽다 보면 많은 책에서 기후나 환경에 관한 글을 만난다. 대개 작가가 체험한 내용이 밑받침되기에 가슴에 다가온다. 기후나 환경전문가 못지않은 전문성도 갖추고 있다. 그래서 놀란다. 다양한 책들을 만나기 힘든 사람들을 위해 책 하나를 소개한다. 이시 히로유키石弘之가 쓴 『세계 문학 속 지구환경 이야기名作の中の地球環境史』(1, 2)다. 서구 소설은 많이 접해봤기에 낯익은 소설도 많다. 하지만 접하기 쉽지 않은 남미소설이나 기발한 발상이 엿보이는 일본소설 속에서 새로운 것을 배울 때도 있다. 이 책은 환경전문가답게 환경 관련 소설들을 간략하고 쉽게 소개한다.

나는 문학가들이 잠수함 속의 토끼 같다는 생각을 한다. 잠수함 속의 토끼는 산소가 부족하면 먼저 죽는다. 공기 이상을 광부보다 먼저 알아채고 위험을 알리는 탄광의 카나리아도 같다. 시대보다 앞서나가는 이들의 선견 능력과 노력에 감탄하게 된다. 대학 시절에 제2외국어는 교양필수 과목이었다. 프랑스어를 선택해 들었다. 너무 흥미로웠다. 초급 프랑스어는 교양과목이지만 좀 더 높은 단계의 프랑스어를 배우려면 불어불문학과에 개설된 프랑스어 과목을 수강해야 했다. 불어불문학과 3학년 과정에 개설된 과목을 수강하고 한 학기 동안 정말 똥줄이 빠지도록 고생을 했다.

쥘 베른의 『해저 2만리』를 원어로 읽고 강독하는 과목이었다. 언제 누구를 지명해 시킬지를 몰랐다. 발표한 그다음 시간에도 이름이 불려질 수 있었다. 한 과목 준비를 위해 거의 매주 3~4일씩 고생했다. 프랑스어 사전이 해어질 무렵 겨우 한 학기가 끝났다. 다행히 학점은 생각보다 좋았다. 그런데 쥘 베른의 소설을 공부하면서 정말 그가 썼던 내용이 100년 후 거의 그대로 이루어지는 것을 보고 감탄이 절로 나왔다. 그는 어떻게 이렇게 미래를 예측할 수 있었을까? 조지 오웰의 『1984』도 마찬가지다. 빅 브라더라는 독재자가 텔레스크린이라는 감시장치로 서민들의 삶을 지켜보는 미래다. 그 당시에는 말도 안 되는 이야기였다. 그런데 지금은 어떤가? 많은 문학작품이 영화로 만들어지고 있다.

지구온난화로 인한 기후변화가 지구촌을 뒤흔들고 있다. 2014년 1월 중국은 1961년 이후 55년 만의 기록적인 더위를 기록했다. 노르웨이 등 북유럽도 평년보다 7℃ 정도 높은 이상 난동을 보였다. 미국에서는 심각한 가뭄이 지속되었다. 2014년 2월에 접어들면서 미국 동부의 한파, 호주 북부의 가뭄이 이슈가 되었다. 전문가들은 지구온난화가 이상기상을 더 자주 큰 진폭으로 발생시키는 원인이라고 말한다. 그런데 말이다. 거의 100년 이전에 지구온난화를 예측한 소설이 있다. 일본의 미야자와 겐지宮澤賢治가 쓴 『구스코 부도리의 전기グスコーブドリの伝記』다.

동화작가이기도 한 그는 1930년대에 이미 이산화탄소 증가가 지구온난화를 일으키는 원인이라는 사실을 알고 있었다. 당시 일본은 추위와 가뭄으로 인해 많은 사람이 굶어 죽어가던 시절이었다. 그의 동화에는 5월인데도 열흘씩이나 진눈깨비가 내렸다고 나온다. 6월 초가 되어도 볏모가 노랗기만 하고 나무도 싹을 틔우지 않았다고 한다. 우리나라보다 따뜻한 일본에 5월에 진눈깨비가 내렸다면 영하의 기온이었다는 말이다. 정말 추웠다는 말에 공감된다. 소설 속의 주인공 부도리는 대책을 세워야겠다고 생각한다. 그는 구보 박사의 집을 찾아간다. 그들의 대화를 옮겨보면 이렇다.

"선생님, 공기층 안에 탄산가스가 늘어나면 따뜻해집니까?"

"당연하지. 지구가 생긴 뒤로 지금까지 기온은 대기 중에 있는 이산화탄소의 양으로 정해졌다고 볼 수 있다네."

"선생님, 혹시 칼보나드 화산섬이 지금 폭발한다면 추위를 없애줄 만큼의 이산화탄소를 내뿜을까요?"

"내가 계산해보니 말일세. 화산이 폭발하면 이산화탄소가 대기 중에 방출되어 지구 전체를 감싸게 될 거야. 그리고 이산화탄소는 하층의 공기와 지표에서 올라오는 열의 방출을 막아 지구 전체 온도를 평균 5℃ 정도 높일 거야."

"선생님, 그렇다면 화산을 폭발하게 만드는 방법은 없을까요?"

"가능하긴 하지만 그 일을 하는 사람 중 한 사람은 빠져나오지 못하고 죽어야 하네."

"선생님, 제가 그 일을 하겠습니다."

구보 박사와 부도리는 화약으로 화산을 인공적으로 폭발시키는 데 성공한다. 가뭄과 추위에 시달리던 마을 사람들은 푸른 하늘이 서서히 초록색으로 변하면서 탁해지는 것을 본다. 그리고 해와 달이 구릿빛으로 바뀌는 것을 본다. 사나흘이 지나자 날씨는 점점 따뜻해졌고, 그해에 거의 평년작의 농사를 지을 수 있었다. 물론 마을 사람들은 겨울을 따뜻한 음식을 먹으며 즐겁게 살 수 있었다는 이야기다.

이 소설을 읽으면서 놀란 것은 작가의 과학적 식견과 미래에 대한 통찰력이었다. 작가는 농업기술자이기도 했다. 암석과 화산을 연구하고 음악과 회화도 즐겼다고 한다. 거기에 소설과 시, 동화집 등도 썼다. 이런 폭넓은 지식이 엮여서 신비로우면서도 아주 과학적인 동화가 탄생한 것이다.

소설에 나오는 화산을 폭발시켜 이산화탄소를 분출시킨다는 발상은 어떻게 보면 획기적이다. 보통 화산이 폭발하면 지구온난화가 아닌 한랭화가 이루어지는 것이 보통이다. 1815년의 탐보라 화산 폭발로 전 세계적으로 3년간 여름이 없었다. 화산 폭발 때 상공으로 치올려진 화산재가 태양으로부터 오는 빛을 차단하면서 우산효과를 가져온 것이다. 그럼 작가는 이런 사실을 몰랐을까? 아니다. 그는 알고 있었다. 스웨덴의 물리화학자 스반테 아레니우스Svante Arrhenius는 화산 폭발로 지구 기온이 상승할 것으로 예측했다. 그는 만일 모든 화산의 가스 방출이 멈춘다면 빙하 시대가 시작될지도 모른다고도 이야기했다. 이 부분은 지나친 추론이었지만 작가는 그의 이론을 보고 화산 폭발로 마을 사람들을 돕겠다는 발상을 하게 된 것이다.

1970년대에 들어와 이산화탄소의 증가 문제가 사람들의 관심을 끌기 시작했다. 그런데 이미 200여 년 전에 지구온난화와 이산화탄소의 관계를 설명한 과학자가 있었다. 100여 년 전에 이산화탄소를 분출시켜 일본의 한랭화와 가뭄을 막겠다는 소설을 쓴 작가도 있었다. "역사는 창조적인 소수에 의해 발전되어 간다"는 토인비의 말이 생각난다.

2014년은 평년보다 황사의 발생이 많았다. 이례적으로 5월까지 황사가 발생하면서 이젠 1년 내내 황사가 있는 것 아니냐는 우스갯소리까지 나왔다. 황사는 보통 5월에 접어들면 사라진다. 황사 발원지에 풀이 나고 비가 내리면 발생하지 않기 때문이다. 혹 발생하더라도 우리나라에 황사를 몰고 오는 강한 북서기류도 만들어지지 않는다. 2015년 봄에도 황사가 상당히 많이 발생했다. 아무래도 지구온난화로 인한 기후변화가 가장 큰 원인이 아닐까 한다.

황사는 동북아 지방에 나타나는 독특한 모래바람이다. 그래서 우리나라나 중국, 일본에서는 문학에 황사에 관한 이야기가 많다. 한 예로 도종환 시인의 시 〈황사 속에도 개나리꽃은 핀다〉를 소개해본다.

황사 속에도 개나리꽃은 핀다
숨을 제대로 쉴 수 없는 모래 먼지 속에서도
개나리꽃은 핀다
무거운 공기에 어깨가 휘면서도
춘분 무렵이면 어김없이 개나리꽃은 핀다
너희로 인해 봄이 왔구나 생각하며

와락 껴안아주고 싶어지는 개나리꽃

도종환 시인은 황사를 숨도 제대로 쉴 수 없는 상황으로 그린다. 그리고 황사 공기가 무겁다고 말한다. 이것은 아주 정확한 표현이다. 그리고 황사는 말 그대로 누런 모래바람이기에 깨끗한 공기에 비해 무겁고 폐에 직접적인 영향을 준다. 숨쉬기가 어려워지는 건 그 때문이다.

모래 먼지에 관한 소설 중 인상적이었던 책으로 존 스타인벡의 『분노의 포도The Grapes of Wrath』가 있다. 모래 먼지가 미국에 얼마나 큰 영향을 주었는지를 표현한 소설이다. 당시 미국은 1930년대의 대공황으로 엄청난 경제적 어려움을 겪고 있었다. 엎친 데 덮친다더니 역사상 유례없는 모래 폭풍이 미국을 글로기 상태로 몰고 갔다. 『분노의 포도』의 작품의 배경은 1930년대 미국이다. 교도소에서 가석방된 주인공 톰 조드가 오클라호마 주의 고향 집으로 돌아가는 장면에서 이야기는 시작된다. 돌아와 보니 가난한 소작인들이 농지에서 쫓겨난 상황이었다. 여기에 심각한 모래 먼지까지 덮쳐 자영 농민까지 농촌을 떠나고 있었다. 당시 미국 중부 지방에 샌드보울sand bowl이라고 불리는 엄청난 모래 먼지가 강타했다. 무분별한 개간으로 토지가 황폐해지면서 강한 기압계로 만들어진 모래바람이 덮친 것이다. 식량 생산량이 줄어들고 먹을 것이 없어진 농민들은 자살하고 기아로 죽어간다. 농민들은 캘리포니아 주에서 높은 임금으로 농민을 고용한다는 내용의 전단을 보고 신천지로 떠난다. 그러나 이들을 기다리는 것은 저임금과 열악한 환경이었다. 부당하게 낮은 임금을 받으며 과수원이나 목화밭에서 일할 수밖에 없었다.

악독한 농장주에 분노한 주인공이 살인을 저지르고 길을 떠나는 이야기다. 이 소설에서 중요한 것은 인간들의 무분별한 개간, 토지의 혹사, 기후변화로 인한 가뭄 등이다. 결국 이런 것이 겹쳐 힘없는 사람들의 인간성을 파괴한다는 것이다.

소설 속에 보면 "흙먼지는 아침에도 안개처럼 허공에 떠 있었다. 태양은 선혈처럼 붉었다. 종일 흙먼지가 조금씩 하늘에서 떨어져 내렸고, 다음 날에도 계속 떨어져 내렸다"라고 나온다. 영화 〈인터스텔라〉의 황량한 장면이 샌드보울을 벤치마킹한 것이 아니냐는 이야기처럼 당시 모래 폭풍은 정말 심각했다.

모래 먼지인 황사에 관한 소설로 중국 소설가 라오서老舍의 『낙타 샹즈駱駝祥子』가 있다. 이 소설의 무대는 1920년대다. 한몫 잡을 생각으로 베이징에 온 샹즈는 가진 것이라고는 자기 몸뿐이다. 그는 인력거를 빌려 모래바람이 거칠게 불어대는 시내에서 인력거꾼 일을 시작한다. 그가 인력거 일을 하면서 가장 자주 만나는 것이 황사다. 황사 바람의 세기는 가로수를 휘게 할 정도다. 간판을 갈기갈기 찢는다. 담벼락에 붙은 광고물을 깨끗하게 뜯어낸다. 태양이 가려져 낮에도 어둡다. 모래바람은 짐승처럼 외치며 울부짖고 빙빙 휘몰아친다. 샹즈는 숨도 쉴 수 없는 황사 속에서도 돈을 벌겠다는 일념으로 뛰고 또 뛴다. 미친 듯 바람이 몰아쳐 숨조차 제대로 쉴 수 없을 때는 고개를 숙이고 이를 악문 채로 앞을 향해 바람을 뚫고 달린다. 너무 강한 바람에 숨도 제대로 쉴 수 없을 때면 한참 동안 입을 꼭 다물고 있다가 딸꾹질을 한다. 소설에서 몇 년을 인력거를 몰았던 샹즈를 괴롭혔던 것은 '누런 바람' 곧 황사였다.

이 소설을 읽는 동안 폐 속으로 모래 먼지가 가득 들어오는 듯한 느낌을 받았다. 너무 답답해 읽기를 잠시 멈추기도 했다.

최근 들어 황사는 더 자주 그리고 더 강하게 발생한다. 지구온난화로 인한 사막화에 환경 파괴 때문이다. 국회 환경노동위원회 소속인 이자스민 의원은 "황사 발생 일수 매년 급증, 수도권은 더 심해"라는 보도자료를 통해 황사의 심각성을 지적하기도 했을 정도다. 그런데 중국은 최근 들어 황사 외에 미세먼지와 스모그의 이중고를 겪고 있다. 중국 동북부지방의 미세먼지나 스모그는 황사보다 오히려 더 독하다. "세상에서 제일 먼 거리는 너의 손을 잡고 있으면서도 너의 얼굴을 볼 수 없게 만드는 거리다." 스모그가 극심했던 중국 베이징에서는 이 말처럼 손잡는 거리에서도 얼굴을 알아볼 수 없을 지경이라고 한다. 중국 사람들은 어떻게 살까? 또 가슴이 답답해진다.

**Chapter 3**

# 지구는
# 지금
# 신음하고 있다

# 지구온난화,
# 진실은 불편하다

2013년 9월 27일 유엔 정부간기후변화위원회[IPCC]의 5차 평가 보고서가 발표되었다. 4차 보고서보다 훨씬 더 비관적이다. 지구 평균기온 상승 전망치가 4차보다 1.6℃ 낮았지만, 해수면 상승 전망치는 최대 23cm나 높았고 해수면 상승 속도도 무척 빨라졌다.

언론사의 보도 제목도 자극적이다. "지구온난화의 경고. 아틀란티스 현실화하나?", "해수면 상승 속도 빨라져 … 부산 저지대 등 침수 위험", "2100년 한반도는 아열대 … 평양은 서귀포와 비슷한 기후"《뉴욕타임스》는 한술 더 떴다. "미국의 뉴욕, 마이애미, 뉴올리언스, 영국 런던, 중국 상하이, 이탈리아 베네치아, 호주 시드니가 물에 잠긴다."

2012년 12월 발표한 기상청의 「한반도 미래 기후변화 전망 보고서」는 세계 평균보다 더 심하게 변화하는 것으로 전망하고 있다. IPCC는

4.6℃ 상승하는 데 비해 5.7℃ 상승할 것으로 예상하기 때문이다. 실제 우리나라는 세계 평균보다 기온 상승은 1.5배, 해수면 상승도 2배 이상 빨리 진행하고 있다고 한다. 폭염 일수가 지금보다 4배 이상 증가한다니 여름철에는 서울에서 사는 것은 불지옥 같을 것이다.

집중호우의 빈도가 높아지면서 매년 강남 물난리나 우면산 산사태가 발생할 것이다. 부산, 목포, 군산, 인천 등 해안도시 들은 많은 지역이 물에 잠길 것이다. 강력한 지진이 발생하여 엄청난 피해가 발생할 것이다. 곡식 수확이 줄어들면서 식량 대란이 발생할 것이다. 먹을 물 부족으로 물 가격이 금 가격이 될 것이다. 열대성 질환이 유행하고 사람들의 면역력이 떨어지면서 전염병이 창궐할 것이다. 해수면 상승으로 동해안 원자력 발전소가 쓰나미로 침수될 것이다. 기온의 급격한 변화로 전력 대란이 수시로 발생할 것이다. 열대성 어종인 참치가 가장 많이 잡히는 어종이 될 것이다. 평양의 감귤과 개성의 망고 맛을 볼 수 있을 것이다. 사과를 맛보려면 북한의 함경도 깊은 산골짜기로 가야 하고 스키를 타려면 알래스카로 가야 한다. 북한 평안도 고지대에 별장 장만하는 것이 유행할 것이다. 이런 이야기들은 개인적인 생각을 글로 적어본 것이니 너무 민감하게 받아들이지 않았으면 좋겠다.

반기문 유엔 사무총장은 "지구온난화 현상은 계속되고 있고, 우리는 행동해야 한다"면서 온실가스 저감에 대한 특별 정상회담을 제안했다. 지구온난화로 인한 기후변화가 정말 심각하다는 이야기다.

"홍수가 급증, 사회기반시설이 파괴된다. 폭염으로 사망 인구가 증가한다. 가뭄으로 물 부족에 시달릴 것이다. 건조 아열대 지역에서도 지표수와 지하수가 많이 감소한다. 식량 생산량이 많이 감소한다. 생물의 멸종위험이 증가한다." 2014년 3월 31일 요코하마에서 채택된 IPCC의 보고서 내용이다. 기온이 2℃ 이상 높아질 경우 한국 및 아시아 지역에 이런 기상 재난이 많이 발생할 것이란다. 또한 열대, 온대지역에서 밀, 쌀, 옥수수 생산이 감산될 것으로 예상한다. 만일 3℃ 이상 올라가면 남극과 그린란드의 얼음이 다 녹는다고 본다. 1,000년에 걸쳐 7m의 해수면이 상승할 위험이 있다는 것이다. 고향을 떠난 수많은 기후 난민이 생존의 위협에 처할 것이다. 이로 인한 세계 경제 총 손실액도 엄청나다. 최소 1,400억 달러에서 최대 1조 4,000억 달러에 달할 수 있다고 한다. IPCC는 지구 기온의 상승으로 인한 식량 감산과 물 부족은 세계 안보에 큰 위협이 될 것으로 예측했다. 빈곤 악화로 인한 분쟁 위험도 커질 것이라고 예상한다. 이미 미 국방성 미래 예측에서는 물 부족으로 인도와 파키스탄이 핵전쟁을 벌일 것으로 예상한다. 또 식량과 물 확보를 위해 독일, 일본, 한국은 조만간 핵무장을 할 것으로 전망한다. 기온 상승은 돌이킬 수 없는 비극을 만들어낼 것이라는 이야기다.

AFP 통신은 포츠담 기후영향연구소[PIK]의 연구 결과를 토대로 "4014년이면 런던 타워나 자유의 여신상을 구경하고 싶은 관광객들은 바닷속으로 가야 한다"는 보도를 했다. 2000년 뒤 해수면이 지금보다 1.8m 상승함에 따라, 이집트의 '피라미드', 이탈리아 로마의 '콜로세움', 그리스의 '파르테논신전', 시드니의 '오페라하우스' 등이 물에 잠긴다는 것이다. 그렇다면 우리나라는 안전한가? 아니다. 부산, 목포, 인천 등 바닷가에 있는 도시들은 상당한 면적이 물에 잠길 것이다.

IPCC는 기상 재앙을 막기 위해서는 평균기온이 2℃ 이상 상승하지 않도록 대처해야 한다고 말한다. 적절한 대응책과 탄소 배출 삭감책을 병행하는 국제사회의 노력이 절실하다는 것이다. 각국 지도자뿐 아니라 지구촌 모든 사람이 지구온난화 대응에 적극적으로 나서야 한다.

그렇다면 지구온난화는 왜 생기는 것일까? "지중해에 펭귄과 바다표범이 살았습니다. 영국과 프랑스의 도버 해협은 걸어서 건넜지요. 북유럽은 2km 두께의 얼음으로 뒤덮였고요." 소설에 나오는 이야기가 아니다. 마지막 빙하기였던 2만 년 전의 지구 모습이다. 1만 년 이후 지구는 따뜻한 간빙기가 찾아왔다. 빙하 분석으로 알아낸 80만 년간의 지구 기후는 주기적으로 변해왔다. 빙하기와 간빙기가 번갈아 나타난 것이다. 기후변화의 가장 큰 원인은 태양에너지의 변화다. 지구의 공전궤도 변화, 지축변화, 세차운동[32]이 맞물리면서 빙하기가 찾아오곤 했다.

기후는 태양에너지 외에도 대기 순환의 변화, 해류의 변화, 화산활동, 빙하의 해빙 등에도 영향을 받는다. 그러나 가장 큰 영향은 단연 온실효과다. 지구에 들어온 태양에너지는 지표면을 데운다. 더워진 지표면은 외기로 열을 방출시킨다. 그런데 온실가스는 외기로 열이 방출되는 것을 막는다. 온실가스가 많을수록 지구의 기온은 올라간다. 온실가스에

---

**32** 지구의 자전축은 지구 공전 궤도면에 대해 기울어져 있고, 극 반지름에 비해 적도 반지름이 조금 더 큰 회전 타원체의 모양을 하고 있어서 하지나 동지에 작용하는 태양의 중력 차이가 지구를 공전 궤도면에 대해 수직으로 세우려는 힘으로 작용한다. 이때 작용하는 힘은 지구의 춘분점 방향과 평행하다. 따라서 지구의 회전축은 춘분점 방향으로 기울게 되고, 그만큼 또 이동하므로 이 작용의 반복으로 지구의 자전축은 회전하게 된다. 지구의 경우 이러한 세차운동의 주기는 약 2만 5,800년이다.

는 이산화탄소, 메탄이 대표적이다.

지구 역사상 온실가스 농도는 언제나 기후에 맞춰 일정 수준을 넘지 않았다. 아무리 이산화탄소 농도가 높을 때라도 300ppm을 넘지 않았다. 그러나 1850년대 이후부터 온실가스의 양이 급증했다. 20세기 초 이산화탄소의 연간 배출량은 1억 톤이었다. 그러나 2010년에는 70억 톤 이상으로 늘었다. 지구 자체적으로 흡수하는 양은 30억 톤이다. 그렇다면 40억 톤 이상이 되는 양은 대기에 축적되어 온실효과를 높인다. 메탄이 지구에 축적되는 양은 약 3,000만 톤이다. 문제는 메탄의 온실효과가 이산화탄소와 비교하면 73배나 높다는 점이다. 여기에 아산화질소도 있다. 인류가 새롭게 만들어낸 물질도 한몫한다. 염화불화탄소, 수소불화탄소, 과불화탄소, 할로겐화탄소계의 가스등으로 이들도 온실가스에 속한다.

최근 우리나라 한 경제단체 연구원에서 〈지구온난화에 대한 오해와 진실〉이라는 영상을 만들었다. 이들은 온실가스로 인해 기후변화가 초래되었다는 것을 부정한다. 지구온난화는 자연현상이라는 것이다. 탄소 배출 감축을 반대하는 미국 부자들의 의견과 빼닮았다. 무엇이 진실인가? IPCC는 2014년 5차 보고서에서 "기후변화는 인간의 활동으로 인한 것"이라고 발표했다. 온실가스 증가를 멈추지 않는 한 지구는 파국적인 결과를 향해 치달을 것이라는 거다. 지구는 열 받고 있다. 더 열 받으면 어떻게 될까? 상상하기조차 싫다.

2012년 여름은 나타날 수 있는 최악의 기상현상이 줄줄이 발생했던 해였다. 많은 사람이 열대야와 폭염에 힘들어했다. 게릴라성 집중호우는 전국을 돌아가며 강타했다. 한반도로 북상했던 태풍 '볼라벤[Bolaven]', '덴빈[Tembin]', '산바[Sanba]' 등은 엄청난 피해를 주었다. 왜 매년 이런 악기 상이 자주 그리고 강하게 발생하는 것일까? 이 또한 지구온난화로 인한 기후변화 때문이다. 지구온난화를 유발하는 주범은 대기 중의 이산화 탄소나 메탄가스 등이다. 우스갯소리처럼 들릴지 모르겠으나 여기에는 동물들이 뀌는 방귀도 포함된다.

"공룡 방귀가 과거 지구온난화 유발했을 것"이라는 기사가 얼마 전 일간지에 실렸다. 영국 리버풀 존 무어스 대학의 데이비드 윌킨슨[D. Wilkinson] 교수는 2012년 9월 7일 《현대생물학[Current Biology]》 저널에 실린 논문에서 "1억 5,000만 년 전 중생대에 살았던 초식공룡들은 오늘날 방 출되는 분량보다 더 많은 메탄가스를 방귀로 내뿜었을 것"이라고 주장 했다. 이들은 공룡들이 방귀로 내뿜는 메탄은 연간 5억 톤에 달했다고 주장한다. 오늘날 지구의 가축 전체가 내뿜는 메탄양 5,000만~1억 톤보 다 5배 이상 많았다는 것이다.

곤충학자들은 공룡보다 개미의 방귀가 더 심각하다고 주장한다. 흰 개미들이 배출하는 메탄은 연간 50.7Tg(테라그램, $(1Tg=10^{12}g)$에 달한다 고 한다. 지구에서 생산되는 메탄의 약 10%가 흰개미 엉덩이에서 나오 는 셈이다. 지구에는 흰개미 외에 엄청나게 많은 곤충이 살고 있다. 곤 충학자들이 공룡과 비교도 되지 않는 작은 곤충들이 내뿜는 메탄가스 가 오히려 지구온난화에 더 크게 작용을 한다고 주장하는 이유다.

메탄가스는 이산화탄소보다 온실효과가 25배나 될 정도로 지구온난 화에 더 커다란 영향을 준다. 과학자들은 소 네 마리가 방귀로 방출하는 메탄의 온실효과는 자동차 한 대가 내뿜는 이산화탄소에 맞먹는다고 본다. 그러다 보니 메탄을 줄이기 위해 뉴질랜드에서는 환경세 가운데 소 방귀세를 도입할 정도다.

흰개미의 방귀를 줄일 방법은 없어 보이지만 소의 방귀에서 나오는 메탄의 양은 줄일 수 있다. 고기를 덜 먹으면 된다. 대학에서 강의시간에 이 말을 했더니 학생들이 말도 안 되는 소리라고 말한다. 정말 말도 안 되는 소리인지도 모른다. 그러나 하도 답답하니 그런 이야기라도 할 밖에.

"가톨릭 신자이든 아니든 신의 창조물인 지구를 후세대에 넘겨줄 수 있도록 보존하는 데 앞장서야 한다." 2015년 6월 18일 프란체스코 교황이 발표한 사목 교서인 '회칙' 내용 중에 나오는 말이다. 지구온난화로 인한 기후변화를 막아야 한다는 것이 주요 내용이다. 교황은 "금세기에 극단적인 기후변화와 전례 없는 생태계 파괴가 발생할 것"이라고 염려했다. "지구온난화는 화석 연료 중심의 산업 모델 때문이다"라면서 지구온난화를 촉발한 '부유한 나라'들이 이 문제를 해결해야 한다고 촉구했다. 다른 종교지도자인 달라이라마도 교황의 주장에 전적으로 찬성한다고 밝혔다. 그러나 강한 반대도 나왔다. 미국 차기 대통령 후보인 부시가 반대하고 나섰다. 미공화당 관계자들과 재벌들도 정치와 종교를 혼동하지 말라고 비판했다.

왜 이들이 교황의 말에 쌍지팡이를 짚고 나섰을까? 교황은 선진국의 횡포를 지적했다. 그러면서 "지구온난화가 가난한 사람들에게 가장 많은 영향을 미친다. 이것은 화석 연료 중심의 산업 모델 때문에 발생했다"고 말한다. 이어 "지구를 오염시키면서 성장한 부유한 나라들은 가난한 나라들이 기후변화에 대처할 수 있도록 경제적으로 도움을 줘야 한다. 선진국들은 경제의 저성장도 감내해야 한다"는 주장이다. 재벌정책을 옹호하는 부시 등 미 공화당 관계자들이 뜨끔할 수밖에 없는 말이다. 김용 세계은행 총재도 "기후변화는 가난한 사람들에게 가장 큰 충격(피해)을 준다"면서 "지금 우리가 해야 하는 일은 기후변화로 인해 극빈층으로 추락하는 수많은 사람을 보호하는 것"이라고 말한다.

우리가 교황이나 김용 세계은행 총재의 말에 수긍하는 것은 지구온난화가 지구를 파괴하고 있기 때문이다. "미래에는 지구온난화가 전쟁과 기근, 인구 감소 등 재앙을 가져올 것이다." 홍콩대 교수 데이비드 장David Chang의 말이다. "지구온난화는 농작물 감소, 가뭄의 확산, 인구 증가로 물과 식량으로 인한 충돌이 증가하면서 전쟁 가능성이 커질 것이다." 이는 미국 조지아 공대 교수 피터 브렉케Peter Brecke의 말이다. "기후변화에 따른 자연재해와 전쟁 등으로 전 지구적 재앙이 올 것이다." 미국방성 보고서에 나온 말이다. 지구온난화를 막지 못한다면 전 인류는 비극적인 종말이 가까워진다는 의미다.

그런데도 미 공화당 관계자와 일부 학자와 다국적 재벌들은 지구온난화가 온실가스 때문이 아니라고 말한다. 대표적인 학자로 프레드싱거Fred Singer와 데니스 에이버리Dennis Avery가 있다. 이들은 온실가스로 인한 기후변화는 정치·경제적인 사기극이며 음모라고 말한다. 기후변화는 인간 활동 때문이 아닌 태양, 대기, 대양의 장기 순환 때문이라는 것이다. 태양주기와 지구 공전궤도의 변화가 가장 큰 이유라고 주장한다.

지구 기후는 1,500년을 주기로 자연적으로 더워지는 것이므로 멈출 수 있는 것이 아니라고 말한다. 생각처럼 위험한 것이 아니라는 것이다. 여기에 온난화 대책에 아무리 돈을 쏟아 부어도 이산화탄소는 줄지 않는다고 주장한다.

대학에서 기후 분야를 강의하면서 학생들에게 온실가스로 인해 정말 기후변화가 발생하고 있는지는 명확히 판단하기는 어렵다고 말한다. 나는 기상예보 분야에서만 37년 동안 일해왔다. 최근에 예보를 내면서 기후변화가 정말 심각하다는 것을 몸으로 느낀다. 예전에 나타나지 않았던 블랙스완[33]적인 기상현상이 자주 발생한다. 예보를 내기가 점점 어려워진다. 이런 것이 온실가스 증가로 인한 기후변화의 조짐이 아닐까 한다.

'기온이 4℃ 올라가면 뉴욕·상하이 물에 잠긴다'와 같은 기후변화의 위험을 경고하는 연구결과가 잇따라 발표되고 있다. 지구온난화에 따른 해수면 상승으로 수억 명이 사는 대도시들이 속속 물에 잠긴다는 거다. 거기에 기후변화에 취약한 빈곤층이 극빈층로 떨어질 것이라는 거다. 클라이밋 센트럴Climate Central[34]은 2015년 11월 지구 평균기온이 4℃ 오르면 현재 6억 명 이상이 사는 지역이 물에 잠긴다고 발표했다. 미국 뉴욕, 중국 상하이, 인도 뭄바이, 호주 시드니, 영국 런던 등의 대도시와

---

**33** 블랙스완은 검은 백조를 말한다. 검은 백조는 없다. 이 이야기는 발생할 수 없는 일이 발생할 때를 묘사하는 단어로 사용된다. 과학자들은 이런 블랙스완 현상이 가장 많이 발생할 수 있는 곳을 기후와 날씨 부분이라고 말한다. 인류가 경험해보지 못했던 기상현상이 발생할 가능성이 크다는 뜻이다.

**34** 과학자와 언론인으로 구성된 미국의 비영리단체

해안 지역이 침수된다는 것이다. 이 외에도 중국과 아시아 지역의 피해가 클 것으로 예상[35]했다.

세계은행에서도 2015년 11월 「충격파: 가난에 미치는 기후변화의 영향 관리」라는 보고서를 발표했다. 조처하지 않으면 세계적으로 오는 2030년까지 1억 명이 추가로 극빈층으로 전락할 것이라는 거다. 기후변화로 인해 극빈층이 가장 많이 늘어날 것으로 꼽힌 지역은 사하라 이남 아프리카와 남아시아다. 특히 인도에서만 2030년까지 농작물 수확 감소와 질병 증가로 인해 4,500만 명이 극빈층으로 내몰릴 것으로 예측되었다. 엄청난 비극이다.

참고로 이야기 한 가지를 더 소개한다. "토성의 달 타이탄은 파멸적 온난화를 겪은 후의 지구 모습을 보여주고 있는 것 같다." 2015년 11월 9일 보르도 대학교의 필립 파일루 행성학과 교수가 이끄는 연구진의 이야기다. 이들은 카시니-호이겐스Cassini-Huygens 탐사선[36]의 자료를 바탕으로 이 같은 결론에 도달했다고 발표했다. 이들은 탐사선을 통해 촬영된 사진을 통해 지속해서 변화하는 탄화수소 모래로 된 모래 언덕 모습이 지구의 사막과 엄청나게 유사하다는 것을 알아냈다. 연구진은 타이탄의 모래언덕은 호수의 물을 증발시킨 기후환경 변화를 겪었음을 보여

---

**35** 피해가 큰 세계 도시 상위 10곳 중 상하이, 톈진, 홍콩, 타이저우 등 4곳이 중국에 있다. 이 지역에 사는 중국 인구는 1억 4,500만 명이나 된다. 일본은 3,400만 명이, 필리핀은 2,000만 명이 각각 삶의 터전을 잃게 될 것으로 전망했다.

**36** 미국과 유럽의 공동 토성 탐사선으로 1997년 10월 15일 발사되었으며 2004년 7월 1일 토성 궤도에 진입하였다. 카시니-호이겐스는 타이탄의 대기에 진입한 뒤 착륙하기까지 타이탄의 자료를 지구로 보내 왔다. 토성 주위를 공전하는 탐사선으로는 최초이며, 토성을 방문한 기체로는 네 번째다.

준다고 말했다. 실제로 과학자들은 지구와 너무도 비슷한 타이탄의 환경 변화를 지구의 온난화에 따른 기후변화 연구용 모델로 사용하고 있다. 과학자들은 타이탄의 기후변화 연구를 통해 지구의 온난화 결과가 어떻게 될지에 대한 통찰력을 제시해줄 것으로 기대하고 있다고 한다. 왜 이 이야기를 소개하는 걸까? 지구도 온실가스 증가를 막지 못하면 타이탄처럼 변할 수도 있다는 것을 우리가 알아야 하기 때문이다. 불편하지만 알아야 하는 진실이다.

# 물 부족,
# 물 공황을 몰고 온다

"미래 세계의 가장 큰 문제는 물과 에너지, 그리고 기후일 것이다." 미국방성의 미래 예측에 나오는 말이다. 물은 미래의 문제만 아니라 현재의 문제이기도 하다. 이미 많은 나라가 물 문제로 고통받고 있다. 우리나라도 2015년 봄에 가뭄으로 물 문제가 심각하게 대두된 적이 있었다. 누구도 물 문제에서 벗어나지 못할 것이다.

애덤 스미스A. Smith 는 물과 다이아몬드의 역설을 이야기했다. 사람들이 살기 위해 가장 필요한 것이 물이다. 그런데 어느 나라나 물값은 거의 공짜다. 반면에 장식용으로밖에 사용할 수 없는 다이아몬드는 엄청난 가격으로 거래된다. 그는 '재화의 희소성과 교환가치'라는 개념을 도입하여 이 현상을 설명한다. 즉, 물을 사용함으로써 얻게 되는 가치는 크다. 그러나 너무 흔하므로 그 가치만큼 값을 치르지 않아도 쉽게 구할 수 있다. 그러나 다이아몬드는 너무 희소하여서 엄청난 교환가치를 가진다는 것이다. 그런데 만약 애덤 스미스가 오늘날 살아 있다면 조금 다르게 말할 것 같다. 물의 가치가 전보다 훨씬 높아졌기 때문이다. 유럽에 가서 물을 사려면 500ml에 2유로 정도 주어야 한다. 그러나 휘발유는 1유로가 채 안 된다. 기름값보다 물값이 더 비싸지기 시작하고 있다. 그러다 보니 이젠 유조선에 기름을 실어 나르는 것보다 물을 실어 나르는 것이 수익이 높아지는 시대가 되었다. 스페인은 이미 유조선에 물을 실어 수입하고 있는 형편이다.

반기문 유엔 사무총장이 2007년 6월 워싱턴 포스트에 기고한 글 중에 "21세기 지구촌 최대 비극인 수단의 다르푸르 분쟁은 지구온난화로 인한 기후변화로 초래되었습니다"라는 내용이 있다. 다르푸르<sup>Darfur</sup>의 문제는 무엇인가? 이 지역은 20년 전만 해도 정이 많고 살기 좋은 곳이었다. 토양이 비옥하고 비도 충분히 내렸기 때문에 쌀을 비롯한 곡식과 과일을 집약적으로 재배할 수 있었다. 그러나 지구온난화로 인도양의 수온이 상승하면서 계절풍에 영향을 미쳐 지난 20년간 이 지역 강수량은 40% 이상 감소했다. 가뭄이 오래가자 다르푸르의 흑인 부족이 울타리를 치고 아랍 유목민들이 소와 염소를 기르기 위해 초지로 들어오는 것을 막았고, 이로 인해 인종 분쟁이 발생한 것이다.

앞으로 지구온난화로 인해 더욱더 눈이 적게 내리고 빙산이 감소하며, 전 지구적 강우 패턴이 바뀔 것이다. 기후전문가들의 의견이다. 이들은 21세기 중엽이 되면 고위도 지역이나 일부 다습한 열대지역에는 강우량이 40% 증가하겠지만, 남유럽과 미국 남서부, 아프리카 사헬 지역 등 건조한 열대지역에서는 강우량이 30% 이상 감소할 것으로 예상한다. 이 지역에 해당하는 전 지구 면적의 19%인 3,000만km²가 사막화 되고 있다. 1억 5,000만 명이 사막화로 인해 생존을 위협받게 될 것이다. 빙하와 적설량이 감소하면서 용설수가 고갈되어 수십억 명 이상의 사람들이 영향을 받게 될 것이다. 전 지구적으로 물 부족 현상이 심각해질 것이며 제2의 다르푸르 사태가 발생할 가능성이 크다는 말이다.

"20세기의 국제 간 분쟁 원인이 석유였다면 21세기에는 물이 원인이 될 것이다." 이는 2009년 스웨덴 스톡홀름에서 열렸던 국제 물 심포지엄에서 세계물정책연구소장이 한 말이다. 이 심포지엄에서는 세계 80여 개국에서 전 세계 인구의 40%에 해당하는 사람들이 먹는 물 문제로 고통받고 있다고 발표했다. 미국의 환경·인구 연구기관인 국제인구행동연구소PAI 는 "현재 5억 5,000만 명이 물 부족 국가나 물 기근 국가에 살고 있고, 2025년까지 24~34억 명으로 확대될 것이다"라고 말한다.

"인도와 파키스탄이 핵전쟁을 벌일 것이다." 미 국방성 미래 예측에 나오는 내용이다. 현재 인도와 파키스탄은 히말라야의 빙하가 녹아 내려오는 물에 식수를 상당히 의존하고 있다. 그런데 기후변화로 인해 앞으로 20~30년 이내에 히말라야의 빙하가 다 녹을 전망이다. 그럴 경우 물은 생존의 문제가 된다. 결국 물 분쟁이 일어나고 핵전쟁이 일어날 가능성이 매우 크다는 것이다.

중국도 물 문제가 매우 심각하다. 매일 지어지는 공장과 생활 수준 향상으로 물 사용량은 급증하고 있는 반면에 기후변화와 사막화로 인해 물 수요량을 공급하지 못하고 있다. 이미 450곳이 넘는 도시들이 물 부족을 겪고 있다. 3억 명은 식수 공급을 충분히 받지 못하고 있다. 물 부족만 아니라 물 오염도 심각하다. 중국의 강들 중 거의 절반은 오염이 심각한 상태다. 중국 지표수의 5분의 1 이상이 농업용으로도 부적절할 만큼 심각하게 오염되어 있다고 한다. 2011년, 중국 정부가 2020년까지 물 문제를 해결하기 위해 6,350억 달러를 투자하기로 했을 정도로 물 부족 문제가 심각하다.

비단 중국만의 문제일까? 가뭄이 심각한 아프리카는 더하다. 먹을 물을 구하기 위해 몇십 리까지 물통을 이고 걸어가야만 한다. 이들이 사용하는 하루 물은 겨우 3~5ℓ가 되지 않는다. 그나마도 오염되어서 식수로는 사용할 물이 거의 없다. 이 때문에 수많은 아프리카 어린이가 물 오염으로 인한 질병으로 죽어가고 있다.

우리나라는 어떤가? 연평균 강우량은 1,274mm로 세계 평균 973mm보다 다소 높다. 그러나 인구밀도가 높아 국민 1인당 사용할 수 있는 물은 세계 평균의 10분의 1에 불과하다. 국제인구행동연구소에서도 우리나라를 '물 부족 국가'로 분류한다. 우리나라는 주로 자연 하천 수에 물 공급을 의존하는 나라다. 따라서 광범위한 지역에서 물 공급 문제가 발생할 가능성이 크다고 본다. 우리나라 사람들의 물 사용량은 거의 선진국 수준이다. 2010년 기준으로 매일 사용하는 물의 양을 보면, 이탈리아가 383ℓ, 일본이 357ℓ, 우리나라가 365ℓ다. 물 부족 국가인 우리나라는 아프리카 물 부족 지역 사람들의 100배가 넘는 물을 흥청망청 사용하고 있다. 물 사용량 줄이기 운동을 전 세계적으로 실행해야 할 때다. 세계적인 물 공황이 닥치기 전에 말이다.

물 부족은 물의 순환에 장애가 생기는 것을 말한다. 그리스 신화에서 대지의 여신인 가이아가 하늘과 합하여 대양을 만들었다. 대양大洋의 신은 오케아노스Oceanus로 모든 바다와 강, 샘과 물을 관장한다. 대양의 신에게는 끝없이 잉태하고 낳는 힘이 있다. 세계의 끝을 돌아 다시 되돌아오는 환류의 순환을 계속한다. 그래서 인류에게 있어 물은 문명의 상징이며 생명 그 자체다. 45억 년 전에 지구가 탄생하여 구름이 생기고 첫 비가 내렸다. 이후 오늘날까지 지구에 존재하는 물은 영원한 운동을 계속하고 있다. 물의 환류는 지구 구석구석까지 생명을 운반한다. 마치 사람 몸의 혈관이 모든 영양분을 장기 곳곳에 운반하는 것처럼 말이다. 혈관의 흐름이 아주 미세하게라도 막히면 건강에 적신호가 온다. 마찬가지로 지구도 물 순환에 장애가 오면 많은 문제가 발생한다.

물은 지구의 어느 곳에서도 존재한다. 빙하나 강, 호수는 물론 공기나 땅에도 물은 존재한다. 이 중 가장 많은 양의 물은 해양이 차지한다. 지구에 존재하는 물은 모두 1.36억km³정도 된다. 이 중 97.2%가 바다에, 2.15%가 빙하나 눈으로 저장되어 있다. 호수나 강, 지하수에 저장된 물의 양은 놀랍게도 1% 미만이다. 그런데 물은 끊임없이 순환한다. 이러한 물 순환water cycle의 동력은 바로 태양에너지다. 태양이 바닷물을 데우면 바닷물이 증발하여 대기 중에 수증기가 공급된다. 수증기는 상승기류에 의해 구름으로 만들어진다. 구름은 비구름으로 발전하여 비로 내린다. 내린 비는 바다에서 증발하여 다시 비구름을 만든다. 육지에 떨어진 물은 지하수로 침투하거나 지표면을 따라 흐른다. 이 중 일부는 증발하여 다시 대기로 돌아간다. 식물은 물을 흡수하여 일부를 증산작용을 통해 대기로 내보낸다.

　최근 들어 심각해지고 있는 것이 대수층의 물[37] 문제이다. 지표면 물의 양이 한계에 부딪히면서 나타나고 있다. 대수층의 물은 수천 년에 걸쳐 축적된 이 지하수들은 매년 눈과 비로 조금씩 채워진다. 그런데 세계적인 사막화와 가뭄, 그리고 물 사용량이 증가하면서 대수층의 물을 뽑아 쓰기 시작했다. 전 세계적으로 가뭄이 심한 지역에서는 무분별하게 지하수를 끌어다 쓰고 있다. 이러다 보니 지하수가 빠르게 고갈되고 있는 상황이다. 지하 대수층은 전 세계적으로 인간이 사용하는 물의 35%나 된다. 2015년 가뭄이 극심했던 미국 캘리포니아 주는 지하 대수층에서 끌어 쓴 물의 양이 60%에 이르고 있다.

　우리나라의 경우 지하 대수층의 물 상태는 외국보다는 덜 심각한 편이다. 대부분 지역에서 지하수면은 지표로부터 약 10m 이내에 형성되어 있고, 대수층의 투수성은 지질 분포와 크게 관계없이 전국적으로 고르게 나타난다. 다만 제주의 경우 주로 현무암으로 구성된 지질학적 특성으로 인해 지하수면이 깊은 곳에 위치한다. 두께는 강원도와 경상도의 대수층 두께가 다른 구역에 비해 얇다. 이들 지역은 대수층이 덜 발달하여 있고 그 규모 또한 작다. 따라서 이 지역에서는 지하수를 이용할 때 주상절리나 단층 등을 중심으로 관정을 설치해 운영한다.

　미 항공우주국의 제트추진연구소와 UC 어바인 대학이 2003~2013

---

**37**　대수층은 물을 보유하고 있는 층이다. 투수성이 좋은 지층 혹은 지층군을 말한다. 대수층은 지하수 통로 및 저수지로의 역할을 하며, 일반적으로 모래와 자갈층으로 되어 있다. 점토층이 사암이나 역암층과 번갈아 나타날 때 대수층이 된다.

년에 걸쳐 세계 37개 대수층을 분석하였다. 10년간 그레이스<sup>Grace</sup> 위성 자료와 지역 기후 등을 토대로 대수층의 부하 상태를 각각 연구[38]한 것이다. 이들의 결론을 보면 전 세계 주요 지하수가 고갈되고 있다는 것이다. 이들은 37개 지역의 대수층을 연구했다. 이 중 21개가 티핑 포인트를 넘어 고갈이 심각하게 진행되고 있다. 13개 지역의 대수층은 고갈이 심각한 상태다. 8개 지역의 대수층은 물이 자연적으로 보충할 수 없을 정도로 심각하다고 한다. 사우디아라비아와 인도 북서부, 파키스탄, 북아프리카 지역의 지하수가 가장 빠르게 줄어들고 있다. 미국은 캘리포니아와 함께 플로리다, 루이지애나, 텍사스 등 멕시코 만 연안 지역의 지하수가 빠르게 줄어들고 있다. 유럽은 프랑스와 러시아, 발트 해 연안이 지하수 고갈 지역이다. 아프리카에서는 이집트, 리비아, 나이지리아, 니제르 등의 국가에서 지하수가 말라가고 있다. 호주 북서부의 케닝 분지가 지하수 고갈 지역으로 나타났다. 아시아에서는 베이징, 상하이 등 중국 해안 도시가 심각한 지역으로 나타난다. 다행히도 이들 연구에서 우리나라는 빠져 있다.

지하수 고갈 지역의 공통점은 심각한 사막화와 가뭄이 닥친 지역이라는 것이다. 그리고 기후구로는 비나 눈이 조금 오는 건조기후 지역이다. 또 인구가 밀집해 있거나 광산이나 유전, 농업 등이 발달해 있다. 가장 심각하게 대수층 물이 줄어들고 있는 지역은 대체할 수자원이 없어

---

**38** *Quantifying renewable groundwater stress with GRACE*, Alexandra S. Richey 외, 2015. (*Uncertainty in global groundwater storage estimates in a Total Groundwater Stress framework*, Alexandra S. Richey 외, 2015.)

서 문제가 더욱 심각하다. 예를 들어 아라비아 대수층의 경우 6,000만 명에게 물을 공급하고 있다 보니 미래가 암울할 수밖에 없다.

다행히도 우리나라의 경우 아직은 지하 대수층의 물 변동이 크지 않다. 2001~2010년의 10년간 지하수의 수위를 국가지하수정보센터에서 측정해보았다. 전체 264개 중 -0.1~0.1m로 무변동을 보인 곳이 235개소였다. 15개소는 상승, 14개소는 하강 경향을 보였다.

지하 대수층의 물이 사라지면서 나타나는 가장 큰 문제는 싱크홀이다. 물론 싱크홀이 반드시 지하 대수층의 물이 고갈되면서 나타나는 것은 아니다. 복잡한 지하수 네트워크가 융기와 침강, 단층과 습곡, 지진 등 지각 변동의 영향일 수도 있다. 그러나 최근 들어 싱크홀이 발생하는 가장 큰 원인은 지하 대수층의 물 고갈이다.

싱크홀은 지하수 네트워크에 이상이 생기면서 만들어진다. 지하수를 너무 많이 뽑아 쓰면 지하수위가 낮아진다. 그렇게 되면 지하수가 감당하던 압력을 땅속 공간이 받게 된다. 결국 지표가 무너지면서 싱크홀이 만들어지는 것이다. 땅속에서는 2.5m 깊이 들어갈 때마다 1기압씩 압력이 증가한다. 250m 지점에는 100기압의 압력을 받는다. 이 압력을 지하 대수층의 물이 버텨내고 있다. 그런데 이 물이 빠져나가면 땅속 공간은 압력을 버티지 못한다. 결국 땅이 가라앉는 것이다. 뽑아 쓴 지하수의 양이 많을수록 싱크홀의 규모도 커질 수밖에 없다.

2010년 7월 과테말라 시 한복판에서 발생한 싱크홀이 가장 대표적인 사례이다. 20층 건물 높이만 한 구멍이 생기면서 그곳에 있었던 3층 건물이 흔적도 없이 사라졌다. 과테말라 정부는 도시 개발로 지하수가 말

라 지반이 무너져 내린 것이라고 밝혔다. 일본 도쿄 한복판의 오차노미즈 역御茶ノ水驛에 지름 10m 정도로 싱크홀이 발생했던 것도 한 예다.

지하 대수층의 물을 많이 뽑아 쓴 곳에서만 싱크홀이 생기는 것은 아니다. 지하수를 너무 뽑아 쓰면 멀리 떨어진 곳의 지반도 내려앉는다. 지하수위가 낮은 지점에서 물을 많이 끌어 쓰면 높은 곳에 있는 지하수가 이동한다. 결국 높은 곳에 먼저 공동이 생기면서 땅이 내려앉는 것이다. 2005년 6월 전남 무안과 2008년 5월 충북 음성에서 발생한 싱크홀이 이러한 예이다.

지하 대수층 물의 고갈로 발생하는 문제 중에 지반침하가 있다. 대만의 고속철도 주위에 지반침하 현상이 발생했다. 지하 대수층 물의 고갈로 생긴 일이었다. 최근 많은 비가 내리면서 지하 대수층에 물이 충전되고 있지만, 속도가 느려 침하현상은 진행될 것이라고 타이완 고속철도 사가 밝혔다. 창화Changhua 지역은 2011년에 6.6cm, 2012년에 4.3cm, 2013년에 3.5cm 지반침하가 있었다. 이로 인해 이 지역에서는 고속철도가 느린 속도로 운행하고 있다.

태국의 방콕은 지하 대수층 물을 과잉으로 뽑아 사용해 도시 전체가 수 미터 이상 지반침하가 발생했다. 2002년 태국 도심 지하수위는 1981년에 비해 15.m나 낮아졌다. 방콕 도심지 지하수위 강하로 인해 매년 10cm 이상의 지반침하가 발생하고 있다. 이로 인해 건축물 및 도로, 상하수도 파괴가 잇따르고 있다. 일본 도쿄도 지반침하가 심각한 곳이다. 지하수위가 낮아지면서 도쿄 전역에서 매년 수 센티미터(cm) 이상의 지반침하가 발생하고 있다. 이로 인한 철도, 도로, 항만, 시설물 등의 피해 복구로 2억 달러 이상이 투입되었다. 중국은 물 부족 극복을 위해 지하수를 과다 사용했다. 2000년 이후 매년 200억 톤의 지하수를 농업용수로 사용해왔다. 이로 인해 지하수위가 낮아지면서 거대한 함몰이나 지반침하가 발생했다. 중국은 지하수 사용 저감 정책을 시행하면서 최근에는 지하수위가 서서히 회복되고 있다고 한다.

지하 대수층 물 사용으로 인해 발생하는 문제 중에 마지막으로 해수 침투가 있다. 바닷물이 지하수에 침투하여 해수의 성분이 혼합되는 현상이다. 해수가 지하수에 3% 정도 혼합되면 지하수는 사람들이 소비하기에는 부적절해진다. 해수 침투 현상은 과도한 지하수 개발로 인한 지하수면 저하가 발생할 때 나타난다. 자연적으로 안정한 상태에 있던 해수와 담수 경계면의 평형이 깨지면서 두 물의 밀도 차이로 인해 해수가 담수 대수층 내로 침입하게 된다. 염도가 증가하면서 식음용수는 물론 농·공업용수로서의 기능도 상실한다. 해수 침투가 진행되면 지하수계를 원상태로 되돌리기 위해 엄청난 돈과 시간이 필요하다.

세계적으로 대수층 물의 고갈이 심각해지고 있다. 그러나 우리나라는 아직 대수층의 물이 남아 있다. 그러다 보니 대수층 고갈에 대한 인식이 덜하다. 2015년 봄 가뭄이 심각했을 때 대수층의 지하수 개발을 늘려야 한다는 주장[39]이 있었던 것은 이 때문이다.

현재는 그렇다고 하더라도 기후변화로 인한 대가뭄기가 찾아오면 어

---

**39** 캐이워터(K-Water)에 따르면 우리나라의 지하수 개발 이용량은 전국 150만 개소에서 연간 약 40억m³ 수준이다. 이것은 전체 물 이용량 가운데 11%가량 된다. 우리나라에서 개발 가능한 지하수 양이 연간 약 129억m³에 달한다. 그러니 지하수 개발을 현재보다 늘려야 한다는 것이다.

떻게 될 것인가? 결국 물 부족을 해결하기 위해 무분별하게 지하 대수층의 물을 뽑아 사용하게 되지 않을까? 제주도가 좋은 예다. 제주도 보건환경연구원은 2011년도 용수 수요량은 1일 52만 4,229㎥이고 공급 가능량은 45만 2,863㎥로 이었다고 발표했다. 지하수를 거의 절대적으로 이용하는 제주도로서는 13.6%가 부족한 실정이다. 제주도는 물 부족이 심각한 상황으로 진전되고 있다. 지하 대수층에 대한 장기적인 모니터링과 연구가 필요한 건 바로 그 때문이다.

지하 대수층의 물 고갈은 앞으로 더 큰 문제로 대두할 것이다. 우리나라도 외국의 정책을 벤치마킹할 필요가 있다. 일본이나 태국, 중국의 일부 도시에서는 지하수 사용을 규제하는 정책을 펴고 있다. 더 적극적으로 대수층에 지하수를 주입하는 곳도 있다. 연간 막대한 양의 물을 대수층에 주입하여 지반침하를 막겠다는 것이다. 영국, 도쿄, 파리, 상하이 등에서 적용하는 방법이다. 또 해수 침투를 모니터링하기 위한 해수 침투 관측망을 많은 나라에서 운영하고 있다. 대수층을 외부의 오염물질로부터 보호하기 위한 보호시설도 만들고 있다. 지반침하나 해수 침투나 오염물질 유입도 중요하다. 그러나 근본적으로는 자연을 자연 그대로 유지해야 한다는 의식을 가져야 한다. 대수층의 물이 자연 그대로 몇만 년 흐르도록 말이다.

물을 아껴 쓰는 의식이 어느 때보다도 필요한 때다. 네덜란드 학자 A. 훅스트라A. Hoekstra가 2002년에 '물 발자국'[40] 개념을 내놓았다. 물 발

---

**40** 2015년에 우리나라에서도 그의 책이 발간되었다. 『물 발자국 평가 매뉴얼 자연과 생태』로 훅스트라 외에 샤파게인 등이 공저했다.

자국이란 한 제품을 만드는 데 사용되는 물의 총량이다. 코카콜라 1ℓ는 212ℓ의 물이 필요하다. 면 셔츠 한 장에는 약 2,500ℓ의 물이, 밀 1kg에는 900ℓ의 물이 든다. 물 소비를 줄이는 노력이 절대적으로 필요하다는 뜻이다. 이젠 '물을 돈 아끼듯 해야 한다'로 바뀌어야 하지 않을까? 다행히 일부 기업들이 물 부족을 해결하기 위한 노력을 시작했다. 청바지 제조업체인 리바이스는 워터리스Water Less라는 청바지 혁신 공정을 만들었다. 청바지의 질감을 완벽하게 내려면 한 벌을 만드는 데 약 42ℓ의 물이 필요하다. 그런데 리바이스사에서는 혁신공정으로 물의 사용량을 최대 96%까지 줄였다고 한다. 그렇게 만든 워터리스 청바지가 보통 청바지보다 더 잘 팔린단다. 지구의 자원을 보존하고 환경을 지키는 노력이 우리네 기업에서도 많이 나타났으면 한다.

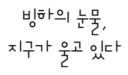

# 빙하의 눈물,
# 지구가 울고 있다

"북극은 지금 누구도 상상하지 못할 혹독한 시간을 보내고 있습니다."
다큐멘터리 영화 〈북극의 눈물〉 홍보 문구다. 자연 다큐멘터리라면
BBC, 내셔널 지오그래픽 등을 알아준다. 그런데 우리나라에서도 대단
한 자연 다큐멘터리를 만들 수 있음을 보여준 것이 〈북극의 눈물〉이었
다. 2008년 12월 방영 당시 11.4%라는 다큐멘터리로서는 놀라운 시청
률을 기록했을 정도다. 정말 잘 만들었다.

줄거리를 보자. 북극은 여름엔 해가 지지 않고 겨울엔 해가 뜨지 않
는 곳이다. 수억 년 동안 한 번도 녹지 않은 얼음 평원이 펼쳐져 있다.
그러나 영원할 것 같던 이 얼음도 해마다 사라지고 있다. 지구온난화로
인해 높아지는 기온 때문이다. 빠른 속도로 녹고 있는 빙하는 모든 것을
바꾸어놓았다.

북극은 지구에서 가장 혹독한 생존 환경이다. 그러나 여기에서도 저

마다의 생활방식으로 북극을 지켜온 위대한 승리자들이 있다. 이런 승리자들이 생사의 갈림길에 서 있다. 풀과 나무 열매로 허기를 달래며 배고픔에 쓴 잠을 자는 '북극곰', 녹아버린 빙하로 물웅덩이를 건너다 익사하는 '순록', 빠른 속도로 녹고 있는 빙하 때문에 사냥을 포기하는 에스키모들. 하루하루가 생존을 위한 전쟁이지만 그들은 오늘도 달콤해서 깨기 싫은 꿈을 꾼다. 사라지는 얼음과 함께 꿈은 부서졌지만, 북극의 생명은 오늘도 생명을 위해 다시 기지개를 켠다.

제작진도 이 정도 큰 반응을 기대하지는 않았을 것이다. 하지만 결과는 의외일 정도로 매우 좋았다. 이후 눈물 시리즈인 〈아마존의 눈물〉, 〈아프리카의 눈물〉, 〈남극의 눈물〉등을 만든 동력이 된 것이 바로 이 〈북극의 눈물〉이다. '세계 극지의 해'를 맞아 기후변화의 최전선에 있는 북극을 취재했다. 코앞에 닥친 지구온난화라는 대재앙의 경고를 생생하게 보여주었다. 수백 번의 강의로도 설명하기 힘든 것을 단 한 편의 다큐멘터리영화로 보여준 것이다. 북극은 기후변화에 가장 큰 영향을 받고 있다. 영상에서는 이곳에서 생존의 투쟁을 벌이는 북극곰, 순록, 에스키모들의 삶이 곧 우리의 삶이 될지도 모른다는 메시지를 담고 있다. 멸종 위기에 처한 것이 야생 동식물만이 아니라 인류 전체의 미래일지도 모른다는 사실을 보여준다. 이 영화는 제6회 서울환경영화제의 개막작으로 선정되었다. 한국 다큐멘터리의 놀라운 성장이 무척이나 자랑스럽다.

사람들은 북극의 빙하가 녹는다는 것을 남의 집 불난 듯 무심하게 쳐다본다. 그러나 북극 빙하가 녹으면 우리네 삶에 엄청난 변화가 온다.

가장 먼저 몸으로 느끼는 것이 혹한이다.

"올겨울은 추위가 일찍 찾아오고 기온의 변동 폭이 크겠으며, 지형적인 영향으로 지역에 따라 많은 눈이 올 때가 있겠다." 2012년 기상청이 발표한 겨울 기상 전망이다. 겨울이 일찍 찾아오겠다는 예측은 정확했다. 세 차례나 평년보다 기온이 낮은 한파가 내려왔기 때문이다. 그런데 2012년 겨우내 이렇게 평년보다 기온이 낮은 혹한이 이어졌던 것은 왜일까?

2009~2012년 4년 동안 우리나라 겨울은 혹한의 추위를 보였다. 기후 전문가들은 북극 빙하가 많이 녹아 겨울 추위가 닥쳤다고 말했다. 북극 빙하의 해빙 양이 많아지면 북극 기온이 올라간다. 그러면 북극의 한기를 막아주는 제트기류가 약해지면서 사행하게 된다. 사행하는 제트기류가 북극의 한기를 중위도 지역까지 끌어내린다. 우리나라나 미국, 유럽에 한파가 발생했던 것은 바로 이 때문이었다는 것이다.

2013년 새해 벽두 세계의 기상이 심상치 않았다. 북미는 최악의 한파로 극심한 피해를 보았다. 반대로 남반구의 아르헨티나에선 기록적인 폭염으로 인명피해가 속출하고 있었다. 지구의 기후가 극단적으로 치닫는 것이 아니냐는 우려의 목소리가 커지고 있었다.

2013년 1월 5일부터 10일까지 북미 지역을 강력한 한파가 강타했다. 시카고는 영하 26℃로 26년 만에 최저기온을 기록했다. 뉴욕의 경우에는 118년 만의 혹한이었다. 미네소타 주 크레인 레이크 지역은 영하 37℃를 기록했다. AFP통신은 "미국이 남극보다 더 추운 '냉동고'가 됐다"며 "대략 1억 8,700만 명이 한파에 떨었다"고 보도했다. 살인적인 추위였다. 한파뿐 아니라 폭설, 강풍이 동반되면서 피해가 기하급수적으로 늘어났다. 미국의 대륙 횡단 고속도로 등 주요 도로가 일부 차단됐으며 항공과 열차 운행도 멈추었다. 통신도 마비되는 등 국가 기간시설의 불통이 이어졌다. 미국 역사상 최악의 피해가 발생한 것이다.

미국을 강타한 한파는 겨울철 극지방에서 발생하는 강한 저기압성 편서풍인 '극소용돌이polar vortex'로부터 비롯됐다. 미국 해양대기청 NOAA 제임스 오버랜드James Overland 박사는 "극소용돌이 내에 북극의 차가운 공기가 유입돼 극한의 추위가 발생했다"고 말했다. 왜 북극의 한기가 강력하게 남하하면서 극소용돌이를 만드는 것일까? 근본적인 원인 또한 지구온난화로 인한 기후변화 때문이다. 지구의 기온이 올라가면 북극의 빙하가 녹고 북극 기온이 올라간다. 북극 기온이 상승하면 북극 주변을 돌던 제트기류가 힘을 잃고 남쪽으로 사행하게 된다. 제트기류가 남쪽으로 깊게 사행하면서 내려올수록 북극의 한기가 더 강하게 내려온다. 이번 미국의 혹한도 제트기류의 남쪽으로의 긴 사행 현상이 발생했다. 이례적인 극한의 혹한이 발행한 이유다.

물론 그전에도 강력한 한기의 남하로 큰 피해가 발생한 적이 있었다. 1888년 북극 한기가 남하하면서 기록적인 한파와 폭설로 당시까지는 가장 큰 피해를 기록했다. 오버랜드 박사는 이런 기상 이변이 최근 5년 새 더 강해지고 잦아지고 있다는 것에 주목해야 한다고 말한다. 영화 〈투모로우〉 속 배경이 현실로 다가올 날이 머지않았다는 것이다.

그런데 말이다. 2013년 여름 북극의 얼음은 최근 5년 동안 가장 적게 녹았다. 미 항공우주국은 2013년 9월 초 공개한 북극해 얼음[海氷] 영상에서 2013년 여름 북극 얼음이 가장 적게 녹았다고 발표했다. 2013년 여름철 북극의 빙하 양은 최근 몇 년간 여름철 빙하 양보다 많은 수준이고, 2012년 대비 112% 수준 정도로 많은 얼음이 북극에 남아 있다는 것이다. 이 원인으로 김백민 극지연구소 선임연구원은 한 언론 인터뷰에서 "예년보다 북극해 상공에 특히 구름이 많았다. 북극 지방에 큰 저기압이 오랫동안 머물러 있어 햇빛이 잘 들지 않고 폭풍이 많이 발생했다. 이로 인해 얼음이 녹는 속도가 주춤해진 것으로 추측된다"고 밝혔다. 어쨌든 북극의 기상을 변화시키는 요인이 있었다는 뜻이다. 4년 동안 추위에 떨었던 사람들은 2013년 겨울 추위에 변화가 있지 않겠느냐는 희망을 품었다. 케이웨더 예보센터에서도 2013년 겨울은 평년보다 따뜻한 겨울이 될 것으로 예측했다. 그리고 2013년 겨울은 정말 따뜻한 겨울이었다. 북극 빙하가 얼마나 녹았느냐 아니면 더 얼었느냐가 북반구의 추위를 결정하는 것이다. 빙하는 북극과 남극에만 있는 것은 아니다. 히말라야, 안데스, 로키, 알프스 산맥에는 만년설의 빙하가 뒤덮여 있다.

〈북극곰의 눈물〉이 시청자들로부터 큰 반응을 얻었고, 뒤이어 방영된 〈남극의 눈물〉도 시청자들로부터 좋은 반응을 얻었다. 어째서 '눈물'이라는 단어를 많이 사용하는 것일까? 피해를 본 사람의 입장을 가장 잘 보여주는 것이 눈물이기 때문일 것이다.

기후변화를 생생하게 잘 보여주는 프로가 '눈물' 다큐멘터리다. 그런데 생뚱맞게 최근에는 〈히말라야의 눈물〉까지 나왔다. 이게 무언가 알고 보니 정말 '눈물'을 붙이는 것이 너무 당연하다는 생각이 들었다. 〈히말라야의 눈물)은 하늘에서 떨어져 내리는 빙하 쓰나미를 뜻한다. 도대체 빙하 쓰나미(홍수)는 무엇인가?

히말라야 산은 만년설, 즉 빙하를 머리에 이고 있다. 이 만년설과 빙하가 녹으면 그 물이 그대로 흘러내려 오는 것이 아니다. 히말라야 산 중턱에 있는 작은 호수를 채운다. 호수는 점점 커지면서 멋진 풍경을 만들어낸다. 여기까지면 얼마나 좋을까? 지구온난화로 인해 빙하가 급속히 녹으면서 호수는 점점 커진다. 그리고 어느 날 물의 압력을 견디지 못해 예고도 없이 둑이 터진다. 이처럼 물이 홍수처럼 쏟아져 내리는 현상을 '빙하 쓰나미'라 부른다. 1985년 여름 네팔에서의 일이다. 기록적인 무더위로 빙하가 녹으면서 호수를 둘러싼 댐이 무너졌다. 5명이 숨지고, 소수력발전소가 파괴됐다. 이런 빙하 쓰나미는 지금까지 네팔, 부탄, 중국 등에서 총 64회나 발생했다.

그런데 빙하 홍수는 히말라야에서만 나타나는 것이 아니다. 빙하와 만년설이 있는 곳에서는 다 발생한다. 2007년 6월 남미의 파타고니아에 있는 템파노Témpano 호수가 무너져 내렸다. 다행히 하류에 사람이 살지 않아 인명피해는 없었다. 그러나 산사태와 함께 발생한 1971년 페루의 윤가이Yungay 빙하 홍수는 무려 3만 2,000명의 목숨을 앗아갔다. 아이슬란드에서는 빙하 홍수가 화산 때문에 발생한다. 갑작스레 화산이 폭발하면 빙하가 터지고 홍수로 이어진다. 1996년 11월 유럽 최대의 빙하인 바트나요쿨Vatnajökull의 그림스뵌Grimsvötn 산의 폭발로 인한 빙하 홍수가 대표적이다.

빙하가 녹으면 더 많은 빙하 호수의 붕괴를 가져올 것이다. 네팔에서

만 2,300여 개의 빙하 호수 가운데 최소한 20개의 댐이 터질 위험을 안고 있다고 한다. 재난을 막은 경제적 여유가 없는 네팔인 들은 그저 둑이 터지지 않기만을 기도한단다. 안타까울 뿐이다.

빙하가 녹아서 좋은 점도 있다. "남·북극 빙하가 녹고 있다. 뜨거워진 지구. 수십 년 내 극지항로 열린다." 한 신문의 기사 제목처럼 북극 해빙이 가속화되자 해운사들은 얼음이 사라진 북극 항로를 운항하는 방안을 연구한다. 북극 주변 국가들은 북극 해저에 묻혀 있는 지하자원에 눈독을 들이고 있다. 북극에 비해서는 아직 경쟁은 덜 하지만 남극도 이에 못지않다.

미래학자들은 지구의 미래가 남극과 북극에 있다고 이야기한다. 이 것은 지구온난화로 인해 남극과 북극의 빙하가 녹기 때문에 일어나는 현상이다. 빙하가 녹다 보니 지금까지는 접근할 수 없었던 북극 항행이나 지하자원 개발이 쉬워졌다. 북극에는 전 세계 매장량의 25%에 해당하는 석유와 천연가스 매장되어 있다. 빙하가 녹으면서 배의 항행이 자유로워지면 물류혁명도 가능하다. 러시아와 미국, 캐나다 등 북극 주변 국가들의 갈등이 심상치 않다. 엄청난 이권 때문이다. 제3차 세계대전이 북극에서 일어날 것이라는 견해에 고개가 끄덕여지는 건 바로 이 때문이다.

남극의 선진국 간 경쟁도 뜨겁다. 남극에도 천연가스나 희귀자원 등이 엄청나게 묻혀 있기 때문이다. 최근에 영국이 3억 5,000만 달러짜리 '극지 대탐험선'을 만들겠다고 선언했다. 남극을 발견한 지 200년이 되는 2019년에 투입한다는 거다. 조지 오스본 영국 재무장관은 "최첨단

기술로 만들어지는 탐험선으로 대양과 해저 생물의 방대한 데이터를 모을 수 있을 것으로 기대한다"고 말한다. 그러나 영국의 속내에는 경제적이고 상업적인 목적이 숨어 있다고 봐야 하는 것이 아닐까?

100년 전에 줄 베른은『해저 2만리』라는 공상과학 소설에서 노틸러스 호를 타고 북극해를 횡단하면서 겪는 모험 이야기를 통해 북극해의 놀라운 가치를 우리에게 전한다. 베르나르 베르베르는 소설『제3인류Les micro-humains』에서 남극의 빙하 호수에 사는 사람들의 이야기를 소개한다. 8,000년 전에 지구에 살았던 호모 기간티스(제1인류)의 신비로운 이야기를 우리에게 들려준다.

인간의 탐욕은 끝이 없다. 남극과 북극의 빙하 해빙을 두고 벌어지는 세계 각국의 경쟁이 지구 멸망의 단초가 되지 않길 바라는 마음이다.

# 대가뭄,
# 한반도에도 온다

나는 여러 언론 매체에 칼럼을 쓰고 있다. 내가 가뭄에 관련해 가장 많은 글을 썼을 때가 1997년이다. 당시 엘니뇨로 인해 전 세계적으로 심각한 가뭄이 발생하고 있었다. 동남아시아 지역에서는 농토가 황폐해졌다. 대형 산불이 발생하면서 아시아 지역에 엄청난 재앙을 가져왔다. 파푸아뉴기니에서는 극심한 가뭄으로 100만 명에 이르는 아사자가 발생하였다.

브라질의 북동부에는 무려 40년간 계속되는 가뭄으로 파탄 지경에 이르렀다. 이 지역 1,000만 명의 주민들이 식량난과 물 부족으로 말미암아 선인장과 곤충을 잡아 먹으며 겨우 연명하는 형편이었다. 결국 주민들이 식량 창고와 상점 등을 약탈하면서 치안까지 혼란한 사태에 이르렀다고 한다. 역사적으로 대가뭄이 가장 심했던 것은 1800년대 말 세 차례의 강한 엘니뇨 때문에 발생했다. 그 당시 인도, 중국, 아프리카, 남미 등지에서 7,000만 명 이상의 사람들이 굶어 죽었다.

말레이시아 정부는 1997년 당시 가뭄으로 인해 물 부족 사태가 심각해지자 주술사를 고용해 저수지에서 기우제를 올리겠다고 발표하였다. 기우제를 주관하게 된 주술사는 과거 말라카 등 몇몇 주에서 기우제를 올려 비를 오게 한 경험이 있다며 자신이 비를 부를 수 있다고 큰소리를 친다는 보도가 있었다. 과학 문명이 발달한 현대에 와서도 가뭄을 극복하기 위해 기우제를 지낸다. 2015년 봄 가뭄이 들었을 때 경기도의 한 지자체에서도 고사와 기우제를 지낸다고 법석(?)을 떨었다. 현대사회에서도 이렇다면 옛사람들은 기우제에 얼마나 큰 기대를 걸었을까, 하는 생각이 든다.

자연의 힘 앞에 무력한 인간이 벌인 것이 기우제다. 기우제는 나라마다 조금씩 다른 모습을 보이며 현재에까지 전해진다. 그중 아시아 지역에서 행해지는 독특하고 재미있는 기우제를 살펴보자. 먼저 중앙아시아의 네팔에서는 가뭄이 들면 온 부족의 여인들이 알몸으로 논밭에 나가 일을 하며 비를 기원한다고 한다. 그렇다고 가뭄이 들면 네팔로 꼭 가야겠다고 생각하지 마시기 바란다. 그런 분들을 막기 위해서인지 이 기우제는 반드시 깜깜한 밤에 이루어지니까 말이다. 태국에서는 기우제에 코끼리를 사용한다. 이 기우제는 먼저 지도자의 인도하에 부처에게 비를 달라는 온 국민의 기도로 시작된다. 기도 후에 사람 형상을 한 큰 인형이 준비된 넓은 광장으로 코끼리를 내몬다. 코끼리가 사람 형상의 인형을 짓밟는 동안 사람들은 폭죽을 터뜨린다. 소란스러운 타악기를 두드리는 등 고막을 찢을 듯한 의식을 거행한다고 한다. 태국의 기우제를 살펴보면 기우제가 어떻게 변해왔는가를 어렴풋이 파악할 수 있다. 예전에는 동서양을 막론하고 많은 나라에서 기우제를 지낼 때 짐승이나 사람을 희생시켜 신께 비를 기원했다. 태국의 사람 인형 역시 그같은 유래를 가졌다고 생각할 수 있다. 타악기나 폭죽 등의 소음은 천둥, 번개와 소나기를 기다리는 마음을 나타낸다고 할 수 있을 것이다.

미국의 한 지방에서는 기우제로 '도도라'라는 의식을 거행한다. 이 기우제는 맨몸의 소녀들이 머리에서 발끝까지 꽃과 풀로 장식한 다음 춤을 추면서 마을을 한 바퀴 돈다. 방문하는 집에서 이들에게 물을 뿌리면서 비를 기원하는 노래를 부르는 형식으로 진행된다. 독일에서는 특이하게도 개구리를 사용하여 기우제를 지낸다. 계절적으로 가물 때인 '노동절' 기념행사에 개구리를 모의 교수대에 일렬로 죽 매달아 놓는 것이다. 아마 비에 가장 민감한 동물인 개구리를 사용함으로 비가 오기를 기원하는 것이 아닌가 싶다.

우리나라에서도 기우제에 관한 이야기가 많다. 예전에 장안의 화제를 모으면서 방영되었던 〈용의 눈물〉이라는 드라마의 마지막 회를 보자. 태종이 가뭄으로 절망에 빠진 백성들의 고통을 보고 비를 청하는 장면이 나온다. 태종의 간구 때문이었을까? 그가 죽은 날 비가 내려 가뭄이 해소되었다고 『동국세시기』는 기록하고 있다. 그 뒤 태종의 기일忌日인 음력 5월 10일이 되면 매년 비가 내려 가뭄을 면하게 되어 이날 내리는 비를 태종우太宗雨라 부른다. 예전에 농경 국가에서 가뭄은 국가의 존망과 관계가 깊었고, 또한 왕의 덕德과도 연관 지어 생각했기에 가뭄이 들면 왕이 직접 기우제를 지내는 모습이 역사에서 왕왕 보인다.

우리나라에서 기록으로 남겨진 첫 번째 기우제는 227년 백제의 구수왕 때로, 가뭄이 들자 왕이 기우제를 지냈더니 많은 비가 내려 가뭄이 해소되었다고 한다. 그 후 주로 불교식 기우제를 해왔다. 조선 시대에 와서는 유교사상의 영향으로 토속신앙에 의한 기우제로 바뀌게 된다. 통상 동양권에서는 기우제를 지낼 때 사람을 죽여 하늘에 비를 청했다고 한다. 그러나 우리나라에서는 비를 만들 수 있는 영험한 동물로 알려진 용龍을 이용했다. 조선 시대 기우제에서는 흙으로 빚은 토룡이나 종이에 그린 용을 제단 위에 놓곤 했다.

중국에서도 가뭄이 들면 사람을 제물로 사용하여 하늘에 빌어 왔는데, 은殷나라, 탕湯 임금 시절에 7년 동안 가뭄이 들었다고 한다. 백성들이 가뭄으로 말할 수 없는 고초를 겪게 되자, 신하들이 사람을 제물로 바쳐 하늘에 빌자고 탕 임금에게 주청하였다. 이에 탕 임금은 "내가 지금 하늘에 빌고자 하는 비는 백성을 위한 것인데 백성을 죽여 빌 것이면 차라리 내 몸으로 대신 하겠노라." 하면서 자기 몸을 희생하여 비를 빌었더니 하늘이 감복하였는지 사방 천 리에 큰비가 내렸다는 얘기가 전해지고 있다. 탕 임금이야말로 감히 흉내 내기조차 어려운 진정한 지도자의 모습이 아닌가.

"너무 가물어서요. 인제 대교 아래 소양강 물이 개울 수준입니다. 평년에는 폭이 250m이었는데 올해는 겨우 20m밖에 안 됩니다. 어쩔 수 없이 올해 빙어축제는 포기해야지요." 1998년부터 해마다 열려온 인제 빙어축제가 2015년에는 열리지 않았다. 축제를 포기한다는 것은 심각한 지역경제의 손해를 뜻한다. 지역주민들의 짭짤한 수익도 포기해야 한다. 매년 빙어축제에 다녀왔던 나로서는 참 섭섭하다. 그런데 2014년 겨울에는 정말 비나 눈이 내리지 않았다. 경기 북부, 강원 영서와 영동 지역에는 눈비가 평년의 5% 이내밖에 내리지 않았다. 심각한 겨울 가뭄이다.

댐들은 장마 기간에 물을 가두어 다음 해 농사 때까지 물을 공급한다. 그런데 2014년 여름은 이상기상이었다. 늦장마에 마른 장마가 겹쳤다. 평년의 반밖에 비가 안 내렸다. 그러다 보니 북한강 댐들이 가지고 있는 물이 너무 적어 심각할 정도였다. 여기에 2015년에도 장마 시작이 늦어지고 마른 장마가 이어지면 대가뭄이 찾아올 수도 있다. 2009년 태백시 가뭄의 악몽이 재현되는 것은 아닐까 걱정했던 이유다.

부경대 변희룡 교수는 2015년에 대가뭄이 올 것이라고 경고했다. 그는 한반도 가뭄이 6년, 12년, 38년, 124년 주기로 찾아왔다고 주장한다. 주기를 분석해보면 2015년부터 대가뭄이 찾아와 2025년에 정점을 찍으리라 예측된다고 했다. 또한 변 교수는 "봄 지하수 고갈 지역으로는 더 심한 가뭄 피해가 있을 것이다. 봄이 되어 기온이 오르면 한강 등에 녹조 현상이 창궐할 것이다"라면서 최악의 가뭄으로 이어질 가능성도 있다고 말한다. 가뭄에 미리 대비해야 한다고 강조한다.

미래학자들이 가장 염려하는 것은 태풍이나 집중호우, 쓰나미가 아니다. 눈에 보이는 홍수와 태풍은 사자나 늑대의 공격 정도다. 그런데 더 무서운 것은 은밀하고 완만하게 닥치는 가뭄이다. 혹자는 그것을 코끼리에 비유한다. "코끼리는 아무런 소리도 없이, 은밀하게 다가올 수 있다. 코끼리가 왔다는 사실을 알고 나면 피하기에는 너무 늦다"라고 말이다. 역사를 보면 가뭄은 대기근을 가져오면서 찬란했던 고대 문명을 수도 없이 몰락시켰다.

인류 문명의 기원이라고 하는 메소포타미아 문명을 멸망시킨 것도 가뭄이었다. 4,200년 전부터 약 300년 동안 건조화로 인한 극심한 가뭄이 지속하면서 망하고 만 것이다. 중미 지역의 찬란한 마야 문명도 가뭄의 희생양이다. 900년경 마야 문명이 갑자기 흔적도 없이 사라졌다. 810년, 860년, 910년경에 닥친 강력한 가뭄 때문이다. 이집트 문명도, 인더스 문명도, 앙코르와트 문명도 다 가뭄으로 인해 종말을 고했다. 어떤 기상현상으로도 문명이 멸망하지는 않는다. 그러나 가뭄은 다르다. 그만큼 피해가 상상을 초월한다는 뜻이다.

가뭄은 비가 오랫동안 오지 않거나 적게 오는 기간이 지속하는 현상이다. 기후학적으로는 연 강수량이 기후 값의 75% 이하이면 가뭄, 50% 이하이면 심한 가뭄으로 분류[41]한다. 우리나라에서도 가뭄이 주기적으로 발생했다. 삼국 시대의 가뭄은 주로 봄과 여름철에 발생하였다. 국가별로는 고구려 13회, 백제 27회, 신라 59회를 기록하고 있다. 가뭄 피해는 가뭄으로 인해 흉년이 되어 기근을 겪었다는 내용이 대부분이다. "우기인 7월에 강우가 없어 풀과 나무는 말라죽었다. 백성들은 기근에 시달려 서로 잡아먹었다. 기근으로 백성들이 자녀들을 팔아서 먹고살았다"는 기록이 있다. 그 당시의 가뭄이 얼마나 큰 참사였는지를 짐작하게 한다.

---

**41** 『지구과학사전』, (사)한국지구과학회, 북스힐, 2009.

고려 시대 가뭄에 관한 기록은 36회가 있다. 가뭄은 삼국 시대와 마찬가지로 주로 봄과 여름에 발생하였고, 가뭄으로 인하여 심각한 기근이 초래되었다. 가뭄에 대한 기록을 살펴보면, 1259년 고종 46년에 "백성들이 서로 잡아먹거나 관리들도 굶주려 죽은 사람이 많다", 1344년 충혜왕 5년에 "전년도 5월부터 그해 4월까지 거의 1년 동안 비가 오지 않았다", 1381년 우왕 7년에는 "가뭄이 들어 아이들을 버린 것이 길에 가득하였다" 등의 내용이 기록되어 있다.

조선 시대는 490년 동안 총 100건의 가뭄 기록이 있다. 가뭄에 의한 피해는 대부분 기근이다. 평균적으로 5년에 1회꼴로 가뭄이 발생하였다. 2년 연속 가뭄은 15회, 3년 연속 가뭄 4회, 4년 연속 가뭄 1회, 6년 연속 가뭄 2회 등 해를 거듭하여 가뭄이 발생하였던 경우가 많다. 6년 연속 가뭄이 발생한 시기는 효종 8년~현종3년(1657~1662년), 현종7~12년(1666~1671년)이다.

근세에 들어 가장 심한 가뭄은 1967년과 1968년 두 해에 걸친 연속적인 가뭄이었다. 주로 영남과 호남 지역에서 발생하였다. 1966년에 비해 쌀 생산량이 1967년에는 8%, 1968년에는 18%나 감수되었다. 1967년에 시작한 가뭄은 주로 전남지역에서 발생했다. 광주와 목포 지역의 8, 9월 강수량이 평년에 비해 13~17%에 불과했다. 이 지역의 농업생산 반 이상이 피해를 보았고, 전체적으로 농가 37만 호가 피해를 보았다. 1967년에 이어 1968년에도 가뭄이 계속돼 호남, 영남 지역의 강우량이 평년의 22~27%에 불과했다. 경작지 30% 정도가 피해를 입고 수확량도 18%나 감소하였다. 가뭄을 극복하기 위해 정부에서는 식수 및 관개

급수를 위해 대량의 양수기, 소방차, 식량 운반선을 투입하기도 했다. 이후 1976년, 1977년에 또다시 가뭄이 발생하였다. 주로 중부 및 남부 내륙 지역인 경기, 충북, 충남, 경북, 경남에 집중적으로 발생했다. 1981년부터 1982년 사이에도 가뭄이 발생했다. 1994년 다시 가뭄이 발생했고, 2001년 3월부터 6월 16일까지 경기, 강원, 충북, 경기 북부 등 중부 지방과 서남부 해안 지역을 중심으로 가뭄이 극심하게 발생했다. 이 가뭄은 기상관측 이래 최악의 봄 가뭄으로 기록되었다.

가뭄으로 문명이 멸망한 사례는 흔히 가뭄을 이야기할 때는 꼭 나오는 이야기다. 1861년 1월 22일은 프랑스의 탐험가 앙리 무오Henri Mouhot 박사가 캄보디아의 대표적 유적지인 앙코르와트를 발견한 날이다. 500년간 밀림 속에서 잠자던 위대한 문명이 발견되는 순간이었다. 이후 앙코르 문명에 대한 연구가 시작되었다. 앙코르 와트 사원은 1118년 수리아바르만 2세Sūryavarman II가 30년간 만들었다고 한다. 운하와 저수지로 관개했고, 여름 홍수를 막았으며, 중앙집권적인 종교적 유토피아를 건설했다. 그러나 어느 날 앙코르와트는 역사의 뒤편으로 사라졌다. 지금 앙코르와트에는 금을 입힌 탑도, 밝게 채색된 신전도 없다. 대체 무슨 일이 일어났던 것일까?

중미 지역 멕시코 남동부와 과테말라의 좁은 지역에 수백만 명의 사람들이 모여 찬란한 마야 문명을 세웠다. 이들은 관개시설을 이용해 농사를 지었고 신전과 궁전 등 석조 건축물이 3,000개 이상이나 되는 화려한 도시를 만들었다. 그런데 900년경 마야 문명이 갑자기 흔적도 없이 사라졌다. 오랜 세월 동안 외계인들이 데려갔다는 이야기가 나올 만큼 마야의 증발은 미스터리다. 도대체 무엇이 마야 문명을 사라지게 했을까?

티와나쿠 문명은 오늘날의 볼리비아, 칠레, 그리고 페루가 위치한 티티카카 호수 주변의 넓은 지역을 지배했다. 600년에서 800년 사이에는 안데스 산맥의 강력한 제국으로 성장했다. 티와나쿠 경제의 핵심은 정교한 집약적 농업 시스템이었다. 그들은 언덕 사이에 흙으로 편평한 경작지를 만들었다. 운하를 만들어 물을 끌어들였고, 태양열을 가두는 방법을 이용해 농사를 지었다. 농작물에 가장 큰 피해를 주는 서리피해를 막는 방법도 사용했다. 이들은 커져 가는 제국에 식량을 대기 위해 비옥한 해안 계곡지대로 영토를 확장했다. 그런데 어느 날 풍성했던 티와나쿠 문명이 갑자기 사라져버렸다.

예수님 탄생 이후 지구는 두 번째의 기후 온난기를 맞고 있다. 첫 번째 온난기인 9~13세기에 수많은 문명이 대가뭄으로 멸망했다. 대가뭄이 앙코르와트의 논을, 마야 문명의 옥수수 농사를, 정교한 티와나쿠 농업을 궤멸시켰다. 먹을 것이 없는 문명은 존재하지 못한다, 거주민들은 역사의 뒤편으로 사라졌다. 지구온난화로 두 번째의 기후 온난기가 시작되고 있다. 전 지구적인 대가뭄의 전조가 나타나고 있다. 한반도에도 대가뭄이 닥칠 것이라는 예측도 있다. 중세의 기후 온난기에 닥쳤던 마야나 앙코르, 티와나쿠의 악몽이 되풀이될 것인가? 선택은 전적으로 우리의 몫이다. 정부만이 아닌 국민이 모두 힘을 합쳐 가뭄의 어려움을 극복하는 지혜가 필요하다.

# 폭염,
## 인류 스스로 만든 재앙

2015년 여름은 때 이른 기록적인 폭염과 함께 중북부 지방의 가뭄도 심 각했다. 우리나라만 그런 것이 아니었다. 인도는 50℃가 넘는 폭염으로 2,000명 이상이 죽었다. 미국 텍사스 주에서는 극심한 홍수가 발생했다. 멕시코와 미국 접경 지역에서는 대형 토네이도가 잇따랐다. 미국의 캘 리포니아 주는 120년래 최악의 가뭄이 4년째 계속되고 있다. 중국 북부 도 지속되는 폭염과 가뭄의 피해가 심각하다. 도대체 왜 이런 기상 이변 이 발생하는 것일까? 전문가들은 2015년 2월부터 시작된 엘니뇨와 지 구온난화 때문으로 보고 있다.

"2015년 여름 엘니뇨는 슈퍼엘니뇨가 될 가능성이 크다." 호주 기상 청의 예측이다. 호주기상청의 데이비드 존스[D. Johns] 기후관측 책임자는 2015년에 "올해는 진정한 엘니뇨가 시작되었다. 아시아 지역의 큰 피해 가 우려된다"고 말했다. 2014년처럼 변죽만 울리는 것이 아닌 실제적인 엘니뇨가 될 것이란다. 2014년 미국 해양대기청의 슈퍼엘니뇨 예측이 빗나간 것에 대한 쫑코다. 그런데 이들의 예측이 엉뚱한 것은 아니다. 2015년 11월 엘니뇨 감시구역의 해수 온도가 평년보다 2.4℃나 높았다. 역사상 세 번째로 강한 슈퍼엘니뇨로 발전할 가능성이 크다고 각국 기상청이 경고하고 나섰다.

슈퍼엘니뇨는 전 지구를 뒤흔든다. 1997~1998년에 닥친 슈퍼엘니뇨는 2만 1,000명의 인명 사망과 350억 달러의 재산피해를 가져왔다. 세계 곡물 생산이 600만 톤이나 감소했다. 커피와 고무, 주석, 니켈 등의 가격이 폭등했다. 인도네시아 등 동남아에서는 대형 산불이 발생하면서 엄청난 환경 파괴가 있었다. 엘니뇨에 치명타를 입은 아세안 국가의 물가가 20% 이상 상승했다. 우리나라도 지리산 폭우 등 기상 이변으로 인명 및 재산피해가 컸었다.

엘니뇨가 발생하면 남미나 중미 지역으로 폭우가 발생한다. 호주나 인도, 동남아에는 극심한 가뭄이 찾아온다. 열대 태평양 상에는 강한 태풍이 많이 발생한다. 태평양 허리케인센터의 톰 에반스 소장은 "2015년 여름 엘니뇨 현상으로 평년보다 더 많은 태풍이 올 것이다"라고 예측했다. 엘니뇨로 인한 해수 온도 상승 때문이다. 우리나라는 다행히도 엘니뇨의 직격탄을 맞지는 않았다. 그러나 다른 나라들은 엘니뇨 해에는 다른 해보다 더 많은 기상재해가 발생한다. 그런데 기후학자들은 엘니뇨가 더 자주 더 강하게 발생할 것으로 예측한다. 지구온난화 때문이다. 인류가 초래한 환경 파괴로 미래는 재앙으로 얼룩질 것이라는 거다. 지구온난화는 태풍만 강력하게 만들지 않는다. 토네이도 등의 폭풍도 더 강하게 자주 발생시킬 것이다.

"맙소사, 저거 보여? 야, 모든 것을 집어삼킨다!" 토네이도 영화〈인 투 더 스톰Into the Storm〉중에 나온 대사다. 토네이도는 모든 것을 빨아올 린다. 기상 이변으로 발생한 슈퍼 토네이도는 초속 300m의 강풍과 천 둥·번개를 동반하면서 여객기를 날려버리고 지상의 모든 것을 빨아들 인다. 공교롭게도 2015년 영화의 배경 지역과 같은 미국의 오클라호마 에 강력한 연쇄 토네이도가 강타했다. 미국에서도 토네이도가 가장 많 이 발생하는 지역이라 '토네이도의 무덤'이라고 불리는 지역이다. 재산 과 인명피해가 대단했다. 오클라호마시티 인근 8개 마을에 비상사태가 선포될 정도였다.

토네이도의 위력은 후지타 규모[42]로 나타낸다. 규모 1일 경우 풍속 이 초속 39~49m 정도로 나무가 꺾인다. 규모가 2일 경우 풍속은 초속 50~60m로 약한 건축물들은 파괴된다. 가장 강한 규모 5일 경우 철 구 조물도 큰 피해를 본다. 1931년에 미국 미네소타 주에서 117명을 실은 83톤의 객차를 토네이도가 감아올렸다. 이때 5등급이었다. 가장 빠른 풍속의 토네이도는 1999년 5월 3일 미국 오클라호마에서 기록됐다. 초

---

**42** 개선된 후지타 규모는 EF0에서 EF5까지 6개의 등급으로 구분되는데, 최저 등급인 EF0은 풍속이 초속 29~38m이며 나뭇가지가 부러지고 간판이 피해를 입는 단계이다. EF1은 풍속이 초속 39~49m이며 나무가 꺾이고 창문이 깨지는 단계, EF2는 풍속이 초속 50~60m이며 큰 나 무의 뿌리가 뽑히고 약한 건축물이 파괴되는 단계, EF3는 풍속이 초속 61~74m이며 나무는 완 전히 파헤쳐지고 자동차는 뒤집히며 빌딩 벽이 무너지는 단계, EF4는 풍속이 초속 75~89m이 며 조립식 벽이 파괴되는 단계, 그리고 EF5는 풍속이 초속 90m 이상이며 자동차 크기의 구조 물은 100m 이상 이동하고 철 구조물도 큰 피해를 보는 단계이다. 대부분의 인명피해는 EF4나 EF5에 이르는 매우 강력한 토네이도에 의해 발생하는데, 이들 강력한 토네이도의 발생 건수는 연간 1~2차례에 불과하다.

속 142m다. 태풍급 바람이 초속 17m 이상이다. 토네이도의 바람이 얼마나 강력한지 상상이 될지 모르겠다.

우리나라에서도 가끔 토네이도가 발생한다. 1964년 뚝섬 토네이도 때 여성이 바람에 200m 날려간 적이 있었다. 1980년 경남 사천에서는 황소가 20m 높이까지 치올려졌다. 1989년 제주공항, 1993년 김제평야에서 발생한 사례가 있다. 울릉도 앞바다나 서해에서 용오름으로 관측된 경우도 있다. 최근에는 2014년 6월 경기도 고양에서 발생한 토네이도가 있다. 농작물 피해가 컸었다. 당시 우리나라는 지상은 고온다습한 공기가, 상층은 차고 건조한 공기가 자리 잡고 있었다. 강력한 대기 불안정이 만들어지면서 천둥 번개, 우박, 토네이도가 발생했다.

고양 토네이도가 말해주는 것은 무엇일까? 인류가 만든 기후변화는 이런 대기 불안정을 더 자주 그리고 강하게 만들 것이라는 거다. 그렇다면 이젠 우리나라에서도 토네이도를 자주 보게 될 날이 머지않았다는 뜻이다.

기후변화로 인한 재앙은 생뚱맞게도 메뚜기의 공습으로도 나타난다. "중동과 아프리카 지역에 수십억 마리 메뚜기 떼 공습, 엄청난 피해 안겨" 2013년 2월 한 일간지 기사 제목이다. 북서 아프리카의 모리타니를 휩쓴 메뚜기 떼가 이스라엘 지역까지 날아오면서 엄청난 피해를 주었다. 8월에는 아프리카 니제르에 악령 같은 메뚜기 떼가 습격하여 식량의 반 이상을 먹어치웠다. 아프리카의 마다가스카르에도 메뚜기가 식량의 60% 이상을 먹어치웠다. 투르키스탄과 러시아가 메뚜기 방제로 외교적 갈등이 생길 정도로 러시아와 중앙아시아, 중국 북부도 메뚜기 떼의 침공에 전전긍긍한다. 2011년에는 호주도 40년 만의 메뚜기의 공격으로 최악의 재해를 입었었다. 방역기술이 발달한 현대에도 메뚜기가 엄청난 피해를 주는 것이 놀랍지 않은가? 살충제는 메뚜기를 죽이는 데 가장 큰 효과가 있다. 살충제를 뿌리면 메뚜기는 대부분 죽는다. 문제는 거기서 살아남은 메뚜기들이다. 살충제에 면역이 생긴 이들은 다시 무서운 속도로 번식하기 시작한다. 놀랍게도 짧은 시간에 살아남은 메뚜기 떼가 그전의 집단보다 더 커져 있다. 메뚜기들은 인간의 과학기술을 비웃으면서 날로 세력을 넓히고 있다.

한반도는 어떨까? 우리나라도 메뚜기 떼의 안전지대가 아니다. 『삼국사기』에는 신라의 제5대 임금 파사왕婆娑尼師今 30년(109년) 메뚜기 떼가 곡식을 해쳤다는 기록이 처음 나온다. 메뚜기 떼의 피해 기록은 『삼국사기』부터 『고려사』, 『조선왕조실록』까지 무려 113회가 넘게 나온다. 메뚜기 떼의 피해가 남의 일만은 아닐지도 모른다는 말이다.

메뚜기 떼의 피해가 극심하자 중국의 당 태종은 "백성은 곡식을 생명으로 하는데, 네가 곡식을 먹으니 차라리 나의 폐장肺腸을 파먹어라"고 외치며 메뚜기를 삼켰다고 한다. 메뚜기를 날로 삼켜 백성을 위하겠다는 지도자가 있는 나라는 행복하겠다는 생각이 든다. 유엔에서는 몇십 년간 비교적 잠잠했던 메뚜기 떼의 피해가 최근 들어 급증하고 있는 것은 이례적이라고 말한다. 한 고위 관계자는 지구온난화로 인한 이상기후 때문으로 추정한다. 이것은 메뚜기가 떼를 이루어 이동하기 위해서는 특정한 날씨 조건이 맞아야 하는데, 최근 이상기후로 전 세계적으로 홍수와 가뭄이 빈발하는 것이 메뚜기가 떼를 이루는 데 좋은 환경을 만들어주고 있다는 것이다. 이 모든 것이 인류가 자초하고 있는 하늘의 형벌이 아닐까 싶어 마음이 서늘하다.

"사람이 지구에서 건강하게 살 수 있는 건 오존층 때문이라면서요? 오존층이 지구를 태양의 자외선으로부터 막아주는 방패 역할을 하기 때문이래요." 지구과학 시간에 오존층에 대해 배웠다면서 늦둥이는 엄청나게 신기해한다. 자기도 오존층같이 사람들을 도울 수 있는 어른이 되고 싶단다. 지구온난화와 환경 파괴는 인류의 방패 역할을 하는 오존층도 망가뜨린다. 성층권에 있는 오존의 양을 두께로 환산하면 3mm 정도밖에 되지 않는다. 정말 적은 양이다. 그런데도 오존은 지구생명체에 있어 절대적인 수호자 역할을 한다. 오존층이 파괴되면 어떤 일이 발생할까? 태양 자외선이 그대로 지구로 들어온다. 생물체가 직접 쬐면 피부가 탄다. 피부암과 백내장 환자가 급증한다. 인체의 면역 기능도 떨어진다. 식물의 경우에는 광합성이 잘 일어나지 않는다. 바다 식물성 플랑크톤의 광합성 작용도 억제된다. 생태계 먹이사슬의 기초가 무너진다. 지구는 인간과 동식물이 살아갈 수 없는 환경이 된다.

1985년 영국의 남극 조사팀이 오존층 파괴 현상을 처음 발견했다. 오존층 파괴는 프레온가스 등의 화학물질이 성층권의 오존층을 파괴하는 현상을 말한다. 1989년 몬트리올 의정서[43]가 채택되었다. 오존층을 파괴하는 물질의 사용을 규제하자는 것이다. 냉장고나 에어컨의 냉매로

---

**43** 몬트리올 의정서는 오존층 파괴 물질인 염화불화탄소(CFCs)의 생산과 사용을 규제하려는 목적에서 제정한 협약이다. 정식 명칭은 '오존층 파괴 물질에 관한 몬트리올 의정서(Montreal Protocol on Substances that Deplete the Ozone Layer)'로 오존층의 파괴 예방과 보호를 위해 제정한 국제협약을 말한다. 이 협약은 1989년 1월에 발효되었다.

프레온 가스 등을 사용하지 못하게 했다. 이때부터 오존층 파괴는 적어지기 시작했다.

그런데 말이다. 2011년 일본 동북부 지방에 규모 9.0의 강력한 지진이 발생했다. 일본과 노르웨이 등의 공동연구팀이 지진으로 인한 일본 상공의 대기 변화를 연구했다. 육불화황($SF_6$) 등의 농도 관측과 비교실험이었다. 놀랍게도 육불화황의 농도가 91%나 급증했다. 프레온가스로 환산할 경우 1,300톤에 해당한다. 냉장고 290만 대를 만들 수 있는 냉매의 양이다. 대지진과 지진해일로 냉장고와 에어컨이 파괴되면서 냉매로 사용되던 물질이 배출된 것이 주원인이었다. 육불화황 등의 농도 증가는 지구에 위험하다. 오존층이 더 많이 파괴되기 때문이다. 또 지구온난화를 급가속시킨다. 집중호우 등의 기상 이변도 더 많이 발생시킨다. 앞으로 집중호우나 슈퍼태풍 빈도는 더 늘어날 것이다. 이로 인한 재난에서 육불화황이 다량으로 배출될 가능성은 더욱 커진다. 전자제품 하나를 만드는 것부터 지구온난화와 오존층 파괴를 고려해야 할 때다. 생뚱맞게도 지구온난화는 지진조차 더 자주 발생시킨다.

고대 신화의 거대한 대륙 아틀란티스를 멸망시킨 기상현상은? 바로 지진이다. 플라톤은 강력한 지진이 발생하면서 단 하루 만에 아틀란티스 문명이 바다로 가라앉았다고 말한다. 역사적으로 최악의 살인적인 지진은 1201년 7월 5일 이집트에서 일어났다. 무려 110만 명이 사망했다고 한다. 지진의 위력이 얼마나 강력한지를 잘 알려주는 예다.

20세기에 들어와 아시아 지역을 강타한 지진 건수는 수없이 많다. 그 중 가장 많은 인명피해를 가져온 것이 톈진 대지진이다. 1976년 7월 28

일 규모 7.8의 지진이 톈진을 흔들었다. 중국 정부의 공식적인 사망자의 수는 25만 5,000명이었다. NGO 등의 집계로는 사망자가 무려 65만 5,000명이나 되는 대지진이었다. 2008년 중국 쓰촨성[四川省]의 대지진도 8만 6,000명이 사망했던 강진이었다. 2011년 일본 동북부지방에서 발생한 지진은 사망자가 3만 5,000명으로 특히 원자력발전소 폭발로 피해가 컸던 지진이었다.

우리나라를 둘러싸고 있는 중국과 일본에 쉬지 않고 지진이 발생한다. 세계적인 강진도 자주 발생한다. 특히 중국의 쓰촨성은 지진 다발지역이다. 2008년 대지진 이후 2013년 4월에도 규모 7.0의 강진이 발생해 1만 명에 가까운 사람들이 죽었다. 쓰촨성의 최고 강한 지진은 1556년 1월 23일 발생했다. 당시 쓰촨성 사람들은 부드러운 암석을 파서 만든 동굴에서 많이 살고 있었는데 지반이 약한 동굴들이 지진으로 무너지면서 무려 83만 명의 사람이 죽었다.

최근 동북아 지역에서 지진이 자주 발생하고 있다. 2013년에는 4월 19일에 일본 북부 쿠릴 열도에 규모 7.2가 발생하더니, 같은 달 20일에는 중국 쓰촨성에 7.0의 강진이 발생했고, 21일에는 우리나라 흑산도 부근에서 규모 4.9의 지진이 기록되더니 같은 날 일본 도쿄 남쪽 해역에 규모 6.7의 강진이 있었다. 잠시 숨을 고르는 듯싶더니 5월 18일 아침 백령도 부근에서 규모 4.9의 지진이 발생했다. 비교적 지진 안전지대로 알려진 한반도에서도 지진이 연속해서 발생하고 있다. 779년 신라 시대 100명이 사망했던 대지진 기록도 있다. 우리나라에도 대형 지진이 발생할 확률이 높아지는 것 아니냐는 걱정의 소리가 높아지는 이유다. 우리나라도 활성단층Capable Fault 44 지대에서는 강한 지진이 발생할 확률이 높다고 전문가들은 말한다. 그런데 생뚱맞게도 일부 기후학자들은 지구온난화로 인해 지진이 예전과 비교하면 더 많이 발생하고 있다고 말한다. 빙하의 해빙, 해수면 상승 등이 지각의 압력을 증가시켜 불안정한 지각판에 영향을 준다는 것이다. 이래저래 지구온난화를 만드는 우리네의 잘못 때문이다. "내 탓이오. 내 탓이오." 하며 가슴을 쳐야 할 때다.

인류는 수많은 이산화탄소를 배출해 지구온난화로 환경 파괴를 일삼는다. 이로 인해 더 다른 특이한 기상들이 만들어진다. 2015년 봄에는 유난히 황사가 잦았다. 황사가 발생하면 흙비가 내린다. 중국의 사막화가 심해지다 보니 황사와 흙비는 매년 증가하고 있다. 그런데 최근 중국에서 검은 비가 내렸다고 한다. 2015년 4월 15일 중국은 최악의 황사가 발생했다. 황사와 함께 중국 네이멍구 고아얼산古阿爾山시에 검은 비가 내렸다. 비는 마치 석유처럼 검은빛을 띠었다고 한다.

비가 내릴 때 어떤 색을 띠는가는 비의 응결핵 입자에 따라 달라진다. 황사로 내리는 비가 황톳빛 색깔을 띠는 이유는 누런 모래가 응결핵이 되기 때문이다. 검은 비가 내리려면 검은색 응결핵이 존재해야 한다. 예전에 걸프 전쟁45이 벌어졌을 때 검은 비가 내린 적이 있다. 당시 쿠웨이트를 점령한 이라크가 쿠웨이트 유정 500여 개를 불태웠다. 불타는 쿠웨이트의 유정에서 치솟은 검은 연기로 인해 검은 비가 내린 것이다.

**44** 현재 계속 변위가 일어나고 있거나 근래에 변위가 일어난 단층을 말한다

**45** 걸프 전쟁(1990년 8월 2일~1991년 2월 28일)은 미국 주도하에 34개국 다국적 연합군 병력에 의해 수행된 전쟁으로 이라크의 쿠웨이트 침공 및 병합에 반대하면서 일어났다.

검은 비가 내리는 것은 심각한 오염 물질이 대기 중에 있다는 증거다. 그럼 검은 비는 다른 나라의 이야기만일까? 그렇지는 않다. 우리나라에서도 검은 비가 내린 적이 있다. 2013년 6월 11일 전남 여수에서다. 원인을 분석해보니 인근 율촌산업단지의 공장에서 배출된 오염물질 때문이었다고 한다.

섬뜩한 비가 내리는 경우도 있다. 붉은 핏빛 비다. 붉은 비가 유럽에 가끔 내린다. 사하라 사막의 붉은 모래가 날려가 유럽에서 비에 섞여 내린다. 이때의 붉은 비는 농도가 낮아 그렇게 나빠 보이지는 않는다. 그런데 2001년과 2012년에 인도에 내린 붉은 비는 섬뜩했다고 한다. 사람의 핏빛을 연상시킬 만큼 무척 농도가 강했다. 비의 성분을 분석해보니 붉은색을 띠는 중금속이었다고 한다. 희한한 비 색깔도 있다. 올해 2월 6일 미국 북서부 일부 지역에서 '우유빛' 비가 내렸다. 미 기상당국은 러시아에서 날아온 화산재와 오리건 주 화재 분진의 영향이라고 밝혔다. 가끔 걱정되곤 한다. 이제 앞으로 어떤 색깔의 비가 내릴까 말이다.

우리나라는 지금까지 주로 누런 비가 내렸다. 사람들은 중국이나 몽골의 사막지대에서 날아오는 천연 모래라 해가 없다고 말해왔다. 그러나 아니다. 최근 우리나라에 날아오는 황사 안에는 엄청난 중금속이 섞여 있다. 이젠 색깔이 들어 있는 비는 피하는 게 좋다. 생뚱맞은 이야기 하나 추가! 가끔 봄철에 노란 비가 내리기도 한다. 애교 있는 비다. 송홧가루가 비에 섞여 내릴 때다. 이런 비만 내리면 얼마나 좋을까? 비만 문제인가? 그렇지 않다. 눈은 정말 심각하다.

"첫눈 세 번 받아먹으면 감기를 앓지 않는다"라는 속담이 있다. 눈을 먹으면 건강해진다는 이야기다. 눈으로 살갗을 문지르면 희고 부드러워진다고도 했다. 부드럽고 고운 피부를 설기雪肌, 설부雪膚라고 불렀던 것도 이 때문이다. "첫날밤에 눈이 내리면 평생 금실이 좋다"는 속담도 있다. 우리 조상들에게 눈은 참 좋은 기상현상이었다

그런데 이젠 이런 속담도 바꾸어야 할 것 같다. "하얗고 깨끗한 눈? 오염 덩어리입니다" 2013년 12월 초 모 일간지의 기사 제목이다. 자동차나 공장에서 배출되는 화학물질이 수증기와 만나 황산염, 질산염 등 유해물질로 바뀐다. 유해물질은 눈 입자와 결합해 땅으로 내려온다. 눈 안에 유해물질이 가득 찬 강한 산성 눈이 될 수밖에 없는 이유다.

'산성 눈'은 수소이온 농도 pH가 5.6 이하인 경우를 말한다. 지금까지는 2013년 1월 충남 태안에 내린 눈의 산성도가 pH 3.9로 가장 강했다. 이는 정상 눈보다 산성도가 50배 강한 정도다. 거의 '식초' 수준이다. 그런데 이 기록도 깨졌다. 2014년 1월 17일 서울 구로동의 산성도는 최고 pH 3.8을 기록했다. 중국의 스모그와 황사가 결합해 엽기적인 산성 눈을 만든 것이다. 여름에는 비가 자주 내려 산성비가 강하지 않다. 그러나 겨울철에는 눈이 가끔 내리는 데다 내리는 속도가 늦어 오염물질이 잘 흡착된다. 그러다 보니 눈의 산성도가 매우 높아지는 것이다.

하얀 눈이 내리면 눈을 맞으며 호젓한 거리를 걷고 싶다. 눈사람도 만들고 눈싸움도 신나게 하고 싶다. 눈 속에서 뒹굴고 눈을 한 줌 먹고도 싶다. 그러나 이제 그런 낭만은 추억으로 남겨두어야 한다. 강한 산성눈은 건강에 너무 나쁘다. 피부나 아토피 피부염에는 상극이다. 천식이나 비염 등 알레르기성 질환을 악화시킨다. 이젠 귀찮더라도 눈이 오

면 우산을 써야 한다. 마스크도 쓰는 것이 좋다. 외출 후에는 손을 깨끗이 씻고 식염수로 코를 씻는다. 만일 눈을 많이 맞았다면 목욕을 하고 옷을 깨끗이 세탁하자.

지구온난화와 급속한 공업화, 늘어나는 차량, 난방소비의 급격한 증가는 공기를 유해 물질투성이로 바꾸어버렸다. 여기에 더해 중국에서 날아오는 스모그가 우리네의 정겨운 눈을 강한 산성 눈으로 바꾸고 있다. 대기오염을 줄이려는 노력이 정말 필요한 때다. 지구는 지금 신음하고 있다.

**Chapter 4**

# 생명체 멸종이
# 현실로
# 다가오고 있다

# 기후변화가
# 난민을 죽음으로 내몬다

"메르켈 독일 총리와 올랑드 프랑스 대통령은 낯을 붉혔다. 네덜란드 총리와 이탈리아 총리는 멱살잡이 직전까지 갔다." 2015년 7월 그리스 사태 협상 과정을 보도한 기사다. "독일을 위시한 북유럽과 이탈리아· 스페인 등 남유럽 간의 갈등이 드러났다." 기사처럼 그리스 사태는 라 틴계와 게르만계의 싸움장이었다.

싸움의 발단은 그리스의 총리 치프라스였다. 외국에서 빌린 돈을 갚 을 때가 되었는데 그리스에 돈이 없었다. 채권국은 그리스의 부도를 막 기 위해 협상안을 내놓았다. 하지만 그리스 총리 치프라스가 거부했다. 그는 메르켈 총리가 주도하는 협상안을 국민투표에 붙였다. 그리스 국 민은 협상안에 반대했다. 치프라스가 승리한 듯했다. 그러나 거기까지 였다. 치프라스는 유로존 정상회의에서 굴욕적인 '3차 구제금융안'을 받아들였다. 결과적으로 그는 그리스를 더 궁지로 몰아넣고 말았다.

독일의 메르켈 총리를 보자. 그녀는 올랑드 프랑스 대통령과 정면충
돌도 불사했다. 오바마 미국 대통령의 절충론도 배격했다. 유럽의 '진보
언론'들이 일제히 비난해도 눈 하나 깜짝 안 했다. 무수한 공격에도 "자
기 빚은 스스로 갚으라"며 당당하게 맞섰다. 17시간의 정상회의에서 치
프라스는 결국 굴복했다.

독일이 주도한 채권국은 게르만계의 국가들이다. 치프라스 편을 들
었던 프랑스, 이탈리아 등은 라틴계 민족국가다. 게르만족들이 사는 지
역의 기후는 서안해양성 기후[46]다. 반대로 라틴계 민족이 사는 지역은
지중해성 기후[47]의 영향을 받는다. 이런 기후 차이가 유럽인의 기질을
전혀 다르게 만들었다. 그리스나 이탈리아 등 지중해성 기후의 영향을
받는 라틴계 민족은 기온이 높고 빛이 풍부한 곳에 산다. 따라서 이들은
낙관적이고 감성적이며 예술이 발달했다. 그러나 온도가 낮고 비가 잦
은 서안해양성 기후의 영향을 받는 독일 등의 게르만족은 근면하고 인
내심이 강하다. 성격이 냉담하며 철학 등의 학문이 발달했다.

**46** 여름이 그다지 덥지 않거나 선선하고 겨울이 온난하며, 강수는 연중 고르게 내려 특별한
우계와 건계가 없는 기후를 말한다. 쾨펜(W. K ppen)은 최난월 평균기온이 22  이하인 동시에
10  이상인 달이 적어도 4개월 또는 그 이상일 때를 Cfb, 이에 대해 10℃ 이상인 달이 4개월
이하일 때는 Cfc라 하였다. 해양성 한대기단(mP)은 바다로부터 대륙으로 동진해 오고, 편서풍
의 영향을 받기 때문에 남북위 40~60° 사이에 위치한 대륙서안은 이 기단과 편서풍의 영향으
로 해양성기후가 되며, 또 대륙서안에만 발달하기 때문에 서안해양성기후라고 불린다.(출처 :
『서안해양성기후(west coast oceanic climate)』, 자연지리학사전, 한울아카데미, 2006.)

**47** 남북위 30~40도 사이의 대륙 서안에는 여름이 몹시 건조하고, 겨울에는 여름보다 습윤
하고 온난한 온대기후가 나타나는데 이를 지중해성 기후라 한다. 온대하계 건조 기후라고도 한
다. 세계의 기후를 구분하는 기호로는 Cs로 표시된다. 연중 건계와 우계가 교체되는 것은 열대
사막기후와 서안해양성기후의 중간지대에 분포하는 특징으로 이들 두 기후의 점이적인 형태를
나타낸다.(출처 : 『지중해성기후』, 자연지리학사전, 한울아카데미, 2006.)

그리스 등 라틴계 민족은 부채도 탕감해주고 조건도 완화해달라고 요구했다. 이들의 감성으로는 생떼가 충분히 통하리라고 믿었을 것이다. 그러나 국제사회는 냉혹했다. 특히 원칙고수와 함께 냉정한 게르만족에게 아이 같은 투정은 통하지 않았다. 그리스의 국가 부도 사태는 여러 가지 원인이 있다. 그중 하나는 지구온난화로 인한 기후변화다. 계속되는 고온과 가뭄으로 그리스 농업이 파산 직전이다. 농업은 전체 경제에서 차지하는 비중은 작아도 심리적인 효과는 크다. 국민의 부정적인 생각에 기후가 한몫했다는 것이다. 이번 사태를 보면서 느낀 점 한 가지, 국제사회에서 무시당하지 않으려면? 힘도 있고 돈도 많아야 한다.

"지금 대처하지 않으면 지구가 멸망할 수도 있습니다." 탄소를 줄여야 한다는 기후학자들의 경고에도 불구하고 사람들은 여전히 심각성이 어느 정도인지 잘 모른다. 지금과 같은 대기 중 이산화탄소 농도는 80만 년 만에 처음 있는 일이다. 1,500만 년 전 마이오세[48] 수준에 근접하고 있다. 당시 세계 기온은 지금보다 6℃ 정도 더 높았다. 바다는 산성을 띠었다. 극지방의 얼음이 사라졌다. 해수면은 지금보다 40m 정도 더 높았다. 인류가 생존하기 힘든 〈워터 월드〉 같은 세상이었다.

다행이라고 해야 할까? 최근 지구온난화에 대한 인식이 차츰 바뀌고 있다. 미국의 지도자들이 기후변화의 무서움에 대해 경고하고 나선 것이 좋은 예다. "기후변화는 대량 살상 무기다!" 존 케리 미 국무장관의

---

**48** 지질시대 중의 신생대 신제3기(Neogene)에 속하는 시기로 약 2,600만 년 전부터 약 700만 년 전까지를 말한다. 우리나라에서 이 시기에 퇴적된 지층들은 포항 지역을 비롯하여 주로 동해안을 따라서 좁은 분지 형태로 분포하며 유공충, 연체동물 화석, 규조류, 식물화석 등을 비롯한 풍부한 화석들을 산출한다.

말이다. 그는 "9·11테러는 기후변화로 인해 다가오는 위협에 비하면 아무것도 아니다"라고 말한다. 척 헤이글Chuck Hagel 미국방장관도 "미국 국가안보에 가장 큰 영향을 줄 미래 위협은 기후변화다"라고 주장한다.

미국의 대표적인 씽크 탱크인 해군분석센터CNA 군사자문위원회가 2014년 5월 보고서를 발표했다. '기후변화와 가속화하는 국가안보 위험'에 관한 내용이다. "기후변화는 당장 기온 상승을 가져온다. 기온 상승은 전염병 창궐, 식량 감산을 불어온다. 해수면 상승은 저지대 국가의 생존에 위협이 된다. 증가하는 가뭄과 홍수 등의 극한 기상현상 등은 지구촌의 불안정성을 증대시킬 것이다. 식량 부족, 물 부족, 변종 바이러스 창궐, 기후 난민의 증가는 전쟁을 초래할 가능성이 크다."

기후변화에 가장 취약한 지역은 아시아다. 아시아 전체 인구 중 40%가량이 해안에서 72km 이내에 거주하고 있다. 이것은 해수면 상승과 태풍과 폭풍, 홍수에 노출되어 있다는 뜻이다. 더 심각한 것은 물 부족이다. 히말라야 빙하가 녹으면서 몇십 년 이내에 물로 인한 분쟁이 일어날 가능성이 매우 크다. 아시아 저개발 국가에는 이미 재앙으로 다가섰다. 그리고 인류의 멸망에도 큰 영향을 줄 수도 있다. 지구온난화는 조만간 우리에게 재앙으로 다가올 것이다.

"북아프리카의 비극은 진행형입니다." 독일 공영방송 도이체 벨레의 경고다. 심각한 기후변화가 제2의 재스민 혁명Jasmine Revolution[49]을 가져올 것이라는 거다. 기후변화로 인한 기온 상승 및 강수량 감소는 아프리

---

**49** 2010년에서 2011년까지 튀니지에서 일어난 혁명을 튀니지의 국화에 빗대어 재스민 혁명이라 부른다. 서방 언론들은 민주화 혁명이라고 표현했다.

카의 눈물로 나타난다. 21세기 최악이라는 다르푸르 학살이 발생했다. 베르베르의 비극과 에트루리아의 내전도 가뭄 때문이었다. 지중해에는 지중해를 건너 유럽으로 가려는 아프리카인 보트 피플로 가득하다. 식량 감산과 초지 부족을 만든 기후변화가 원흉이다.

2011년 북아프리카와 중동을 휩쓴 재스민 혁명은 기후변화 때문이었다. 블룸버그 통신은 재스민 혁명이 민주화 혁명이 아닌 식량 부족 때문이었다고 말한다. 2010년 엘니뇨로 인해 세계 식량 생산이 줄어들면서 식량 가격이 폭등했다. 가난한 이 지역 사람들은 생계 자체가 어려웠다. 결국 길거리로 뛰쳐나올 수밖에 없었다. 알제리에서 시작한 재스민 혁명은 동진하면서 북아프리카와 중동을 뒤흔들었다. 리비아, 튀니지, 이집트, 시리아, 예멘 등 많은 국가의 독재정권이 무너졌다. 그런데 다시 두 번째의 재스민 혁명이 다가온다는 거다.

최근 아프리카를 휩쓰는 대가뭄은 극심한 식량난을 가져오고 있다. 물 부족은 물론 자연환경도 심각하게 파괴되고 있다. 『북아프리카에 다가오는 혁명 : 기후 정의를 위한 투쟁The coming revolution in North Africa: The struggle for climate justice』의 저자인 하무셴Hamza Hamouchene 은 "북아프리카의 부정적 상황이 기후 위기로 악화되고 있다"고 말한다. 유엔 정부간기후변화위원회IPCC 보고를 보면 아프리카 지역이 더욱 덥고 건조해질 것으로 전망한다. 기온 상승과 함께 강수량 감소로 가뭄이 더 심각해진다는 거다. IPCC의 미래 시뮬레이션에서는 2025년까지 1억 명이 추가로 물 부족에 시달릴 것으로 예상한다. 여기에다가 금세기 말까지 해수면이 0.5m 상승할 것이라고 한다. 튀니지, 카타르, 리비아, 아랍에미리트, 쿠웨이트, 이집트의 해안 저지대가 물에 잠길 가능성이 커진다.

북아프리카의 심각한 위험은 물, 에너지, 음식, 토지 황폐화, 사막화 등 5가지다. 이런 문제로 인해 북아프리카 국가의 농업과 관광산업은 직접 피해를 본다. 정부의 경제개혁은 지체되고 국민의 불만은 높아질 수밖에 없다. 그러면 이슬람국가[IS] 같은 테러조직들이 기승을 부리게 될 것이다. 이런 문제들은 과연 '강 건너 불'일까?

"최근 세계의 가장 큰 이슈는?" 단연코 시리아 난민 사태다. 2015년 8월경부터 시리아 지역의 난민들이 대거 유럽으로 이동하기 시작했다. 유럽으로 가는 중 대규모 사망 사건·사고가 발생하면서 국제적인 문제가 되었다. 유럽의 많은 국가가 난민을 받아들이지 않겠다고 선언했다. 사람들은 유럽이 가장 인도주의적이고 민주적인 곳으로 봐왔다. 그러나 난민 사태를 보면서 유럽의 현실적인 민낯을 낱낱이 볼 수 있었다.

그러다가 2015년 9월 2일, 한 장의 사진이 공개되었다. 알란 쿠르디라는 세 살배기 남자아이의 시신이 터키 해안가로 떠밀려온 사진이었다. 이 한 장의 사진은 유럽의 여론을 완전히 뒤집어놓았다. 난민 수용을 거부했던 영국 정부의 의지를 바꾸게 하였다. 그런데 왜 수많은 시리아 국민이 죽음을 무릅쓰고 유럽으로 가는 것일까? 과격한 이슬람국가의 테러와 폭력이 직접적인 원인이 되었다. 그러나 근원적인 문제는 기후변화가 시리아 난민 사태를 불러왔다고 볼 수 있다.

시리아는 중동의 초승달 지역에 있다. 이 지역은 고대부터 가장 풍요한 지역으로 농경과 인류 문명의 주요 발상지였다. 그런데 중동에서 가장 풍요했던 지역이 최근 기후변화로 황폐해졌다. 2007년부터 2010년까지 기상관측 사상 최악의 가뭄이 발생했다. 강수량이 급격히 줄고 토양 습도가 낮아지면서 농사를 지을 수가 없었다. 시리아 국민의 40% 이상이 고향을 떠났다. 이들은 잘 곳도 먹을 것도 없는 빈곤층이 되었다. 여기에 IS의 테러가 죽음의 공포로 밀어 넣었다. 살기 위해서는 목숨을 걸고 유럽으로 가야만 했다. 이런 대규모 난민 사태는 기후변화 때문이라고 컬럼비아 대학의 리처드 시가$^{R. Seeger}$ 교수는 말한다. 미국의 케리 국무장관도 난민 사태의 근본적인 원인은 기후변화로 인한 환경 파괴라고 말한다.

이미 10년 전부터 과학자들은 기후변화가 대규모 난민 사태를 가져올 것이라고 말해왔다. 미 국방성의 미래 예측에서도 2050년경에는 20억 명의 사람들이 기후 난민이 될 것으로 전망하고 있다. 이제 기후 난민의 증가는 세계 경제와 정치에 악영향을 줄 것이다. 2015년 11월 14일 프랑스 파리에서 참혹한 테러가 발생했다. 이슬람 원리주의자들에 의한 테러로 파리 시내가 피로 물들었다. 그런데 보도에 따르면 테러리스트 중에 난민으로 가장해 입국한 사람도 있다고 한다. 난민 사태가 결국은 국제 안보에도 큰 영향을 줄 것이라는 이야기다.

기후가 정상 범위 내의 변화치를 벗어나 새로운 차원으로 옮겨가는 현상을 기후 이탈이라고 부른다. 현재 비율대로 탄소 배출이 진행된다면 2030년이면 기후 이탈이 시작될 거라고 보는 학자들도 있다. 기후 이탈이 시작되면 지구촌은 온갖 최악의 기상 재앙으로 얼룩질 것이다. 그런데도 미국 등의 선진국들은 태평하다. 선진국들은 지구온난화로 인한 기후변화에 대응할 힘이 있기 때문이다. 후진국의 약자들은 더 힘들어지고 고통받을 것이다.

세계적인 인권단체나 NGO에서는 기후변화가 인권침해라고 주장한다. 선진국들의 과도한 온실가스 배출로 초래된 기후변화가 개도국 주민들의 인권을 짓밟았다는 것이다.

인권론자들은 기후변화가 인권을 침해하는 범주에는 세 가지가 있다고 말한다. 먼저 인간의 생명권을 침해한다는 거다. 기후변화로 인해 수없이 발생하는 강력한 기상 재앙으로 수많은 사람이 죽어간다. 그런데 실제 큰 피해는 저개발국가의 국민 몫이다. 부자 나라들은 똑같은 자연재해라도 돈으로 재난예방 인프라를 만들 수 있으니 피해가 적다. 또 하나 건강권을 침해한다고 본다. 기후변화는 각종 전염병을 창궐시킨다. 2015년 우리나라를 강타했던 메르스 바이러스나 아프리카를 강타했던 에볼라 바이러스도 기후변화로 생긴 변종 바이러스다. 저개발국가는 의료 인프라가 약해 많은 사람이 건강에 심각한 위협을 받는다. 마지막으로 생계권을 침해한다는 거다. 최근 시리아 난민 사태에서 보듯 기후변화로 가뭄이 들어 대기근 사태가 발생했다. 살 수가 없으니 죽음을 무릅쓰고 보트를 타고 유럽으로 간다. 저개발국가는 기근이 들어도 식량을 사 올 돈이 없다. 국민의 생계권이 취약할 수밖에 없는 이유다.

기후변화의 심각성은 이미 우리의 코앞까지 다가와 있다. 역사에서 기후변화에 가장 잘 대응한 사람들이 북극의 에스키모라 불리는 이누이트족이다. 이들은 기후변화로 한랭기가 닥쳐오자, 사냥방법을 바꾸고 어려운 시기에 살아남을 수 있는 공동체의 협력을 강화했다. 그린란드의 바이킹들이 추워지는 기후에 속수무책으로 죽어갔지만 반면에 이누이트족은 살아남았다.

　조금 생뚱맞은 이야기다. 적응의 대가인 이누이트족[50]이 최근 소송을 제기했다. 지구온난화로 에스키모 15만 5,000명이 엄청난 피해를 보았다며 미국 인권위원회에 소송을 낸 것이다. 이들이 사는 알래스카의 시시마레프Shishimaref란 마을은 기온이 올라가면서 영구 동토층이 녹아 해안선을 침식해 거주할 수 없게 되고 있다. 마을 전체를 다른 지역으로 이주할 방법밖에는 없다고 한다. 기후변화에 잘 적응해온 이누이트도 이젠 별도리 없는 것 같다. 4,000년을 이어오면서 살아온 시시마레프 마을 사람들에게는 불행이 아닐 수 없다. 이제 그들은 어디로 가야 할까?

　지구온난화로 해수면이 상승하면서 남태평양 섬사람들은 당장 생존을 위협받는다. 평균 해발고도 2m 미만의 작은 나라 투발루Tuvalu는 집단 이주계획을 세웠다. 키리바시Kiribati는 지면을 높이는 계획을 세웠다. 해수면 상승으로 바닷가 인근 육지에 해수가 침투하면서 먹을 물이 없는 방글라데시는 수많은 기후 난민이 발생하고 있다. 2012년 12월 카타르 도하에서 열린 제18차 기후변화협약당사국총회COP18에서 필리핀 정부 대표는 지구온난화로 인한 기상재해로 필리핀이 엄청난 피해를 입었다고 주장했다. 그는 국제적인 도움을 호소하면서 눈물을 흘렸다. 2007년 11월 몰디브 제도의 수도 말레에서 환경운동가들이 모여 선언

---

**50**　이누이트(innuit, 이누크티투트어로 사람이라는 뜻)는 알래스카 주, 그린란드, 캐나다 북부와 시베리아 극동에 사는 원주민이다. 미국에서는 알래스카의 극권에 사는 이누이트계 여러 부족과 유픽을 가리지 않고 에스키모라고 부르지만, 캐나다에선 이누이트를 퍼스트 네이션, 메티와 함께 독립적인 캐나다 원주민의 하나로서 법적 지위를 부여하고 있으며 일반적으로 이누이트라는 명칭을 사용한다.

문을 만들었다. 말레 선언Male's Declaration은 환경이 인류 문명의 인프라라고 보는 데서 출발한다. 기후변화는 바로 인간이 누려야 하는 환경 권리에 대한 명백한 침해이므로 남태평양의 팔라우도 국제사법재판소에 선진국의 인권침해에 대한 유권해석을 요청했다. 선진국과 동등하게 살 권리를 달라는 것이다.

지구온난화를 가져오는 이산화탄소 저감에 대한 국제적인 노력(교토의정서)[51]은 매양 그 자리이다. 가장 많은 이산화탄소를 배출하는 미국과 중국이 반대하기 때문이다. 제18차 기후변화협약당사국총회에서 그나마 건진 것은 기후변화로 손실·피해를 보는 나라에 대한 실질적인 보상이 가능해졌다는 것이다. 앞으로 온실가스 감축 노력이 미흡한 선진국을 상대로 개도국이 소송을 제기할 수 있는 근거도 처음으로 마련되었다. 기후변화 피해를 일으킨 나라들이 대가를 치러야 한다는 이야기이다. 이산화탄소 배출량 세계 9위인 우리나라는 어떻게 대응해야 할까?

2015년 11월 30일부터 12월 12일까지 프랑스 파리에서 제21차 기후변화협약당사국총회COP21가 열렸다. 전 세계 195개국 대표들이 모여 열띤 회의와 토론을 벌였다. 그리고 교황과 오바마 대통령의 호소처럼 처음으로 실제적인 협정이 맺어졌다. 교토의정서는 선진국만 온실가스 감축 의무가 있었으나 이번 파리협정은 195개 당사국 모두 지켜야 하

---

**51**  교토 의정서(京都議定書, Kyoto Protocol)는 지구온난화의 규제 및 방지를 위한 국제 협약인 기후변화협약의 수정안이다. 이 의정서를 인준한 국가는 이산화탄소를 포함한 여섯 종류의 온실가스의 배출량을 감축하며 배출량을 줄이지 않는 국가에 대해서는 비관세 장벽을 적용한다는 내용이다. 2005년 2월 16일 발효되었다.

는 구속력 있는 첫 합의였다. 놀랍게도 2010년 16차 칸쿤 기후변화협약 당사국총회에서 제안했던 지구 온도 2℃ 상승 억제보다 더 낮게 책정했다. 1.5℃ 이내로 기온 상승을 제한하자는 거다. 2023년부터 5년마다 당사국이 탄소 감축 약속을 지키는지 검토하기로도 했다. 획기적인 것은 선진국들은 2020년부터 개도국의 기후변화 대처 사업에 매년 최소 1,000억 달러를 지원하기로 했다는 것이다. 현실적으로 실현이 쉽지 않은 이런 목표가 합의된 것은 무엇 때문일까? 이제는 정말 지구온난화를 막아야 한다는 세계인들의 강한 염원 때문이다. 이제 세계는 새로운 기후체제의 출발을 앞두고 있다. 이를 위해 지금까지의 패러다임을 획기적으로 바꾸어야만 한다. 기업과 시민의 자발적인 참여가 절대적으로 필요한 때다.

# 전 세계에
# 판더믹이 몰려온다

"지구에서 인간이 지배계급으로 영위하는 데 있어 가장 큰 위협은 바이러스다." 영화 〈아웃 브레이크Outbreak〉의 첫 장면에 나오는 대사다. 이 영화는 놀랍게도 거의 10년 전에 이미 에볼라바이러스가 지구를 강타할 것을 예상했다. 영화에서는 미국이 백신을 개발해 에볼라바이러스의 확산을 막는 데 성공한다. 그러나 실제로는 백신도 없고 치료약도 없다.

"최근 세계를 가장 많이 공포에 몰아넣고 있는 것은?" 급성호흡기 증후군이다. 사스라고 불리는 중증급성호흡기증후군SARS이 대표적이다. 2015년 우리나라를 강타한 메르스 바이러스도 이에 속한다. 일종의 독감 바이러스로 조류 독감이나 신종플루도 비슷한 질병으로 보면 된다.

"바이러스는 날씨 조건에 많은 영향을 받는다." 미국 오래곤 대학 제프리 샤먼J. Sherman 박사팀이 미국 국립과학원회보에 2009년에 발표했다. 바이러스 전파력은 습도 30% 이하에서 전파력이 가장 왕성하다.

50%가 넘으면 약화하기 시작한다. 80%에 이르면 습도 0%일 때보다 전파력이 절반 가까이 떨어진다. 습도가 높으면 바이러스의 전파력이 떨어진다는 이야기다. 온도와는 어떨까? 2002년 사스가 최초로 공격한 광저우 도시의 겨울 기온은 6~25℃를 기록했다. 이 기온은 바이러스가 최적으로 성장하는 조건이라고 한다.

KBS 이정훈 기자의 메르스 바이러스 보도 내용을 보자. "메르스 바이러스는 외피는 지질 막으로 구성되어 물방울에 부딪히면 쉽게 부서진다. 메르스 바이러스가 습도가 높으면 약해진다는 얘기다. 메르스 바이러스는 습도가 40%일 때 10분 뒤까지 93%가 생존했다. 그러나 습도가 70%로 높아질 경우 생존율이 11%로 뚝 떨어졌다. 또 생존 기간도 기온 20℃에 습도 40%의 환경에서 최장 48시간에 달했다. 그러나 기온이 30도로 높아지면 절반으로 떨어져 24시간 생존했다." 이런 악성 바이러스는 기후와 날씨, 그리고 환경에 절대적인 영향을 받는다는 것이다.

메르스 사태 이전에 명동에 나가면 중국어만 들렸다. 워낙 목소리까지 크니 더했다. "여기 정말 우리나라 땅 맞아요?" 늦둥이가 하는 말이다. 명동을 휩쓸던 중국인들이 메르스 사태로 발을 뚝 끊었다. 관광업이 휘청거렸다. 다행히 메르스 사태가 종식되면서 다시 중국인들이 찾아온단다. 요즘 명동에 꽉 찬 중국인들이 왜 그렇게 예뻐 보일까? 메르스는 많은 사망자를 내지는 않았다. 그러나 역사적으로 보면 변종독감 바이러스는 엄청난 사망자가 생겼다. 판더믹pandemic [52] 비극을 가져온 것

---

[52] 전염병이나 감염병이 전 지구적으로 유행하는 현상으로 예를 들어 여러 대륙으로 퍼지며, 심지어는 전 지구적으로 퍼진다.

이다. 1889년에는 러시아 독감으로 1년 만에 유럽에서만 25만여 명이 사망했다. 1918년 발병한 스페인 독감은 5,000만 명 이상의 목숨을 앗아갔다. 중국에서 시작된 1958년 아시아 독감은 100만여 명의 목숨을 앗아 갔다. 1968년 홍콩 독감으로 80만 명이 사망하였고, 1977년 러시아 독감도 맹위를 떨쳤다. 전부 기후 변동이 심한 때 세계적인 전염병이 창궐했다. 전염병의 가장 큰 피해는 사람이 많이 죽는다는 것이다. 그러나 이로 인한 경제적인 피해도 엄청나다.

미국 보건신탁[TFAH]에서 전염병이 산업에 미치는 효과를 분석한 결과, 숙박·요식·유흥·레저·운수업에서 각각 연간 GDP의 20%에 달하는 손실이 발생하는 것으로 조사되었다. 그렇다면 최악으로 평가되는 스페인 독감[53]으로 받은 경제적 피해는 어느 정도였을까? 경제가 위축되면서 미국의 S&P500지수[54](물가반영)는 연고점 대비 10% 가까이 하락했다. 2003년 사스는 중국과 홍콩의 경제성장률을 각각 2.9%p, 4.5%p 떨어뜨렸다. 세계은행 보고서는 2005년 조류인플루엔자로 인해 800억 달러의 피해가 발생했다고 한다. 2008년 조류인플루엔자로 인해 우리나라도 6,324억 원의 경제적 피해가 발생했다. 2015년 메르스가 우리나

---

**53** 1918년 3월 미국 시카고에서 창궐한 스페인 독감은 5,000여만 명의 목숨을 빼앗았다. 제1차 세계대전의 사망자보다 3배나 많은 수다. 스페인이 바이러스의 발원지는 아니었지만, 스페인 언론이 이 사태를 깊이 있게 다루면서 이름이 붙여졌다. 한국에서도 '무오년 독감(戊午年毒感)'이라고 불렸다. 국내에서는 740만여 명이 감염됐고 14만여 명이 목숨을 잃었다. (출처 : 《한국경제신문》/〈한경닷컴〉)

**54** 미국의 스탠더드 앤드 푸어(Standard & Poor) 사가 기업규모, 유동성, 산업대표성을 감안하여 선정한 보통주 500종목을 대상으로 작성해 발표하는 주가지수이다. 개별종목의 주가상승률이나 각종 주가지표, 주식형 펀드의 운용실적 등을 전체 시장과 비교할 때 전체 시장의 상승률을 나타내는 기준으로 활용된다.(출처 : 두산백과)

라에 준 경제적 손실은 무려 10조 원 정도 된단다.

전문가들은 기후변화가 새로운 변종 바이러스를 만들어낸다고 말한다. 기후변화가 독감이나 질병을 가지고 온다는 것을 잘 보여준 것이 탐보라 화산 폭발이다. 인도네시아의 탐보라 화산은 1815년 폭발하였다. 이 화산폭발의 영향으로 유럽 지역은 추위와 습한 기후가 지배했다. 기온 하강이 가져온 식량 감산으로 세계적인 대기근이 일어났다. 강력한 전염병도 발생했다. 발진티푸스와 콜레라가 대대적으로 창궐했다. 수백만 명의 희생자가 발생했다. 그 여파로 경제적 피해도 매우 컸다. 세계적인 경기 침체와 함께 금융공황이 발생했다. 그런데 문제는 이런 바이러스로 인한 질병이 늘어날 것이라는 데 있다. 지구온난화로 인한 기후변화는 더 자주, 더 강한 변종 바이러스를 만들어내기 때문이다. 의학자들은 손쓰기 어려운 바이러스 변종이 나온다면 현대의학의 눈부신 발전에도 불구하고 10억 명 이상의 희생자도 나올 수 있다고 말한다.

미래의 독한 변종 메르스에 대응하기 위해서는 방법은 단 하나, 면역력을 꾸준히 높이는 길뿐이다.

"아무것도 만지지 마라! 누구도 만나지 마라!" 2011년 개봉되었던 영화 〈컨테이전Contagion〉의 홍보 문구다. 공기 중에 노출되어 감염되면 하루 만에 죽는 살인적인 바이러스가 세계를 강타한다. 주인공은 변종 조류바이러스다. 2012년 개봉된 한국영화 〈연가시〉는 변종 연가시가 주인공이다. 사마귀나 여치 등 곤충에게 기생하는 연가시는 숙주인 곤충의 뇌를 조종해서 물속에 뛰어들어 자살하게 한다. 두 영화의 공통점은 환경 파괴로 변종이 만들어져 치명적인 죽음을 가져온다는 것이다.

바이러스의 무서움은 변종의 발생이다. 치료 약이 개발되기 전에 발생하면 엄청난 희생자를 낸다. 말라리아와 뎅기열로 목숨을 잃는 사람이 한 해 50만 명에 이를 정도로 모기가 매개하는 질병들의 바이러스 변종도 무섭기는 마찬가지다. 최근에는 전 세계적으로 독특한 변종 바이러스가 판을 치고 있다. 사우디아라비아와 유럽에서는 신종 코로나 바이러스<sup>hCoV-EMC</sup>로 수십 명이 사망했다. 치사율이 70%로 사스의 11%보다 무려 6배나 높다. 미국 등에서는 지난해에 이어 뇌에 치명적인 손상을 입히는 웨스트나일 바이러스<sup>West Nile virus</sup>가 창궐할 조짐을 보인다. 우리나라도 예외는 아니다. 듣도 보도 못했던 야생(살인)진드기가 전국을 공포에 빠뜨리고 있다. 인체에 치명적인 중증열성혈소판감소증후군 SFTS 바이러스를 갖고 있어 '진드기 공포'라고도 불린다. 백신이 개발되지 않은 상태라 두려움이 더하다.

미국의 스칼리온<sup>G. M. Skalion</sup>은 '악성 바이러스로 인한 지구 재앙설'을 주장한다. 지구온난화로 인해 특유의 번식 환경이 조성되고 보통의 바이러스와 다른 구조를 가진 변종들이 생길 가능성이 그 어느 때보다 높아지고 있기 때문이란다. 그의 최악의 시나리오에는 바이러스의 범유행이 유발한 전 지구적인 대몰살이 포함되어 있다. 세계보건기구는 평균기온이 1℃ 올라갈 때마다 전염병이 4.7% 늘어난다고 경고한다. 야생진드기 바이러스나 웨스트나일 바이러스는 기온이 높아지는 여름이 다가오면서 더 창궐할 가능성이 크다. 우리가 살기 위해 지구온난화를 막는 대열에 빨리 그리고 적극적으로 동참해야 하는 이유다.

2014년 아프리카의 에볼라바이러스의 기세가 강해졌었다. 세계보건기구는 우리나라에도 의료진 파견을 요청했다. 우리나라에서도 의료진이 파견되어 최고의 의술을 펼쳤다. 그런데 에볼라바이러스보다 치사율은 낮지만, 우리의 건강을 위협하는 것이 있다. 가을만 되면 나타나는 쯔쯔가무시병scrub typhus과 유행성출혈열이다. 쯔쯔가무시병은 풀숲이나 들쥐에 기생하는 털 진드기 유충에 의해 감염된다. 유행성출혈열은 쥐를 매개로 감염되는 공기 전파식 바이러스성 전염병이다. 야생 쥐의 소변에 섞여 나온 바이러스가 공기 중에 퍼져서 호흡기로 감염된다.

쯔쯔가무시병은 심한 고열이 발생하면서 두통, 근육통, 피부발진, 구토, 복통, 기침 등의 증상을 보인다. 이때 감기몸살 증세와 비슷해 치료할 시기를 놓치는 경우가 많다. 유행성출혈열은 신장 기능 이상을 동반하기 때문에 '신腎증후 출혈열이라고 부른다. 유행성출혈열은 구토나 심한 복통으로 장염이나 맹장염으로 오진하는 경우가 많다. 초기에 정확한 진단이 내려지면 치료가 어렵지 않다. 그러나 오진하거나 치료 시기를 놓치는 경우 사망률도 높아 쯔쯔가무시병이 30%, 유행성출혈열의 경우 7%의 치사율을 보인다.

그런데 지구온난화로 인해 쯔쯔가무시병 발병률이 높아지고 있다. 2013년 쯔쯔가무시병에 걸린 전방 장병들의 숫자가 전년보다 50% 이상 증가했다. 온난화로 인해 병에 걸리는 시기도 12월까지 길어지고 있다. 기후변화로 인류가 겪어본 적 없는 신종 변이 바이러스는 날로 증가할 것이다. 질병에 대응해 건강해지는 것은 본인 노력이 가장 중요하다. 면역력을 높이고 자주 씻는 습관을 들여야 한다. 그리고 병에 걸리는 환경에 노출되지 않도록 하자. 장수시대일수록 건강하게 사는 게 중요하다. 참고로 쯔쯔가무시병에 걸리지 않는 방법을 소개한다. 주로 가을철에 많이 발생하는데 이는 수확기인 가을에 야외 행락객이 증가하기 때문이다. 따라서 이 질병을 예방하기 위해서는 가을철에 불필요한 야외 활동을 피하는 것이 좋다. 특히 추석을 전후해서는 쯔쯔가무시병 균을 옮기는 털진드기 유충이 왕성히 활동하기 때문에 야외에 나갈 때는 긴소매와 긴 바지를 착용하고 풀밭에 앉을 때는 돗자리를 깔아야 한다. 풀밭에 그대로 누워 잠을 잔다거나 해서는 안 된다. 침구나 옷을 풀밭에 널어놓고 말리는 것도 피해야 한다. 야외활동을 한 후에는 옷의 먼지를 털고 목욕을 하는 것이 좋다.

다른 사례도 있다. "수에즈 운하의 영웅 레셉스가 쫄딱 망한 곳이 파나마이지요." 수에즈 운하를 성공적으로 개통시킨 페르디낭 마리 드 레셉스Ferdinand Marie de Lesseps에게 파나마 운하의 건설권이 주어졌다. 운하공사에 들어간 레셉스는 고전에 고전을 면치 못했다. 그가 가장 어려웠던 것은 인부들이 이름 모를 질병으로 죽어가는 것이었다. 당시에는 천문학적인 3억 5,200만 달러의 건설 경비가 투입되었다. 그러나 중도에 포기할 수밖에 없었다. 공사 중에 2만 2,000명의 인부가 희생되었기 때문이다. 후에 밝혀진 것은 모기에 의한 황열병[55]이었다. 세계보건기구는 2012년 말라리아 감염 사례는 연 2억 700만 건, 뎅기열[56] 감염 사례는 매년 5,000만~1억 건씩 발생한다고 발표했다. 감염자 중 말라리아에 의

**55** 황열병은 일반적으로 모기에 의해 전달되는 바이러스성 출혈병이다.

**56** 뎅기열(Dengue fever)은 모기가 매개하는 뎅기 바이러스에 의해 발병하는 전염병이다. 강한 통증을 동반하기 때문에 영어로는 break bone fever라는 표현을 쓴다.

한 사망자 수는 매년 60만 명 이상이다. 뎅기열로 인해 100여 개국이 넘는 나라에서 2만 2,000명이 죽는다. 모기로 인한 말라리아, 뎅기열, 황열병이 인류를 공포로 몰아넣고 있다. 말라리아나 황열병을 가져오는 모기는 기온이 높고 습한 곳에서 잘 자란다. 모기는 동물보다 사람을 더좋아한다. 또 이산화탄소를 좋아하기 때문에 온실가스가 늘어나는 지금과 같은 환경에서는 번식이 잘 된다. 이렇듯 모기가 늘어나면서 모기를 매개로 한 모기 질병도 증가하고 있다. 열대성 질병이라고 할 수 있는 모기 질병은 이젠 전 세계로 번져가고 있다. 지구온난화, 도시화, 글로벌 여행의 증가 때문이다. 예를 들어 뎅기열은 1970년대보다 3,000배이상 더 많이 퍼질 정도로 증가했다.

"지구 평균기온이 3℃ 오르면 세계 인구의 65%가 말라리아에 노출될 것이다."

_ 2007년 유엔 정부간기후변화위원회 4차 보고서

"현재 전 세계 인구의 35%를 감염시키는 열대병인 뎅기열이 2085년이면 50~60%의 인류를 감염시킬 것이다."

"2000년대 초반 15만 명 이상의 사람들이 기후변화로 인한 질병으로 사망했으며, 대책을 세우지 않는다면 2030년까지 이 수치는 2배 이상 증가할 것이다."

_세계보건기구

"지구온난화로 인해 사람에게 치명적인 박테리아인 보렐리아나 뇌척수막염균을 보유하는 진드기가 지난 수년 동안 엄청난 속도로 늘고 있다."

_독일보건성BGV

별수 없다. 오래 살려면 온실가스를 줄이는 일뿐이다. 그게 정답이다.

이런 지구온난화와 환경오염은 건강에도 직접적인 영향을 주지만 사람들의 심성에도 악영향을 끼친다. 최근 미국 학자의 연구 결과에 의하면, 환경오염이 심한 지역에서는 살인, 폭행, 강간, 강도와 같은 범죄의 발생률이 환경오염이 덜한 지역에 비해 훨씬 높게 나타났다.

미국 다트마우스 대학의 로저 마스터스R. Masters 교수는 '환경오염과 범죄율', 이 두 가지 사이에는 밀접한 관련이 있으며, 그 원인은 바로 납이나 망간과 같은 중금속 때문이라는 의견을 내놓았다. 이는 미국 각 주의 환경오염 수치와 범죄율을 여러모로 비교 분석해 얻은 결과였다. 기존의 범죄학에서는 범죄가 사회적, 경제적, 심리적 요인들과 관계있는 것으로 보고 있다. 그러나 그는 환경오염이 범죄나 반사회적 행동을 일으키는 원인 가운데 하나라고 주장한다. 유독 화학물질, 특히 물을 통해 사람에게 흡수되는 납이나 망간과 같은 중금속이 그 원인이라는 것이다. 마스터스 교수는 미 연방수사국FBI의 범죄 자료를 환경보호청US EPA으로부터 얻은 납·망간 배출 자료와 비교한 결과 수질 오염도와 살인·폭행·강도 같은 범죄 발생 수준 사이에 명확한 관련이 있음을 발견했다. 놀라운 사실은 수질오염이 가장 높은 지역의 범죄율이 전국 평균 범죄율의 3배에 달했다는 점이다.

그런데 이런 현상은 의학자들에 따르면 생리학적인 근거가 있다고 한다. 실험 결과에 의하면 납은 뇌에 필요하지 않은 화학물질을 제거하는 신경교세포Glial Cell의 행동을 방해한다. 그리고 망간은 기분이나 행동과 관련이 있는 화학적 전달체인 세로토닌과 도파민 같은 신경전달 물질이 체내에서 일정한 수준으로 유지되는 데 장해를 일으킨다. 마스터스 교수는 결론적으로 중금속들이 일으키는 신체 내에서의 방해 메커니즘이 바로 폭력적 행동을 일으키는 요인이라고 밝혔다. 즉, 사람 뇌에서 폭력적인 행동을 자제하는 신경망의 제어 메커니즘을 중금속이 손상시켜 범죄가 유발된다는 것이다. "미국의 일부 주에서는 매년 10만 명당 100건의 범죄가 발생하는데 어떤 주에서는 3,000건이 넘는다. 왜 그럴까? 환경오염이 이를 설명할 수 있다"라고 그는 말한다. 소득과 인구밀도 등 각종 변수를 고려해 분석한 결과를 보더라도 환경오염이 하나의 독립 변수로서 범죄율에 영향을 미치며 가난만큼이나 범죄에 결정적인 영향을 미친다는 것이다. 그는 뇌의 화학물질이 독성 중금속에 노출되면 사람들의 폭력 충동이 제어되지 못한다고 말한다. 이 연구 결과가 사실이라면 매우 놀라운 일이 아닐 수 없다. 우리가 모르는 사이에 환경오염으로 인한 중독이 우리를 폭력적인 사람으로 만들어가고 있다는 실증이기 때문이다. 맑은 공기와 깨끗한 물이 범죄 없는 사회로 가는 지름길이 아닐까? 우리가 환경을 지켜야 하는 이유는 우리 자녀들이 더 건강하게 살게 하기 위한 것이다.

# 대기오염,
# 은밀하게 죽음으로 몰고 가는 살인자

방사능은 최악이다. 그러나 인류 생존의 위협으로 다가오는 것이 있다. 바로 대기오염[57]이다. 대기오염하면 가장 먼저 떠오르는 것이 미세먼지다. 늦가을로 접어들면 미세먼지 예측에 신경을 쓰게 된다. 미세먼지 농도가 늦가을부터 다음 해 봄까지 급격히 높아지기 때문이다. 우리나라 사람들은 미세먼지가 '나쁨' 단계라고 발표해도 황사용 마스크를 잘 쓰지 않는다. 대기오염이 사람들에게 주는 해악에 대한 인식이 약하기 때문이다. 그러나 미세먼지는 우리가 상상하는 그 이상으로 건강에 매우

---

**57** 대기오염(大氣汚染, Air pollution)은 인간 활동으로 인한 대기 상의 환경 오염을 말한다. 미국 기술자 총연합회에서는 "대기오염은 외기 중에 1종 이상의 오염 물질이 존재하며, 이러한 물질의 성질과 존속에 의해 인체, 동식물 및 재산에 피해를 주거나, 혹은 쾌적한 생활 및 재산에 부당하게 관여하는 것을 말한다"고 정의한다. 세계보건기구는 "대기오염이란 옥외의 대기 중에 인공적으로 반입된 물질의 농도나 지속 시간이 어떤 지역의 주민 중 상당히 많은 사람에게 불쾌감을 일으키거나, 넓은 지역에 걸쳐서 공중보건상의 위해나 동 식물의 생활을 방해하도록 되어 있는 상태"라고 말한다.

나쁘다. 오죽하면 미세먼지를 '은밀한 살인자'라고 부르겠는가! 그런데 미세먼지는 대기오염의 한 종류일 뿐이다. 대기오염에는 미세먼지뿐 아니라 이산화탄소, 황사, 오존, 라돈, 유독가스 등 수없이 많다. 역사를 보면 대기오염으로 인해 사람과 자연이 심각한 피해를 입은 적이 많다. 자연적인 대기오염도 있었지만, 대부분은 인재였다.

자연적인 대기오염으로는 화산 폭발이 있다. 1815년 극심한 기상재해를 가져온 것은 탐보라 화산의 폭발이 좋은 예다. 화산에서 분출된 대기오염물질이 3년간 지구에 영향을 주었다. 1986년 중앙아프리카의 카메룬에서 대재앙이 발생했다. 니오스Nyos 화산호 분화구에서 분출한 이산화탄소로 산 아래 주민 1,800명이 죽은 사고도 있다. 두 번째가 대규모 산불에 의한 오염물질의 확산이다. 1997년과 2015년 인도네시아의 대형 산불은 엘니뇨로 인해 발생했다. 산불로 인한 엄청난 오염물질은 필리핀과 동남아 지역에 큰 피해를 주었다. 황사나 모래바람도 자연적인 대기오염물질에 속한다.

두 번째로 인위적인 대기오염의 원인을 보자. 대기오염은 경제적, 사회적 변천이 시작되는 11세기부터 시작되었다. 18세기 이후 산업혁명 이후 본격화된 경제 성장이 이루어지면서 대기오염이 가속화되었다. 에너지 소비 증가에 따른 오염물질의 증가가 대표적이다. 인구증가 및 웰빙에 따른 난방 증가, 자동차의 급속한 증가가 주요 요인이다. 철강이나 금속제련, 석유정제 등의 규모가 확장되면서 중금속 등의 유해물질이 다량 발생하고 있다. 이런 물질들은 미세먼지나 초미세먼지로 직접적인 영향을 준다. 태양에 의해 만들어지는 2차 오염인 광화학 물질도 만만치 않다. 유독가스 산업체의 생산이나 저장, 수송과정에서 돌발적인 사고로 배출되는 대기오염도 있다. 이런 물질은 좁은 지역에 치명적인 피해를 가져온다.

대기오염물질 중 대표적인 것이 아황산가스($SO_2$)다. 아황산가스는 석탄 등의 화석 연료에 포함된 유황 성분이 연소하면서 발생한다. 우리나라에서는 가정용 무연탄과 대형건물의 난방용 석유에서 많이 발생한다. 아황산가스는 호흡기 세포를 파괴하거나 기능을 약화한다.

다음으로는 질소산화물이 있다. 고온에서 연료가 연소할 때 공기 중의 질소가 산화하여 발생한다. 자동차 배기가스, 발전소나 대규모 공장의 연소 시설 등에서 많이 발생한다. 피해는 아황산가스와 비슷하다. 피속의 헤모글로빈과 만나 메테모글로빈을 만들어서 산소 결핍증을 일으킬 수 있다.

연료의 불완전연소로 인하여 발생하는 일산화탄소도 있다. 효율이 낮은 소규모의 연소장치나 가정에서 때는 연탄에서 많이 발생한다. 헤모글로빈의 철 원자는 산소보다 일산화탄소 친화성이 강해 혈액 속 헤모글로빈이 일산화탄소와 결합해 카복시헤모글로빈(일산화탄소 헤모글로빈)을 형성하여 산소 결핍증, 즉 일산화탄소 중독을 일으킨다.

연료의 불완전연소로 만들어지는 것 중 하나가 탄화수소다. 주로 자동차 배기가스와 무연탄에서 많이 발생한다. 탄화수소는 햇빛과 만나 광화학 스모그를 만든다. 광분해로 만들어진 물질들은 다른 물질과 활발한 화학반응을 일으킨다. 이 결과로 산화력이 강한 화합물들을 만들어낸다. 이 물질들을 광화학 산화제라고 부른다. 대표적인 물질로는 오존($O_3$), 알데하이드 등이 있다. 이들 산화제는 햇빛이 강한 낮에 형성되었다가 밤이면 차차 없어지는 특성이 있다. 이 밖의 오염물질로는 불소, 납, 석면, 다이옥신 등이 있다.

대기오염은 1차적으로는 사람들에 직접적으로 큰 피해를 준다. 또한 전 지구 환경에도 심각한 문제를 일으킨다. 예를 들어 최근 가장 큰 문제가 되는 지구온난화와 기후변화는 대기오염의 영향을 가장 많이 받는다. 오존층의 파괴나 산성비로 인한 생태계 파괴의 주범도 대기오염 물질이다.

인위적인 오염물질로 인한 심각한 인명·환경 피해 사례를 살펴보자. 먼저 생활에서 지속해서 발생한 오염물질로 치명적인 사고가 발생한 런던 스모그 사건이 있다. 1952년 12월 4일 런던 날씨는 바람은 없고 하늘은 낮은 구름으로 가득 차 있었다. 짙은 안개가 앞을 볼 수 없을 정도로 끼었다. 날씨가 추워지면서 시민들의 난방 사용이 급증했다. 당시 런던의 가정 난방은 주로 석탄을 사용했다. 석탄이 연소하면서 나오는 연기가 대기로 배출되었다. 석탄 가스는 상공으로 퍼지지 못하고 런던 시내에 쌓이고 있었다. 지상에서 발생한 기온 역전현상 때문이었다. 대기 중에 쌓인 연기와 아황산가스가 안개와 섞여 스모그 현상이 발생하였다. 이 현상은 12월 10일까지 계속되었다. 사건 발생 후 첫 3주에 호흡장애와 질식으로 4,000여 명이 사망했다. 그 후 만성 폐 질환으로 8,000여 명이 더 사망하는 참사가 발생했다. 사망자들은 주로 노인이나 어린이, 환자 등 허약한 사람들이었다. 런던처럼 안개가 자주 발생하는 도시는 대기오염에 민감하고, 스모그 같은 환경재난이 발생하면 속수무책이라 비가 내리거나 바람이 불기만을 기다릴 수밖에 없다. 그리고 대기오염은 가정에서 사용하는 난방 연료가 큰 역할을 한다는 것도 밝혀졌다. 이 재난에 가까운 스모그 사건 이후부터 영국은 가정 난방 연료를 석탄에서 천연가스로 대체하기 시작했다. 대기오염 예·경보시스템도 만들었다. 예상되는 대기 상태의 위험을 방송을 통해 전달해 시민들이 조심하게 한 것이다.

중국의 스모그는 최근 중국인들의 생명을 단축하는 가장 큰 오염 원인이다. "외국인들이 베이징을 떠난다." 2014년 베이징의 극심한 스모그 현상에 대한 언론 보도 제목이다. 《파이낸셜타임스<sup>FT</sup>》는 "외국인들이 에어포칼립스airpocalypse(대기오염으로 인한 종말론) 상태인 베이징을 떠나고 있다"고 보도했다. 에어포칼립스는 공기인 'air'와 종말인 'apocalypse' 단어를 합친 신조어로, 서구 언론들이 최근 베이징의 심각한 대기오염 상태를 빗대 사용하고 있다. 2014년 1월 초 베이징의 미세먼지농도는 세제곱미터($m^3$)당 $993\mu g$(마이크로 그램)을 기록했다. 세계보건기구 권고 기준인 $25\mu g$의 약 40배에 달하는 최악이었다. 중국 당국은 스모그에 대한 대책을 연중에 내놓고 적극적으로 대처하겠다고 했다. 그러나 2015년 11월에는 2014년보다 더 심각한 스모그가 연일 발생했다. 11월 9일 랴오닝성 선양瀋陽에서 국지적으로 $m^3$당 $1,400\mu g$의 초미세먼지가 발생했다. 국민건강이나 자연에 최악으로 심각한 상태다.

중국은 왜 이렇게 해가 갈수록 스모그의 농도가 높아지는가? 중국의 2011년 발행『중국통계연보』를 보면 석탄 의존도가 70%가량이나 된다. 노후된 자동차도 많다. 급속한 공업화와 도시화가 이루어지고 있다.

쉽게 해결할 수 없는 구조적 문제가 있는 것이다. 그런데 더 큰 문제는 중국의 스모그가 우리나라로 날아온다는 데 있다. 그리고 당분간 이런 현상은 더 악화될 것으로 보인다.

로스앤젤레스 광화학 스모그 사건도 있다. 로스앤젤레스 시민들이 눈과 목의 따가움을 호소하고 눈병과 호흡기질환 환자가 급증하고 있었다. 그 원인을 알아낸 과학자가 하겐 스미트A. J. Haagen Smit이다. 그는 자동차에서 배출되는 질소산화물과 탄화수소 등이 강렬한 태양 빛으로 인해 유독한 스모그를 만들어낸다는 것을 밝혀냈다.

이 스모그는 런던형 스모그와는 구별되면서 광화학 스모그라고 부른다. 광화학 스모그로 만들어지는 오존 등은 건강에 치명적이다. 식물의 성장을 방해하며 삼림을 황폐화한다. 자동차 타이어 등 고무제품도 부식시켜 내구성을 떨어뜨린다. 피해를 줄이기 위해 캘리포니아 주는 1966년에 새로 생산되는 차에 배기 조절장치를 부착하게 했다. 이후 촉매장치의 개발도 자동차 배기가스를 줄이는 데 성공하였다. 우리나라에서도 기온이 높이 올라가는 오후, 자동차 정체 구간에서는 광화학 스모그 현상이 발생한다.

2015년 10월 전 세계를 떠들썩하게 만든 사건이 있었다. 세계적인 자동차회사 폭스바겐의 배출가스 조작사건이었다. 대기오염 배출량을 줄이도록 하는 각국의 법규를 피해가기 위한 꼼수가 발각된 것이다. 대기오염을 악화시키는 경유 차량의 규제는 앞으로 더 강화해야 할 것이다.

돌발적인 대기오염 중에 이탈리아 북부 도시인 세베소Seves의 사건이 있다. 스위스의 익메사화학회사ICMESA Chemical Company의 이탈리아 공장에서 발생한 대기오염 참사다. 이 회사는 삼염화 페놀이라는 화학물질을 생산하고 있었다. 1976년 7월 10일 반응기 내부의 과압으로 인해 안전 밸브가 열렸다. 그리고 다량의 유독성 화학물질이 대기로 방출되었다. 15분 동안의 누출로 염소가스와 다이옥신의 해독성 구름이 세베소를 비롯한 인근 5km 내 11개 마을로 퍼졌다. 고작 15분의 염소가스 누출로 가축 4만 마리가 죽었다. 마을 400여 명의 임산부 중 51명이 자연유산했고, 100여 명의 임산부는 기형아를 낳을 우려가 있어 낙태수술을 했다. 낙태를 반대하는 교황청에서도 피해자들에게 낙태를 허용했을 만큼 그 피해가 심각한 사고였다. 수많은 사람이 독성 물질에 의한 화상과 피부병으로 흉측하게 변했다. 유독가스는 지형과 기상의 영향으로 확산이 되지 않고 세베소 주위에 정체했다. 이로 인해 주변 1,800ha(핵타르)의 토양이 오염되었다. 피해가 더 커진 것은 이탈리아 정부가 10일이 지나서야 대피 명령을 내렸던 데 있었다.

우리나라도 빠질 수 없다. 2012년 9월 27일 경북 구미시 산동면에서 '불산가스 누출사고'가 일어났다. 오후 3시 한 화학 공장에서 유출된 불산가스로 5명이 죽었다. 주변 반경 700m 이내 지역의 숲과 들은 초토화되었다. 불산은 불소가 수분과 혼합되면 만들어진다. 불산은 끓는점이 19.5℃므로 상온에서 쉽게 기체로 변하므로 기온이 20℃를 넘으면 문제가 심각해진다. 조그만 취급 부주의가 인명피해와 함께 심각한 환경 파괴를 불러온 것이다.

톈진에서 일어난 폭발 사건도 그냥 넘어갈 수 없다. 2015년 8월 12일 중국의 석유화학산업단지인 톈진에서 폭발 사고가 일어났다. 중국 관영 신화통신은 폭발사고로 소방관 등 112명이 숨지고 95명이 실종됐다고 보도했다. 소방관 등의 인명피해가 커진 것은 독극물 폭발 사고였기 때문이다. 폭발로 사라진 독극물 중에는 시안화나트륨 700톤과 톨루엔, 카바이드와 같은 화학물질도 있었다. 조그만 취급 부주의가 가져오는 환경 파괴는 인류를 죽음으로 몰고 가고 있다.

# 바다가
# 기후변화로 죽어간다

2014년 세계 바다의 해수면 온도가 가장 큰 폭으로 상승했다. 미국 하와이 대학의 국제 태평양연구센터 연구결과다. 이 센터의 기후학자 악셀 팀머만[A. Timmermann] 교수는 2014년은 엘니뇨가 가장 강했던 1998년 수준을 넘어서는 해수 온도 상승이었다고 말한다. 그런데 2015년은 2014년의 기록을 깨고 더 상승할 것이라고 예상했다. 왜 바다는 이렇게 뜨거워지는 것일까? 우선 지구온난화로 인한 기후변화가 가장 큰 원인이다. 그다음으로 동태평양 해수 온도를 기록적으로 올리고 있는 엘니뇨의 영향이다.

바다가 몸살을 앓으면 지구는 생존을 위협받는다. 바다는 지구의 열 평형에 절대적이며 인류 식량의 상당 부분을 담당하고 있다. 또 지구 기후를 안정적으로 만드는 역할을 한다. 가장 많은 이산화탄소를 품어주어 기후변화를 저지한다. 데이비드 누스바움[D. Nussbaum] 세계자연보호기금WWF[58]의 영국 대표는 "해양은 기후 조절과 탄소 감소, 글로벌 경제 성장 지원 등 수십억 지구인의 삶에 중요한 역할을 해왔다. 그러나 최근 지구 해수 온도 상승이 위협에 빠뜨리고 있다"고 경고한다.

바다의 가치를 돈으로 따져보면 어느 정도나 될까? 세계자연보호기금은 바다의 연간 GDP 규모를 2조 5,000억 달러라고 계산했다. 자산 가치는 무려 24조 달러나 된다고 한다. 해안선 생산으로 7조 8,000억 달러, 해양 자원생산으로 6조 9,000억 달러, 해상교역으로 5조 2,000억 달러, 탄소 흡수로 4조 3,000억 달러 정도의 가치가 있다는 것이다. 그러나 전문가들은 실제의 가치는 훨씬 더 높다고 본다.

문제는 해수 온도 상승으로 바다의 경제가치가 줄어들 것이라는 거다. 우리나라는 세계 평균 해수 온도 상승률의 3배가 넘는다. 바다 환경의 파괴, 기후변화로 인한 바다의 산성화가 심각하다는 이야기다. 해수 온도 상승은 어류자원의 급속한 감소, 연안 어패류의 폐사, 해조류의 생산 하락 등으로 이어진다. 우리나라 사람들의 단백질 공급량의 43%를 차지하는 바다 식량이 빠르게 사라진다는 것이다. 이것만이 아니다. 해수 온도 상승은 열대의 독성 생물 창궐을 가져온다. 적조가 빈발하고 독해파리나 푸른고리문어 등이 나타난다. 여기에 콜레라 등의 전염병 창궐까지, 한마디로 말한다면 "정말 심각해요!"다. 해양 생태계 회복을 국가 아젠다로 삼는 노력이 필요한 시점이다.

---

**58** 우리가 사는 지구의 자연 자본을 보전하고, 더 나은 생산방식과 소비문화를 촉진함과 동시에 지속가능성을 도모하는 방향으로 금융 흐름을 전환하고 공정한 자원 관리체계를 통해 인류와 자연이 조화롭게 공존하는 미래를 만들고자 만들어진 단체다. 1962년에 연구소로 출발하여 50년이 넘은 자연 및 환경보존 단체라 할 수 있다. 한국에도 지부가 있다.

독일 국경 에르츠 산맥에 동유럽의 알프스라 불릴 만큼 아름다운 곳이 있었다. 그런데 지금은 산성비 때문에 볼품없는 산이 되고 말았다. 나무들이 다 말라 죽었기 때문이다. 산성비의 피해는 심각하다. 독일 전체 산림 중에서 55%, 스위스 33%, 프랑스 20%가 산성비의 피해를 보았다. 유럽에서는 산성비를 '초록색 흑사병'으로 부르고, 중국에서는 '공중에 떠다니는 죽음의 신'으로 부른다. 이제 산성비는 전 세계적인 환경 재앙이라 할 수 있다.

그런데 육지에 내리는 산성비 피해보다 더 심각한 문제가 있다. 바다의 산성화다. 영국의 《가디언$^{Guardian}$》지는 지난 5,500만 년 동안 중 어느 때보다 빠른 속도로 바다가 산성화되고 있다고 경고하고 나섰다. IPCC 보고서에서도 "바다 산성화가 급속히 진행되고 있으며, 지구 상의 온실 가스가 산업혁명 이전 상태로 정상화된다 하더라도 이미 산성화된 바닷물을 원상태로 되돌리려면 많은 시간이 걸린다"고 지적한다. 2010년 멕시코 칸쿤에서 열린 기후변화협약당사국총회$^{COP16}$에서도 해양의 산성화에 대한 우려가 제기되었다. 보고서의 수석 저자인 캐럴 털리$^{Carol}$ $^{Turley}$ 박사는 "만일 이런 속도로 바다가 산성화된다면 21세기 말에는 산성도가 120% 증가할 것"이라고 경고하고 있다.

그렇다면 바다의 산성화는 왜 발생할까? 지구온난화의 주범인 이산화탄소의 증가 때문이다. 바다는 이산화탄소의 3분의 1을 흡수한다. 그런데 지금은 대기 중의 이산화탄소의 양이 급격히 늘어나고 있다. 바다가 수용 가능한 용량 이상으로 더 많은 이산화탄소를 흡수한다는 이야기다. 그러다 보니 바닷물의 산성도가 갈수록 높아지는 것이다.

상어는 '헤엄치는 코'라고 불릴 정도로 후각이 매우 민감한 동물이다. 그래서 먹이를 찾는 방법도 후각을 이용한다. 핏방울을 100만 배로 희석해도 몇 km 밖에서 알아챈다. 그런데 상어의 후각이 무용지물이 될 것이란다. 호주 제임스쿡 대학 연구진이 바다 산성도의 변화에 따른 상어의 반응을 연구했다. 산성화한 바닷물에서 상어는 오징어 냄새를 전혀 맡지 못했다고 한다. 이산화탄소 증가로 인해 바닷물은 산성으로 변해나가는 중이다. 그렇다면 멸종위기에 놓인 상어가 굶어 죽는 세상이 될지도 모르겠다.

바닷속에 녹은 이산화탄소는 석회석 성분 중 탄산이온을 소모한다. 이는 조개류의 껍질 생성을 방해한다. 산성화된 바다에서는 거미불가사리의 산란량이 줄어들고, 청어의 먹이인 거미불가사리의 알이 줄어들면 청어의 개체수도 줄어든다. 또 바닷물의 산성화는 물고기들의 방향감각과 후각을 손상시킨다. 산호의 골격형성도 어려움을 겪는다. 바다의 산성화와 환경 파괴는 플랑크톤과 해파리의 생태도 바꾼다. 결국 이런 여러 가지 현상들이 아우러지면서 해양 생태계가 뿌리째 흔들리게 되는 것이다.

우리나라 연근해의 바다 산성화는 세계 평균보다 2배나 빠르다. 우리나라는 연안 양식장 및 수산물의 의존도가 높은 나라다. 정부와 학계, 수산업계가 머리를 맞대고 시급히 대책을 마련해야 할 때다.

"나일강의 물이 온통 핏빛으로 변했다." 구약성경 「출애굽기」 7장에 나오는 이야기다. 기원전 약 1504년에서 1450년까지 왕위에 있었던 이집트 투트모세 3세[Thutmose Ⅲ] 때의 일이다. 과학자들은 아마도 이 현상은 식물플랑크톤으로 인한 적조현상일 것으로 보고 있다. 그렇다면 이 사건은 역사상 최초로 기록된 플랑크톤 이야기라 할 수 있다. 그리스 항해가였던 피테아스$^{Pytheas\ of\ Massalia}$는 기원전 약 4세기에 영국과 유럽의 대서양 연안을 항해하였다. 그는 북대서양을 항해하던 중 바닷물이 끈적거리는 현상을 기록에 남겼는데, 이것은 식물 플랑크톤이 대량 번식해서 나타난 현상일 수 있다.

사람들은 물 색깔이 변하거나 밤바다가 반짝이는 것을 보고 플랑크톤의 존재를 짐작했다. 푸른 바다가 녹색으로 변한다든지, 홍해 바닷물 색깔이 붉은 것은 물속에 무언가 있기 때문이라는 것이다. 네덜란드의 레벤후크$^{A.V.\ Leeuwenhoek}$가 성능이 개선된 현미경을 만들어 원생동물, 박테리아, 민물에 사는 조류 등을 관찰했다. 그는 "바닷물을 관찰했더니 그 속에 작은 동물이 있었다"라는 기록을 남겼다. 플랑크톤이 과학으로 들어오는 순간이었다.

바다에서는 조건만 맞으면 플랑크톤이 급속히 증가한다. 식물 플랑크톤의 생식방법은 세포분열이다. 이들은 분열하기에 알맞은 환경을 만나면 하루에도 한두 번씩 분열할 수 있어 숫자가 기하급수적으로 늘어난다. 죽는 것이 없다고 가정하면 사흘 뒤에는 개체수가 처음의 8~16배에 이른다. 바다에서는 식물 플랑크톤만이 광합성을 할 수 있다. 식물 플랑크톤은 해양 생물에 필수적이다. 해양에서 1차 생산되는, 즉 이산화탄소로부터 유기물을 만드는 것의 90%는 이들이 담당하기 때문이다. 식물 플랑크톤은 빛이 필요로 하므로, 바다 표면으로부터 약 200m 깊이 이내에서만 살 수 있다. 영양 염류가 계속 공급되고 용승작용이 일어나는 곳에서는 식물 플랑크톤이 잘 자란다. 온대 지방에 영향을 미치는 계절적인 폭풍도 겨울에 바닷물을 뒤섞어 봄에는 물속에 영양 염류가 풍부해져 식물 플랑크톤이 급격하게 증가한다. 열대 해역은 영양 염류의 농도가 낮아 식물 플랑크톤이 잘 자라지 못하며 오히려 온대 해역에서 플랑크톤의 생산력이 4배 정도 높다.

사람들은 이러한 플랑크톤을 이용하려는 노력을 계속 해왔다. 먼저 군사적으로 사용되는 예다. 1999년 10월, 우크라이나에서 플랑크톤을 연구하던 해양생물학자 네 명이 국가 기밀 누설죄로 체포되었다. 이들은 플랑크톤의 생물발광에 대해 연구를 하고 있었다. 생물발광은 살아 있는 생물이 내는 빛을 말한다. 야광충 등의 플랑크톤은 약한 물리적 자극에도 빛을 낸다. 배나 잠수함이 지나가면서 뒤에 남긴 물결만으로도 빛을 낸다. 플랑크톤이 내는 빛을 감지할 수 있는 센서들은 이미 개발되어 있었다. 따라서 인공위성이나 비행기, 배 등을 이용하여 잠수함이 지나갈 때 플랑크톤이 내는 빛을 포착함으로써 잠수함의 위치를 찾는 기술은 중요한 비밀이었다. 사실 해전에서 발광 플랑크톤을 이용한 역사는 오래되었다. 1918년 11월, 독일의 U-34 잠수함은 플랑크톤이 내는 빛 때문에 지중해에서 발각되어 격침되었던 적이 있다. 태평양전쟁에서 일본군은 생물발광을 이용해 야간에 지도를 보기도 했다고 한다.

두 번째 범죄수사에 사용되기도 한다. 인천에서 초등학생이 실종된 지 며칠 만에 한 저수지에서 시신으로 발견되었다. 범인은 이웃집에 사는 사람으로 경찰 수사 결과 어린이는 범인에 의해 유괴되어 살해된 것으로 밝혀졌다. 범인은 자신의 범행이 탄로 날까 봐 피해자를 목 졸라 살해한 후 저수지에 버렸다고 진술했다. 수사팀은 확실한 판단을 위해 장기에서 플랑크톤 검출 여부를 시험했다. 다양한 플랑크톤의 특성을 이용하여 검사한 결과 범인이 주장한 "목 졸라 살해한 후 시신을 유기하였다"는 주장이 거짓으로 드러났다. 플랑크톤 검출 검사 결과 각 장기에서 플랑크톤이 검출되어 범인의 잔인성이 드러나게 된 것이다. 즉, 범인은 어린이를 살아 있는 상태에서 저수지에 빠뜨려 죽인 것이다. 플랑크톤의 다양한 특성은 이처럼 살해 장소, 시간, 수법을 알려주는 지시자 역할을 한다.

세 번째로는 플랑크톤을 이용해 신약개발에 활용한다. 2011년 5월 성균관대 윤환수 교수팀은 해양 플랑크톤 유전정보를 세계 최초로 해독한 논문을 《사이언스》지에 게재했다고 발표했다. 해양 플랑크톤의 유전자 정보는 해양생태계 연구에 다양하게 활용될 수 있다. 유전체 분석과정에서 나오는 새로운 유전자는 신약개발이나 대체에너지 개발 등 산업 분야에도 유용하다. 이번 연구에 쓰인 피코빌리파이트picobiliphyte는 2007년 보고된 새로운 플랑크톤이라고 한다. 윤 교수는 "플랑크톤이 먹은 박테리아의 유전체 일부도 확인했다. 인간으로 치면 위장에 남아 있는 소화된 고기의 유전체를 분석한 것"이라며 "플랑크톤의 섭식 패턴을 확인하고, 나아가 생태계 내의 먹이순환도 분석할 수 있다"고 말했다. 2009년 발표된 플랑크톤인 장구말diatom에서는 유리를 만드는 유전자와 광합성 효율을 높이는 유전자가 발견돼 주목받기도 했다.

네 번째로는 에너지 생산자원으로 활용한다는 것이다. 한국해양연구원의 강도형 박사는 플랑크톤을 이용한 바이오 연료를 만들어내는 연구를 하고 있다. 플랑크톤 속에는 중성지방이 다량 들어 있다. 즉, 플랑크톤은 기름 덩어리라 할 수 있다. 이걸 짜내고 모으면 자동차 연료를 만들 수 있다는 원리다. 플랑크톤을 대량 증식시켜 지방을 짜내고 몇 가지 화학 공정을 거치면 자동차용 경유가 나온다. 플랑크톤은 지방뿐 아니라 탄수화물도 있어서 석유화학제품의 원료로도 쓸 수 있다. 경제성만 확보된다면 우리나라도 산유국이 될 수 있다는 말이다.

다섯째 플랑크톤을 이용해 건강식품이나 화장품을 만들기도 한다. 모앤도라는 회사는 '제17회 서울 국제임신출산 육아용품전시회 2010'에서 플랑크톤인 스피룰리나$^{spirulina}$를 원료로 한 화장품을 선보였다. 스피룰리나는 항산화작용을 하는 베타카로틴과 체질 개선에 효과가 있는 감마리놀렌산 등이 풍부해 피부 문제를 완화시킨다고 한다. 회사 관계자는 "스피룰리나는 건강보조식품으로 알려져 있다"며 "피부에도 탁월해 보습, 면역 활성에 효과적"이라고 한다. 그런데 이렇게 유익한 플랑크톤의 생태계가 무너지고 있다.

2011년 말 러시아에서는 강추위에도 불구하고 최대 규모의 인파가 모여 푸틴 대통령의 부정 선거를 규탄했다. 모스크바에서만도 12월 24일 약 12만 명이 모여 소련 붕괴 이후 최대 규모의 기록을 경신했다. 재미있는 것은 러시아 언론이 '오피스 플랑크톤$^{Office\ Plankton}$' 들이 대거 참가해 파장이 크다고 보도한 점이다. 오피스 플랑크톤은 정치에 무관심한 성향인 데다 결집력도 없어 힘없는 민초로 분류되는 사무직 근로자를 지칭하는 말이다. 사람들은 아무런 힘도 능력도 관심도 없는 집단을 플랑크톤이라고 부른다. 그러나 정작 플랑크톤은 우리 삶의 많은 부분에 영향을 주는 정말 유용한 생물이다. 과학자들은 플랑크톤의 개체가 환경오염으로 인해 줄어들고 있다고 경고한다. 1973년에 나온 생태 재앙 영화 〈소일렌트 그린$^{Soylent \ Green}$〉에서 "자연은 거의 다 파괴되었고, 최후의 붕괴는 플랑크톤 층이 망가지고 있다"는 이야기가 떠오른다. 늦기 전에 해양 환경에 대한 관심을 가져야만 한다.

"오늘은 열량을 대폭 낮춘 점심 메뉴를 추천해 드리려 합니다. 바로 새콤달콤, 맛도 좋은 해파리 냉채입니다. 해파리는 95%가 수분으로 되어 있어서 열량이 거의 없는데요. 비만으로 고생하시거나 여름을 맞아 다이어트 하시는 분들에게는 좋은 음식입니다. 더구나 해파리는 대장의 대사를 촉진하고, 장을 말끔하게 청소해줍니다. 냉채에 들어가는 매실 소스나 식초는 쌓인 피로해소에도 좋다고 하지요." 케이웨더의 '맛있는 날씨'에 나오는 내용이다.

장마가 걷히고 불볕더위가 기승을 부리는 여름철은 사람들이 입맛을 잃기 쉽다. 이때 소금기를 뺀 후 살짝 데쳐 찬물에 헹궈 물기를 뺀 다음 새콤한 소스와 갖은 양념을 넣어 버무린 해파리냉채는 상큼함과 톡 쏘는 맛을 내기 때문에 여름철의 잃어버린 입맛을 되찾아준다. 또 땀 흘린 뒤 수분을 보충하는 데 좋고 대사작용이 뛰어나 여름철 대표 별미 중 하나다.

해파리가 주는 이로운 점은 먹을거리만이 아니다. 최근 해파리를 이용해 전기를 만드는 연구가 진행되고 있다. 스웨덴의 샤머스 공대에서는 해파리를 믹서기에 갈아 주스처럼 만든 후, 두 개의 알루미늄 전극 사이에 해파리 주스에서 추출한 형광단백질을 몇 방울 떨어뜨려 나노

미터 크기의 발전기를 만드는 데 성공했다. 일명 '생물 광전지 나노기기 biophotovoltaic nanodevice'다. 해파리의 발광 효소를 이용하면 외부의 자극 없이도 자체적으로 빛을 공급해 전기를 생산하는 자급자족 발전기가 가능하다는 데 착안한 것이다. 이 연구팀은 1991년 스위스 로잔 공대의 마이클 그레첼M. Gratzel 교수가 개발한 색소감응형 전지인 그레첼 전지 Gratzel's cell 보다 훨씬 안전하며 더 효율적이라고 주장한다. 그레첼 전지는 구조가 단순하고 비용이 저렴해 차세대 태양전지로 주목받고 있다. 해파리 전지는 이보다 더 안전하고 확실한 방법이라는 것이다. 아직 전기의 양은 매우 적으나 기술을 좀 더 발전시키고 발전기의 크기를 키우면 현재의 태양전지보다 더 안정적으로 전기를 공급할 수 있어서 앞으로 몇 년 후에는 축전지로 상용화할 수도 있다고 한다. 해파리로 전기를 만든다니 놀라운 일이 아닌가? 해파리의 또 다른 이로운 것으로는 기상예보[59]에 활용할 수 있다는 점이다.

그러나 해파리가 주는 피해도 절대 만만치 않다. 2007년 여름부터 부쩍 우리나라 해안에 나타나기 시작한 대형 해파리가 해수욕객에게 독침을 쏘아대어 많은 사람이 피해를 보기 시작했다. 부레관해파리라 불

---

**59** 우리나라 동해안 어민들에게 전해지는 "해파리가 연안 쪽으로 이동하면 폭풍이 온다"는 말이 있다. 해파리는 폭풍우의 접근을 탐지하는 능력이 있다고 한다. 한 생물공학자가 해파리의 몸을 조사해보니 초음파를 감지하는 기능을 가지고 있더라는 것이다. 폭풍우는 8~13Hz의 초음파를 발생시킨다. 해파리는 미세한 초음파를 10~15시간 전에 미리 감지해서 파도가 낮은 연안 쪽으로 대피한다는 것이다. 러시아 생물공학자들은 이 같은 해파리의 미세 초음파 감지능력을 응용한 폭풍우 예보장치를 만들어보았다. 놀랍게도 15시간 전에 폭풍우의 접근을 예보할 수 있었을뿐더러 폭풍우의 강도도 예측할 수 있었다고 한다. 미 해군에서도 해파리를 폭풍 예보방법으로 활용하고 있을 정도니 미물이라고 무시할 일이 아니다.

리는 이 해파리가 쏘면 불에 덴 듯한 통증이 몰려온다. 여기에다 고열·피로감·근육통 등의 증상이 나타나고 민감 체질인 경우 쇼크 상태에 빠져 사망에 이른다는 보고도 있다. 크기가 1m에 무게가 50~100kg 정도 되는 노무라입깃해파리의 독은 치명적이기에 더욱 공포감을 더한다. 해파리 떼는 피서객만 공격하는 것이 아니고 인근 어장에 나타나 쑥대밭을 만들기도 한다. 멸치 어장에 몰려들어 아수라장을 만들거나 양식장을 공격하기도 한다. 2011년 영광 안마도에서 신안 흑산도에 이르는 해역에 커튼원양해파리 떼가 몰려와 젓새우와 병어를 잡아먹어 어민들이 큰 피해를 보기도 했다.

이런 가시적인 피해보다 해파리의 출몰이 주는 메시지로 받는 충격은 더욱 크다. 지구 최초의 생물은 무엇이었을까? 놀랍게도 해파리였다고 주장하는 학자가 있다. 미국 브라운대학의 케이시 던$^{C. Dunn}$ 교수 연구진은 지구 최초의 동물은 해면이 아니라 빗해파리라는 논문을 2008년 《네이처》 4월호에 실었다. 그들은 인류보다 더 먼저 지구에 나타난 해파리가 그동안 엄청난 진화과정을 겪으면서 생존력을 길러왔다고 말한다. 즉, 해파리는 환경에 철저하게 적응하면서 살아남았고 환경이 변하면 이동하는 것이 이들의 특성이라는 것이다.

해파리의 생존 특성은 무엇일까? 해파리는 동물성 플랑크톤을 좋아한다. 해수 온도가 상승하면 동물성 플랑크톤이 풍부해지고 해파리들은 자연스레 먹잇감을 찾아 이동한다. 최근 해파리들이 우리나라 인근으로 몰려든 것도 바로 해수면 온도가 높아졌기 때문이다. 예를 들어 대형 해파리인 노무라입깃해파리의 경우 과거에는 늦여름과 초가을에 주로 관찰되었으나 최근에는 출현 시기가 20일 정도 앞당겨지면서 개체 수도 증가했다고 국립수산과학원이 밝히고 있다. 이것은 바로 해파리와 수온 상승, 그리고 동물성 플랑크톤의 증가는 긴밀한 상관관계를 가지고 있다는 의미이다. 우리나라 근해의 해수면 온도 상승은 심각한 상태다. 국립수산과학원 한인성 박사는 "기후변화에 기인한 한반도 주변 해역의 수온 변동은 지난 40년간(1968~2007년) 1.04℃ 증가했다. 수온의 지속적인 상승은 수산자원 및 해양 생태계에 많은 영향을 주고 있는데, 한대성 어종인 명태가 사라지고 난대성 어종인 오징어 어획량이 가파른 상승세를 보이는 것이 좋은 예다"라고 말한다. 그는 독성 해파리 떼의 출몰이 수온 상승에 기인한 것이라고 말한다.

그러나 우리가 진짜 관심을 가져야 하는 것은 해파리 출몰이 상징하는 기후변화로 인한 재앙이다. 국립수산과학원에 따르면 해파리 출현으로 인한 연간 피해 추정액이 1,521~3,048억 원에 이른다고 한다. 해양 생태계 파괴의 주범으로 해파리가 부상하고 있는 것이다. 먹잇감을 따라 이동하는 해파리 떼는 해양 환경 변화의 척도이자 해수 온도 상승의 온도계 역할을 한다. 해양과학자들은 해파리가 바다 생태 환경의 이상을 가장 먼저 알려주는 지시자라고 말한다. 해파리 떼는 기후변화로 발생하는 해수 온도 상승 → 플랑크톤 증가 → 해파리 출현 → 생태계 파괴 → 지구온난화에 의한 재앙 등으로 이어지는 재난 시나리오의 메신저라는 것이다. 해파리의 잦은 출몰이 경고하는 환경 파괴와 재앙에 정부와 국민이 다 함께 관심을 가져야 하는 이유다.

# 연안생태계도
# 신음하고 있다

"인우와 태희가 석양을 등지고 소나무 사이에서 춤을 추던 장면은 너무나 환상적이었지요." 어느 영화 마니아의 관람평처럼 영화 〈번지점프를 하다〉에 나온 주인공 인우(이병헌 분)과 태희(이은주 분)의 왈츠를 추던 실루엣은 그대로 한 편의 그림이었다. 영화의 배경이 된 곳은 충남 태안군에 있는 갈음이 해수욕장이다. 태안에서 안흥항으로 가는 길목에 있는 이 해수욕장은 모래가 곱고 희기로 유명하고 아름다운 소나무 숲이 조성된 해안사구海岸砂丘[60] 지역이다. 그런데 왜 학자들은 해안사구를 바

---

[60]　해안에 발달한 사구를 말하며 해빈과 간석지의 모래가 바람에 의해 해빈 후면으로 이동하여 형성된 모래언덕이다. 보통 초속 4m이상의 다소 강한 바람이 바다에서 육지 쪽으로 계속 부는 지역에서 발생한다. 물론 바람에 노출되는 모래의 양이 충분해야 한다. 또한 해빈 후면에 식생이 자라고 있어 모래의 퇴적을 촉진할 수 있어야 한다. 한국의 서해안은 이러한 조건을 잘 갖추고 있다. 북서 계절풍이 겨울과 초봄에 탁월하며, 간석지가 넓으며, 식생이 다양하게 형성되어 있다.

다가 주는 천연 보고라고 말하는 것일까?

첫째, 해안사구는 천연의 해안제방 구실을 한다. 해안사구는 평소에 해빈과 간석지로부터 모래를 공급받아 언덕을 만들고 모래를 저장한다. 폭풍이나 강한 해일이 일어나면 해안사구는 모래를 해빈과 간석지로 돌려준다. 이런 모래의 교환을 통해 해안으로 유입되는 강력한 파도의 에너지를 분산시킨다. 즉, 천연의 해안제방 구실을 하는 것이다. 해안침식에 대응하는 가장 친환경적이고 강력한 구조물이 될 수 있다는 뜻이기도 하다.

지구온난화로 인한 해수면 상승이 야기하는 문제들 중 하나로 해안침식이 있다. 우리나라에서도 해안침식을 막기 위해 경성호안 구조물hard coastal defence structure을 설치하는 등 대비해왔으나 거의 실패로 돌아갔다. 국제사회에서도 해안제방, 돌제, 방파제 등과 같은 경성호안으로는 해안침식의 문제를 해결할 수 없다고 말한다. 경성호안은 유지비도 많이 들지만, 침식 문제를 다른 지역으로 전가시키는 특징이 있기 때문이다. 해안에서 일어나는 자연적인 침식과 퇴적 과정을 이용한 연성호안 기법soft defence methods이 그 대안으로 떠오르고 있다. 해안사구는 해빈의 침식을 완화시키는 중요한 모래 저장고이며, 폭풍해일로 인한 침수 위협으로부터 배후지를 보호하는 중요한 자연제방의 역할을 감당하는 연성호안이다. 따라서 미국이나 유럽 등지에서는 해안사구를 보전하기 위한 제도나 지침을 갖춰가고 있다. 여기에 더해 해안사구를 인공적으로 조성하려는 계획을 세우고 있다. 미국의 연방재난관리국은 100년 주기 폭풍이 내습할 상황에 대비해 위험지역의 경우 해수면보다 높은 고도로 단면적 50m² 이상의 모래가 유지될 수 있게 해안사구를 만들도록 권고하고 있다.

둘째, 해안사구는 담수 지하수의 저장고이기도 하다. "예전에는 정말 좋은 물이 솟아 나왔는데 해안사구가 파괴된 다음에는 물을 구하러 먼 곳까지 가야만 해요." 태안 해안사구 근처에 사는 주민의 말처럼 해안사구가 잘 보전된 지역에서는 바닷가 바로 옆에 있음에도 깨끗하고 맑은 물을 먹을 수가 있다. 모래로 만들어진 해안사구는 빗물 등을 잘 보존하는 성질을 가진다. 언덕 모양의 해안사구 지형은 지하수면이 해수면 위에 유지될 수 있도록 해준다. 가이벤헤르츠버그 원리Ghyben-Herzberg principle에 따르면 해수면에 대해 지하수면의 높이가 1m라고 할 때 담수 지하수면의 깊이는 불투수층과 같은 제약 조건이 없으면 40m에 이르게 된다. 따라서 해안사구 하부에는 렌즈 모양의 두꺼운 담수 대수층이 위치하게 된다. 해안사구에 만들어진 대수층은 바닷물이 내륙으로 침투하지 못하게 하는 방어벽 역할을 한다. 해안사구는 '음의 가치'[61]를 지니고 있다고 할 수 있다. 아울러 해안사구 저습지의 수원이 되며, 배후 지역 촌락의 샘 구실을 하기도 한다. 사구는 물의 정화 능력도 탁월하다. 정수기의 필터가 물에 포함된 이물질을 걸러주는 역할을 한다면 사구의 모래가 바로 그와 같은 역할을 해서 해안사구에서 흘러나오는 물이 깨끗해진 것이다. 네덜란드의 경우 해안사구의 여과 효과에 주목하여 해안사구지대를 정수회사의 정수장으로 활용하기도 한다.

**61**  존재하지 않을 경우 인명피해를 준다는 측면에서 지니는 가치로 자연자원의 가치를 평가할 때 사용되는 개념이다.

셋째, 독특한 생태계의 보고지역이다. 해안사구는 희귀식물의 서식지 역할을 한다. 해안사구의 서식 환경은 매우 열악하다. 강한 햇빛, 강한 바람, 염분, 물 부족 등으로 일반 육상생물은 살아가기 힘든 환경이다. 그래서 이곳에 서식하는 갯잔디, 갯방풍, 갯메꽃 등은 매우 희귀한 식물이 될 수밖에 없다. 이러한 식물들이 살아가는 것에는 독특한 시스템이 있다. 바닷가에서 밀려오는 모래는 영양 염류의 운반자 역할을 해주어 해안생태계 영양 순환을 만들어준다. 반대로 해안사구의 퇴적물이 해빈海濱으로 유입될 때는 육상 생태계에서 만들어진 유기물이 해안생태계로 유입된다. 해빈이나 간석지와 해안사구 간의 주기적인 모래 교환은 해안사구를 서식처로 삼아 살아가는 식물에 성장 기회를 제공하는 것이다. 예를 들어 미국바다풀의 경우 해빈이나 간석지에서 밀려들어온 모래에 의해 파묻혀야만 그다음 해에 제대로 성장할 수 있다. 거개의 해안사구에서 자라는 식물들은 바다에서 밀려오는 모래에 의해 파묻혀야만 성장이 제대로 이루어지는 특징을 보여준다. 그리고 내륙에서는 볼 수 없는 희귀식생이 발견되는 경우가 많아 네덜란드, 덴마크를 비롯한 북유럽 국가들에서는 해안사구 관리에 많은 신경을 쓴다. 우리나라의 경우 해안사구 지대는 대부분 소나무를 심어 날아오는 모래를 막아서 생태적 다양성은 떨어지나 수려한 경관을 보이는 곳이 많다.

해안사구는 최근 들어서 그 가치가 높게 평가되고 있다. 바로 지구온난화로 인한 해수면 상승 때문이다. 유엔 정부간기후변화위원회[IPCC]의 제4차 보고서에서는 2100년까지 전 지구적 해수면 상승이 18~59cm의 범위로 진행될 것으로 예측한다. 해수면의 상승은 크게 두 가지의 위험을 가져온다. 첫째는 위험 수준의 폭풍해일 발생 빈도가 높아진다는 것이다. 현재 해수면 상승은 해수 온도 상승과 동반되어 진행되고 있어 폭풍의 발생도 과거와 비교하면 더 자주, 더 강하게 변화될 가능성이 매우 크다. 문제는 해수면 상승 추세와 함께 세계적으로 해안 지역의 인구가 급격히 증가하고 있다는 것이다. 2005년 미국을 강타한 허리케인 카트리나나 2008년 미안마를 강타한 사이클론 나르기스Cyclone Nargis 때 예상보다 엄청난 피해가 발생한 것은 바로 해안으로 인구가 집중해 있었기 때문이다.

둘째는 해수면의 상승과 더불어 해안 서식지와 서식종의 변화가 발생한다는 것이다. 해수면 상승에 적응하여 내륙으로 자연스럽게 전이되었을 해안생태계가 인간의 개입으로 인해 완충 공간이 상실됨으로써 파국에 이를 확률이 높다는 것이다. 각종 개발이 진행되는 우리나라도 해안생태계의 위험에서 벗어날 수 없는 상황이다.

해안사구는 이러한 위험을 자연스럽게 막아주는 역할을 해준다. 그러기에 학자들은 해안사구가 사회적으로도 경제적으로도 매우 큰 가치가 있다고 말한다. 이미 미국이나 유럽의 선진국들은 사구를 보호하기 위한 정책을 시작하였다. '사구 지역 안으로 들어가지 마시오'라는 팻말을 붙이고, 들어가면 어마어마한 액수의 벌금을 물린다. 사구 위에 이미 오래전부터 주거지가 있었다면 친환경적인 나무로 만든 다리를 놓아 사구를 밟지 않도록 조처하고 있다.

우리나라는 어떤가? 아직은 해안사구의 중요성에 대해 잘 모르는 것 같다. 그러다 보니 안면도 꽃박람회를 열고, 서해안 도로를 낸다는 등의 이유로 사구를 마구 파헤쳤다. 국립환경과학원이 2009년 조사한 결과, 해안사구 142곳 중 51곳이 난개발로 훼손되었다고 한다. 보호지역에 있는 사구조차도 39곳 가운데 10곳이 침식·파괴됐다고 한다. 이 같은 실태가 가속하면서 국내 해안선 길이가 1910년 7,560km에서 2009년 5,620km로 1,940km가 줄었다. 참으로 안타까운 일이다.

다만 일부 해안사구가 천연기념물로 지정되어 그나마 보존된다는 점이 다행스럽다. 신두리 해안사구는 태안반도 서북부의 충남 태안군 원북면 신두리에 위치하며 해빈을 따라 길이는 약 3.4km, 폭은 약 500m~1.3km이며 그중에서 비교적 원형이 잘 보존된 북쪽 지역 일부가 천연기념물 제431호 '태안 신두리 해안사구'로 지정되어 있다. 해안사구가 해안시스템 내에서 담당하는 지형적·생태적 완충 기능을 지혜롭게 활용하는 것이 무엇보다 중요해지는 때이다. 해안사구를 바르게 이해하고 지혜롭게 관리하는 것은 국토를 보다 건강하게 유지하며 다음 세대에 풍요로운 국토를 남겨주는 방법이 아닐까?

해안사구의 중요성 못지않게 중요한 곳이 갯벌이다. "해양 전쟁이 벌어지고 있다." 《뉴욕타임스》의 보도 제목이다. 선진국들이 해양의 무진장한 자원에 눈독을 들이고 있다는 거다. 북극해 선점 경쟁은 러시아와 캐나다 간의 긴장을 고조시켰다. 해저탐사도 치열한 경쟁을 벌이고 있다. 그런데 말이다. 생태학자들은 물밑보다 연안에 있는 자연자원을 보호하는 것이 더 경제적이라고 말을 한다.

갯벌 하면 떠오르는 영화가 있다. 화가 장승업의 일대기를 그린 〈취화선〉이다. 젊은 시절 그를 사로잡았던 첫사랑의 여인이 죽자 이별의 아픔을 삭이기 위해 전국을 유랑한다. 어느 겨울 눈발이 날리는 날 서해안의 갯벌을 찾는다. 염생식물로 붉게 물든 염습지와 흰 눈으로 덮인 하얀 갯골에 부는 차가운 바람 등이 장승업의 마음을 너무도 잘 표현해주었다.

갯벌은 밀물이 되면 바닷물에 잠기고 썰물이 되면 모습을 드러내는 땅을 말한다. 밀물과 썰물의 높이 차가 큰 환경에서 잘 발달한다. 우리나라 서해안이 세계 5대 갯벌로 손꼽히는 이유다. 갯벌에는 하천이나 강을 통해 육상의 유기물질이 끊임없이 공급된다. 그러기에 영양이 풍부해 수천 종에 이르는 동식물의 중요한 서식지가 된다. 지구에 존재하는 생물의 20%가량이 살아가고 있는 곳이다.

갯벌이 우리에게 주는 이익은 엄청나다. 먼저 우리나라는 갯벌에서 전체 어획량의 60% 이상을 생산한다. 갯벌의 생산성은 육지의 생산성보다 9배나 높은 가치를 가지고 있다. 여기에 갯벌은 오염을 정화하는 기능이 있다. 갯벌은 생물학적으로도 연구가치가 매우 크다. 여기에 교육과 함께 관광의 가치도 있다. 가장 큰 이익은 자연재해 예방과 기후 조절의 기능이 있다는 것이다. 해일의 세력을 약화하며 해안 침식을 막아준다. 지구온난화의 주범인 이산화탄소의 양을 조절해주기도 한다.

우리나라는 '서해안 개발'이라는 미명 아래 갯벌을 메워 공장을 짓고 도시를 건설하고 하구에 둑을 만들었다. 갯벌 생물들의 서식지가 파괴되고 오염되었다. 그러나 아직 늦지 않았다. 영국은 갯벌 보존을 '생물다양성사업계획'의 최우선 순위에 놓고 있다. 이런 것을 벤치마킹해 적극적인 갯벌 보존 노력이 필요한 때다. 우리뿐 아니라 우리 후손을 위해서도 말이다.

다음은 연안 생태계의 환경 지시자로 불리는 산호 이야기를 해보자. 1980년에 〈블루라군The Blue Lagoon〉이 개봉되었을 때 사람들은 남태평양의 아름다운 산호초에 반해버리고 말았다. 이 영화는 난파한 배에서 표류한 조그만 어린 남자와 여자아이가 산호초에서 살아가는 모습을 그렸다. 남빛 푸른 바다에서 주인공인 브룩 실즈가 청순한 반라의 모습으로 수영하던 광경은 지금도 눈에 선하다. 산호초와 주인공의 모습이 너무나 환상적이었다. 이 영화의 제목으로 사용된 라군lagoon은 석호潟湖를 말한다. 석호는 사주砂洲로 바다와 격리된 호소湖沼다. 호소는 수심이 얕고 바다와는 산호로 격리된 데 불과하므로, 지하를 통해서 해수가 섞여 드는 일이 많아 염분 농도가 높다. 부유성 플랑크톤이 담수호보다 풍부한 특성이 있다.

영화에 나온 환상적인 아름다움을 보이는 산호초는 어떻게 만들어지는 것일까? 도대체 산호는 어떤 해저지질학적 특성, 수온, 그리고 파도에 가장 민감할까? 『종의 기원』의 저자 찰스 다윈이 산호초 분류 방법을 고안[62]한 것은 1842년이었다.

---

[62] 그는 산호초를 거초, 보초, 환초라는 3가지 형태로 분류하였다. 거초(裾礁, ringing reef)는 섬이나 대륙 주변에 에워싸듯 발달한 산호초를 말한다. 보초(堡礁, barrier reef)는 연안에 거의 평행하게 형성되지만, 석호나 그 밖의 물로 연안과 분리된 산호초를 말한다. 환초(環礁, atoll)는 초호(礁湖)를 둘러싸고 있는 산호초로 지름이 수십 킬로미터에 이른다. 화산이 폭발해 해수면 위로 솟아 나오면, 그 가장자리에 시간이 흐르면서 산호가 생성된다. 이것이 거초로 거초는 외양 쪽으로 자라면서 점차 보초로 바뀐다. 시간이 흐르면서 화산이 가라앉고, 산호는 해가 잘 드는 얕은 곳에 남아 있기 위해 계속 자란다. 화산이 가라앉아 결국 보이지 않게 되어도 주변에 고리 모양의 산호초는 남는다. 이것이 환초이다. 세계 최고의 산호초는 오스트레일리아 북동 해안에 있는 대보초이다.

산호는 지구의 기온 변화를 알려주는 매우 중요한 기후 지표이다. 산호가 기후 지표로 유용한 이유는 뭘까? 산호는 탄산칼슘으로 몸을 감싼 폴립polyp이라는 해양 무척추동물의 집합으로 형성된다. 수백만 개의 폴립들은 조류에서 영양분을 취한다. 가장 많은 산호는 햇빛이 얕은 물을 투과해 조류의 광합성을 만들어내며, 해수 온도가 높은 곳에 산다. 또 폭풍이나 큰 파도의 영향이 비교적 적어야 한다. 그래야 결함이 없고 수백 년 된 산호가 존재하는데 대개 태평양 동부의 섬들에서 많이 발견된다.

산호 분석을 통해 기후학자들은 해양에서 벌어진 엘니뇨에 관한 귀중한 자료를 얻는다. 해수 온도의 영향을 가장 많이 받는 동태평양 바다에 수백 년 이상의 좋은 산호초가 많이 남아 있기 때문이다. 산호에는 성장 테가 기록되어 있다. 그 동위원소 함량을 분석하면 산호가 천천히 성장할 때 해수 온도의 변화를 알 수 있다. 즉, 한랭한 물에 사는 산호는 무거운 산소동위원소인 $O-18$을 많이 함유하고, 온난한 물에 사는 산호는 가벼운 $O-16$을 많이 함유한다. 엘니뇨 시기에는 산호의 $O-18$ 함유량이 적어지고 라니냐 시기에는 많아진다. 우라늄-토륨 연대 측정으로도 중요한 기후 자료를 얻을 수 있다. 방사선을 이용해 산호 탄화물의 연대를 측정하는 기술이다. 이를 통해 12~14세기의 엘니뇨는 지금보다 적었던 것을 밝혀내었다.

그런데 이렇게 중요한 산호가 사라지고 있다. 2008년 12월 국제자연보호연맹은 전 세계 산호초의 5분의 1이 이미 사라졌으며 이산화탄소의 양을 줄이지 않으면 앞으로 20~40년 안에 대부분의 산호초가 사라질 것이라고 경고했다. 산호초에 가장 취약한 환경은 첫째, 수온상승이다. 산호초는 열 스트레스에 취약하다. 바닷물 온도가 약 1~3℃ 상승하면 산호초가 백화현상으로 사라진다. 둘째, 바닷물의 산성화도 산호초를 황폐화시킨다. 바다는 이산화탄소를 흡수하는데, 바닷물에 용해된 이산화탄소는 바닷물을 산성화시킨다. 1750년 이후 해수의 pH가 평균 0.1 감소했다. 미국 해양대기청 과학자들은 바닷물 산성화로 인한 산호초의 골격 부식을 경고하고 있다. 셋째, 해수면의 상승을 들 수 있다. 산호초의 생존 특성상 햇빛이 필요하므로 살아 남기 위해서는 상승하는 해수면을 따라 빨리 쌓아올려야 하는 압력을 받기 때문에 이것 역시 산호초가 사라지는 한 요소가 될 것이라고 과학자들은 말한다.

코끼리들은 죽을 때가 되면 사람들이 알지 못하는 장소로 가서 죽는다고 한다. 산호도 이처럼 자기의 미래를 예지하는 능력이 있다는 주장도 있다. "산호는 백화현상을 보여주며 지구 기후변화를 스스로 말해준다"는 주장이 호주의 과학자들에 의해 제기되었다. 에임스연구센터ARC, Ames Research Center 와 제임스 쿡 대학의 과학자들로 구성된 연구팀은 해수 온도가 올라가면서 복합적인 분자 신호가 나와 산호와 그 기생 조류 스스로 자해한다는 것을 밝혔다. 이런 현상은 산호 백화현상 때의 수온보다 3℃ 정도 낮은 온도에서 시작된다는 것을 알아냈다. 바닷물 온도 상승이 산호초에 치명적이라는 것을 밝혀낸 것이다. 이들은 산호가 죽어가는 백화현상은 해수 온도의 상승 때문에 나타나며, 산호와 기생 조류들 내에서 유기체의 아포토시스apoptosis(세포자살)[63]가 일어나는 것이다.

---

**63** 고사(枯死) 혹은 세포소멸(細胞消滅)이라는 자기방어 시스템을 작동하는 현상을 말한다.

산호와 이에 기생하는 조류가 높은 수온으로 스트레스를 받으면 산호를 먹여 살리는 조류가 죽거나 혹은 산호한테서 떨어져 나가기 때문이라고 설명한다. 호주의 그레이트 배리어 암초에서는 지난 1980년 이래 백화현상이 8회 발생하였는데, 2002년이 최악으로 55% 정도가 영향을 받았으며, 최근 그 빈도가 증가하는 추세라고 한다.

지구온난화는 해저생태계의 건강도를 알려주는 산호에 치명적이다. 산호가 다 죽은 바다에서 인류는 무엇을 얻을 수 있을 것인가? 우리에게 희망적인 것은 산호가 해수 온도 상승으로 야기되는 스트레스에 자신의 세포 일부를 죽임으로써 반응하는 반면에, 높은 해수 온도가 사라져 정상적인 조건으로 돌아가면 다른 부분을 강화하여 회복하려는 단계에 들어선다는 점이다. 인류가 시급히 탄소 저감 노력에 나서야 하는 이유다.

연안 생태계를 보존해주는 것 중에 산호 외에 맹그로브가 있다. 태평양 남부 해안의 어느 외진 바닷가. 수년간의 외국생활 이후 유럽 출신의 한 여자가 아들과 함께 바닷가로 돌아온다. 현실과 꿈이 교차하면서 만들어내는 미스터리 한 분위기가 환상적이었다. 2011년 16회 부산국제영화제에 출품되었던 〈맹그로브Mangrove〉라는 영화다. 똑같은 맹그로브를 배경으로 했음에도 전혀 다른 분위기의 영화도 있다. 〈맹그로브 숲의 아이들〉이라는 영화다. 엘살바도르의 맹그로브 숲에서 조개를 캐며 살아가는 루이스와 블랑카 남매의 이야기다. 이들 영화를 보면서 인간의 기본적인 삶의 터전은 순수한 자연임을 깨닫는다. 그리고 그곳에서 건강해질 수 있음을 알게 된다.

맹그로브는 아열대 남쪽 해안선 부근에 살아가는 나무들을 말한다. '바다의 숲'이라고 불리는 맹그로브는 야자나무와 감탕나무, 갯질경이, 쥐꼬리망초 등의 나무로 이루어져 있다. 육지와 바다의 경계에 뿌리를 내리고 있다. 염도가 높은 혹독한 조건에서도 울창한 숲을 이루며 잘살아간다. 그러기에 '적응의 귀재'라고도 불린다.

맹그로브가 인류에게 주는 혜택은 무엇일까? 맹그로브는 파도를 완화·분산시킨다. 인공방파제보다 훨씬 더 강하다. 해안선을 따라 형성된 천연의 방재지역이라고 할 수 있다. 맹그로브는 해안 침식 방지 역할도 한다. 맹그로브 숲은 다양한 수산물의 어획 장소이며 목재, 숯의 원료로도 활용된다. 또 해안 생태계의 보호 역할을 담당한다. 퇴적물과 영양염류를 여과하며, 물속 오염물질을 흡수하는 중요한 역할을 한다. 그러나 맹그로브 숲이 주는 가장 큰 이익은 이산화탄소를 줄이는 역할이다. 맹그로브 숲은 헥타르당 690~1,000톤의 이산화탄소를 줄여준다.

이처럼 중요한 맹그로브 숲이 위기에 처해 있다. 양식장, 주택단지, 도로, 항만시설, 호텔, 골프장 등을 만들기 위해 맹그로브 숲을 없애고 있다. 2010년 기후변화협약당사국총회<sup>COP16</sup>가 열렸던 멕시코 칸쿤은 세계적인 맹그로브 자생지다. 이곳에서 회의가 열렸던 것은 맹그로브 숲이 파괴되어 가고 있는 현장이었기 때문이다. 칸쿤은 맹그로브가 기후변화를 막고 환경 보호에 가장 좋은 자생지라는 것을 알리는 역할을 했다. 우리 모두 인류의 삶을 풍요롭게 해줄 귀중한 자연자원인 맹그로브 숲을 보전하는 일에 힘을 합쳐야 한다.

# 지구의 멸망,
## 우리는 지금 그 문턱에 서 있다

미국에 몰아닥친 2014년 11월 하순의 강력한 한파는 경제성장률을 떨어뜨렸다. 동아시아의 12월 한파와 폭설은 이례적이었다. 우리나라는 물론 일본도 엄청난 피해를 보았다. 쉬지도 않고 지구촌에 몰아치는 기상 재앙은 지구의 종말이 가까워 온 것이 아니냐는 말이 나올 정도다.

2014년 12월 초에 영국의 세계적 물리학자 스티븐 호킹S. W. Hawking [64] 박사가 지구 종말설을 이야기했다. 인공지능AI 발전이 인류의 생존에 중대한 위협이 될 수 있다는 거다. 정말 종말이 다가오는 것이 아니냐는 말들이 나왔다. 사람들의 궁금증에 답하기 위해 영국의 일간《텔레그래프》는 일곱 가지 지구 멸망 시나리오를 발표했다. 여러 자문 그룹 교수들의 의견을 취합하였다고 한다. 그런데 이들 항목에 지구온난화와 연

---

[64]  2009년까지 케임브리지 대학교 루커스 수학 석좌 교수로 재직한 영국의 이론 물리학자이다.

관된 기후변화가 여러 항목을 차지하는 것이 눈에 띈다.

먼저 소행성의 지구 충돌이다. 지구 멸망 시나리오 중에서 가장 많이 나오는 단골손님이다. 소행성 충돌이 있게 되면 지구는 빙하기가 올 가능성이 크다. 두 번째는 인공지능이다. 엄청난 능력을 갖춘 컴퓨터들이 인류의 권력을 차지한다. 기계가 지배하는 세상이 올 가능성이 크다는 말이다. 세 번째는 전염병이다. 기후변화가 가져온 변종 바이러스의 출현이다. 단기적으로는 가장 위협적이다. 치료 약도 백신도 없는 변종 바이러스인 에볼라 바이러스가 대표적인 예이다. 네 번째가 핵전쟁이다. 미국 미래 예측 기관들이 핵전쟁 발발 가능성이 가장 높은 곳을 인도와 파키스탄으로 본다. 기후변화로 인한 물 문제 때문이다. 이 외에도 입자 가속기, 신적 존재의 실험 중단 등도 지구 멸망 시나리오에 포함되어 있다. 마지막으로 지구온난화다.

새로운 밀레니엄이 시작되던 2000년 인류 멸망 시나리오가 당시의 화두였다. 그때는 악성 바이러스로 인한 재앙설이 가장 큰 관심을 받았다. 두 번째가 화산 폭발설이었다. 화산 폭발로 인한 빙하기 도래로 멸종 위험이 있다는 것이었다. 세 번째가 지구온난화로 인한 빙하의 해빙이었다. '워터 월드'가 도래할 것이라는 거다. 마지막은 '혜성과의 충돌설'이었다. 현재도 지구 멸망 시나리오는 거의 비슷하다. 다만 첨단과학이 발전하면서 인공지능 등이 들어간 것이 차이가 날 뿐이다. 지구 멸망 시나리오의 절반 이상이 기후변화로 인한 직간접적인 영향 때문이다. 지구를 달래는 노력이 정말 필요한 때다.

약 5억 5,000만 년 전에 지구에 산소가 폭발적으로 늘어나면서 다양한 동식물이 폭발적으로 등장한다. 지구의 봄이라 불리는 캄브리아기 때의 일이다. 지구의 육지와 바닷속에는 온갖 생물들로 가득 차기 시작했다. 산호, 암모나이트, 삼엽충이 바닷속을 꽉 메웠다. 육지도 덩치 큰 동물들의 숫자가 도를 넘었다.

생태계 균형이 무너지기 시작했다. 이들의 배설물은 산소를 고갈시키면서 지구를 썩게 했다. 대기 중 이산화탄소가 증가하면서 급격한 지구온난화가 진행되었다. 외부적인 충격까지 더해지면서 생물 대멸종 사건이 발생했다. 지구 전체를 통틀어 90%의 생물이 죽어 없어졌다. 삼엽충과 암모나이트가 멸종된 것은 바로 이때다. 2억 5,000만 년 전에 일어난 이 사건을 지구 대멸종[65] 중 페름기 대멸종이라고 부른다.

어느 날 외계로부터 소행성이 날아와 지구와 충돌했다. 그 충격으로 지진과 화산이 지구를 흔들었고 재와 연기가 지구를 뒤덮었다. 지구 전체가 재로 덮이면서 태양 빛을 가렸고 긴 겨울이 찾아왔다. 갑자기 닥친 빙하기로 기후 생태계의 균형이 깨졌고 공룡 등이 멸종했다. 6,500만 년 전에 일어난 이 사건을 백악기 대멸종이라고 부른다.

사람들은 역사에 있었던 대멸종 사건이 영화처럼 한순간에 벌어진 일이라고 생각한다. 그러나 멸종의 원인이 된 현상은 순간적이었지만 생물이 실제로 멸종하기까지는 수십 만 년이 걸렸다. 기후변화에 적응하지 못한 생물들의 개체수가 서서히 줄면서 멸종한 것이다.

---

**65** 지구에서 생물 종들이 크게 절멸한 사건은 5번 있었다. 고생대 초기의 오르도비스기 말 4억 4,000만 년 전, 고생대의 데본기 후기 3억 6,500만 년 전, 고생대 페름기 말 2억 2,500만 년 전, 중생대의 트라이아스기 말 2억 1,000만 년 전, 그리고 중생대의 백악기 말 6,500만 년 전이다.

최근 지구의 생물 종이 격감하고 있다. 나비, 벌, 식물 등 수많은 종의 감소가 나타나면서 다시 대멸종 사태 발생을 우려하는 목소리가 커지고 있다. 소행성 충돌도 없었고 화산활동도 강하지 않고 특별한 변화도 없었다. 그런데도 이런 현상은 왜 발생하는 것일까? 바로 인간의 활동이 만들어내는 지구온난화 때문이다. 다시 생물 멸종이 일어난다면 이번에는 인류가 멸종을 자초했다는 것을 알아야만 한다.

대기 과학자 제임스 러브록J. Lovelock 박사는 지구는 기후를 스스로 조절하며 통제하는 능력이 있다고 말한다. 우주적인 재앙이 있어도 다시 살아나는 강한 자기 치유력이 있다는 것이다. 생물의 대멸종 사태가 발생하더라도 지구는 살아남는다는 뜻이다. 그러나 인류는? 지구는 살아남더라도 인류는 멸종의 길로 들어설 수도 있다는 그의 경고를 생각해보았으면 좋겠다.

그런데 말이다. 지구의 역사를 보면 생물 대멸종은 다섯 번이 있었다. 다섯 번의 대멸종은 각각 약 100만 년에 걸쳐 진행되었다. 그리고 매번 생물의 70~95%가 멸종했다. 기온 급변, 운석 충돌, 메탄의 대량 분출, 화산작용에 의한 산성비 등이 원인이었다. 이런 자연현상들은 기후변화의 핵심 요소가 된다. 그러다 보니 기후학자들은 온실가스의 증가가 멸종의 핵심 요소가 될 것이라고 말하는 것이다. 지금까지는 자연현상으로 인한 생물 대멸종이었다. 그렇다면 미래는 인류가 만들어낸 인위적인 온실가스 증가로 인한 생물 대멸종이 될 것이다.

2013년에 서울대 산학협력단에서 「생물자원 조사·연구 최종보고서」를 내놓았다. 기후변화, 오존층 파괴, 사막화, 산림화 등 지구적 규모의 환경 변화가 급속히 진행되고 있다. 이로 인해 인류 역사상 가장 빠른 생물 멸종 사태가 벌어지고 있다는 것이다. 이들은 앞으로는 생물종의 멸종 속도가 현재보다 10배 이상 빨라질 것으로 예측한다. 2011년에 발표한 기상청의 「이상기후 특별 보고서」도 비슷하다. 지구 평균 기온이 1.5~2.5℃ 상승할 경우, 동·식물종의 약 20~30%가 멸종위험에 빠질 것이라고 한다. 자연보존국제연맹[IUCN] [66]은 현재 1만 8,351종의 생물이 멸종 위협에 처해 있다고 말한다.

기온 상승으로 빙하가 녹으면서 생물도 사라진다. 북극 빙하가 녹으면 북극곰이 사라진다. 남극 빙하가 녹으면 황제펭귄을 구경 못 한다. 히말라야 산맥이나 안데스 산맥, 카프카스 산맥 등의 빙하가 녹아내린다. 그러면 야크나 순록, 라마 등도 지구에서 사라진다.

인류의 자연파괴도 생물 멸종에 박차를 가한다. 박경식 미래전략정책연구원 원장은 "2018년이 되면 나이지리아의 열대우림이 소멸한다. 중앙아프리카의 고릴라가 멸종한다. 보르네오의 열대우림이 사라지면서 오랑우탄 등도 없어진다. 뒤따라 아프리카코끼리와 코뿔소가 멸종한다"고 주장한다. 침팬지 박사로 알려진 제인 구달[J. Goodall] 도 "자연파괴와 기후변화로 침팬지, 고릴라, 오랑우탄, 긴팔원숭이 등을 멸종 위기에 내몰리고 있다"며 국제사회에 호소한다. 자연파괴를 막고 온실가스 저감에 빨리 나서라고 말이다.

---

**66** 국제자연보전연맹(國際自然保全聯盟, IUCN, International Union for Conservation of Nature and Natural Resources)은 자연과 천연자원을 보존하고자 설립된 국제기구이다. 현재는 국가, 정부기관 및 NGO의 연합체 형태로 발전한 세계 최대 규모의 환경단체이다.

지구 동식물의 다양성을 지키지 못하면 인간의 지속 가능한 삶이 가능할까? 기후변화를 저지해 자연과 생물을 보호해야 한다. 이것이야말로 자연에 의존해 살아가는 인류 70억 명을 구하는 최선의 방법이다. 지구의 기후변화와 환경 파괴는 우리 주변의 먹거리와 생물들을 사라지게 하고 있다.

미래 기후에서 가장 큰 변화는 기온의 상승이다. 기온 상승은 이산화탄소의 증가 때문에 이루어진다. 기온이 상승하고 기후가 극단적으로 변하면 가장 큰 타격을 입는 분야가 농업이다. 적정한 양의 이산화탄소는 식량 생산에 도움을 준다. 그러나 과도한 양의 이산화탄소는 농업생산력에 타격을 준다.

2014년 10월 29일 영국 《가디언》지는 "기후변화로 사라질 수도 있는 8가지 음식"이라는 제목의 기사를 실었다. 가장 먼저 옥수수가 사라질 것이라고 한다. 두 번째가 커피다. 높은 기온과 열대기후의 변화는 커피를 썩게 하는 곰팡이를 증가시킨다. 사라질 음식으로 초콜릿도 있다. 국제 열대농업센터[CIAT 67]는 카카오콩 생산량이 수십 년간 계속 줄어들 것으로 전망한다. 바다의 수온이 상승하고 산성화되면서 굴도 사라질 것이라고 한다. 메이플 시럽도 사라진다. 습한 겨울과 건조한 여름이 설탕단풍나무의 생장에 독이 되기 때문이란다. 콩도 사라지면서 두유나 두부도 식탁에서 없어질 수 있다고 한다. 일곱 번째가 체리다. 기온

---

**67** 개발도상국의 천연자원을 보호하고 빈곤과 굶주림을 줄이기 위한 비영리 연구기관이다. 본부는 콜롬비아 칼리에 있다. 국제 열대농업센터는 국제 농업연구협의 그룹에서 지원하는 농업연구소 중의 하나이다.

상승이 체리의 꽃가루받이를 방해한다. 마지막으로 포도주용 포도다. 미국 국립과학원회보$^{PNAS}$에 발표된 보고서는 충격적이다. 기온 상승으로 2050년에는 호주 전체 포도농장의 73%, 캘리포니아 전체 포도농장의 70%가 포도 생산이 불가능해진다는 것이다.

그런데 우리가 걱정해야 할 것은 식량 감산만이 아니다. 생태계를 이루는 많은 동물 종이 사라지는 것 또한 심각한 문제다. 지구온난화는 지역에 따른 날씨 변화를 심화시킨다. 날씨 변동 폭도 커지고 계절을 뒤죽박죽으로 만들기도 한다. 무더웠다가 갑자기 추위가 내습한다. 폭우를 보이다가 가뭄이 든다. 사람들은 그나마 적응하며 살아 나간다. 그러나 동물들에게 지구온난화는 재앙이다.

최근 연어의 생산량이 급속히 줄어든다고 한다. 연어 새끼는 먹이가 될 플랑크톤이 많아질 때를 맞춰 바다로 내려간다. 지구온난화로 때 이른 홍수가 발생하면 대책 없이 바다로 쓸려갈 수밖에 없다. 연어 새끼의 사망률이 매우 높아지는 이유다. 당연히 강으로 되돌아오는 연어가 적을 수밖에 없다. 극지방에 사는 순록한테도 지구온난화는 저주다. 순록은 새끼에게 꼭 필요한 영양분을 공급할 식물이 자라나는 시기에 맞춰 새끼를 낳는다. 지구온난화로 기온이 5℃ 이상 상승하면서 40만 년 동안 이어지던 리듬이 깨져버렸다. 제때 새끼를 낳아 키우기가 힘들어진 것이다.

인류 생존의 지표종이라고 하는 벌꿀의 개체 감소는 걱정 이상이다. 얼마 전 우연히 〈허니$^{Honey}$〉라는 터키 영화를 보게 되었다. 이 영화 주인공 소년 유스프는 말더듬이에 수줍음을 타는 소년이다. 그래서 이 소년이 가장 의지하는 것이 자상한 아버지다. 아버지는 양봉업자로 벌꿀을 채취하는 일을 한다. 그런데 어느 순간부터 꿀벌이 줄어들기 시작한다. 소년의 아버지는 적은 꿀벌로 꿀을 채취하기 위해 더 깊은 숲으로 들어간다. 그리고 영영 돌아오지 않는다. 벌꿀의 급격한 감소가 한 가정을 파괴한 주범(?)이었다.

최근 전 세계적으로 꿀벌이 급격히 줄어들고 있다. 미국의 경우 1950년대만 해도 550만 개의 벌꿀군집이 있었다. 2013년 현재는 200만 군집으로 급감했다. 영국 레딩대 연구팀이 유럽 지역의 꿀벌 수를 조사했다. 유럽의 꿀벌은 현재 총 70억 마리 정도가 부족하다고 한다. 우리나라도 예외는 아니다. 2009년 국내 꿀벌의 개체 수는 38만 3,000군이었다. 2012년엔 14만 9,000군으로 61.1%나 줄어들었다.

꿀벌은 왜 사라지는 것일까? 과학자들은 꿀벌의 천적인 응애[68]의 증가, 휴대전화의 전자파의 교란, 화학 살충제 확대 등을 들고 있다. 하지만 가장 중요한 원인으로 지구온난화로 인한 급격한 기후변화를 꼽는다. 벌꿀이 급감하는 것에는 몰살현상이 가장 큰 역할을 한다. 꿀벌이 몰살하는 현상을 벌집 붕괴현상CCD, Colony Collapse Disorder 이라고 한다. 꿀과 꽃가루를 채집하러 나간 일벌들이 둥지로 돌아오지 않는다. 그러면 둥지에 남은 여왕벌과 애벌레까지 하나의 벌집이 모두 몰살당하는 현상이다. 급격한 기온 상승, 강수량 증가, 전염병 바이러스의 창궐이 벌집 붕괴 현상을 가져오는 주범이라는 것이다.

---

[68]  응애(mite)는 진드기아강에 속하는 진드기(ticks)를 제외한 모든 절지동물의 총칭이다.

꿀벌 수의 감소는 세계 경제를 흔든다. 꿀벌을 통한 자가수분에 100% 의존하던 아몬드의 경우 가격이 급등했다. 아몬드를 가공해 만드는 시리얼, 우유, 과자의 가격도 상승하고 있다. "꿀벌이 사라지면 꿀 안 먹고 설탕 먹으면 되지 않아?"라고 말할 수도 있다. 하지만 인류 식량의 3분의 1은 곤충의 수분 활동으로 생산된다. 그 곤충의 80%는 바로 꿀벌이다. 꿀벌의 개체 수 감소는 결국 농업의 생산기반 자체를 흔든다. 아인슈타인은 "꿀벌이 없어지면 인류는 4년 안에 멸망할 것"이라고 말한 적이 있다. 생물이 사라지면 인류도 사라진다. 대멸종을 바라보는 우리의 시선이 두려움으로 바뀌어야만 한다.

**Chapter 5**

# 지구를 살리려는
## 노력
# 더는 미룰 수 없다

# 탄소,
## 배출을 줄여야 지구가 산다

2014년 11월 중순 미국 동부지역에 강력한 한파가 몰아쳤다. 혹한과 함께 버펄로에는 2m가 넘는 폭설이 내렸다. 우리나라도 12월 들어서면서 기습적으로 동장군이 엄습했다. 12월 초로는 이례적이라고 할 만큼 강력한 한기였다. 전국을 꽁꽁 얼리면서 서해안 지역에는 폭설이 내렸다. 사람들은 지구온난화로 기온이 상승한다더니 오히려 그 반대로 지구는 점점 추워지는 것 같다고 말한다. 정말 더 추워지는 걸까? 대답은 '아니다'이다.

미국의 국가기후자료센터$^{NCDC}$는 2014년이 지구 온도 관측사상 가장 더운 해가 될 것이라고 발표했다. 2014년 10월 육지와 바다 온도를 결합한 세계의 평균 온도는 14.74℃다. 20세기 지구의 1년 평균기온인 13.9℃보다 0.88℃ 높다. 이것은 엄청난 수치다. 미국 해양대기청$^{NOAA}$은 2014년 기온이 이례적으로 높은 원인을 해수 온도 상승으로 꼽았다.

엘니뇨와 함께 북태평양 10년 진동이 범인이다. 동태평양에서 서태평양까지 적도 상에 강력한 온수대가 형성되었다. 알래스카에서 미국 캘리포니아 앞바다에도 뜨거운 바다가 만들어졌다. 두 지역 바다의 해수온도가 이례적으로 높아지면서 지구 기온을 크게 상승시켰다는 거다.

그러나 원론적으로 말하면 지구 기온 상승의 책임은 온실가스 증가다. 이산화탄소 배출량이 늘어나면 온실효과로 지구의 기온은 상승한다. 미국 해양대기청은 이산화탄소 배출량 증가가 이대로 가면 30년 내 2℃ 상승할 것으로 전망한다. 그런데 문제는 이산화탄소 배출량이 줄기는커녕 더 늘어난다는 데 있다. 세계 탄소 프로젝트$^{GCP}$[69]가 2014년 발표한 자료에 따르면 전 세계의 $CO_2$ 배출량이 400억 톤에 이르렀다. 이 양은 2013년보다 40억 톤 정도 증가한 양이다. 2014년 탄소배출량 전망과 함께 2013년의 배출량 통계도 발표했는데 중국 4.2%, 미국 2.9%, 인도는 5.1%나 그 전년도보다 이산화탄소 배출량이 증가했다. 유일하게 유럽연합만이 1.8% 줄었다.

포츠담 기후영향연구소$^{PIK}$[70]는 지구 기온이 2℃ 상승할 경우 엄청난 재앙이 닥칠 것이라고 말한다. 극심한 식량난은 물론 태풍, 호우, 가뭄 등 강력한 기상 재앙이 지구를 강타할 것이란다. 2014년 10월 이 연구

---

**69** 세계 탄소 프로젝트(GCP, Global Carbon Project)는 큰 과학적인 도전과 지구의 지속 가능성을 위한 탄소 순환의 중요한 특성을 인정받아 2001년에 호주 캔버라에 설립되었다. 이 프로젝트의 과학 목표는 함께 그들 사이의 상호작용과 피드백으로 모두의 생물 물리학 및 인간의 차원을 포함하는 글로벌 탄소 순환의 완전한 그림을 개발하는 것이다.

**70** 베를린 인근에 있는 포츠담에 설립된 연구소다. 기후 환경의 변화와 그 영향을 탐구하는 최첨단의 간학제적(間學制的) 연구 센터로 쉘은후버가 설립해 이끌고 있다.

소를 이끄는 쉘은후버Schellnhuber는 독일 메르켈 총리와 독일 환경부장관
이 지켜보는 가운데 연구결과를 발표했다. "지구온난화의 진행 정도가
유엔의 분석에 비해서 더 심각하다"는 것이었다. 세계 굴지의 통신사들
이 비중 있게 그의 말을 보도했고 우리나라에서도 일부 언론에서 다루
었다. 그의 말처럼 브레이크 없는 열차를 타고 티핑 포인트를 향해 달리
는 모습이 현재의 지구다. 국제적인 탄소 저감 합의가 하루빨리 이루어
져야 한다. 그리고 강력하게 시행되어야만 한다. 지구가 살아나는 유일
한 방법이기 때문이다.

유럽연합집행위원회[71]는 2013년 "최근 20년간 이상 기후로 인한 재
난으로 130만 명이 목숨을 잃었다. 경제 손실 규모는 1조 5,000억 유로
에 이른다. 2015년이면 기후 재난으로 매년 약 3억 7,500만 명이 피해를
볼 것이다. 2030년이면 이상 기후로 인해 발생하는 재난 금융비용이 연
간 335억 유로에 이를 것이다"라고 경고했다. 또 K. 조르기바 유럽연합
집행위원은 "재난은 생명과 희망을 빼앗고 가난한 사람들의 상황을 더
욱 어렵게 만든다"면서 대책 마련이이 시급하다고 말했다.

탄소집약도[72]를 줄여야 한다는 이야기가 나온다. 2013년 세계적으로
탄소집약도가 평균 1.2% 줄었다. 유엔은 기후 재앙을 막기 위해 '2도 상

---

**71**　유럽 위원회(EC, European Commission, ) 또는 유럽연합 집행위원회는 유럽연합(EU)의 회원
국 정부의 상호 동의를 통해 5년 임기로 임명되는 위원들로 구성된 독립 기구이며, 유럽 연합
의 보편적 이익을 대변하는 초국가적 기구이다. 공동체의 집행기관으로서 심장 역할을 하는 위
원회는 공동체의 법령을 발의한다. 권고와 계획안 작성을 통해 위원회는 이니셔티브권과 제안
권을 행사한다. 위원장은 장클로드 융커이다.

**72**　국내총생산(GDP) 단위당 탄소를 얼마나 방출하는지를 가리키는 지수를 말한다.

승 억제'를 목표치로 내세웠다. 이를 달성하려면 해마다 탄소량을 6% 정도 줄여야 한다. 그런데 목표의 5분의 1에 그친 것이다. 이산화탄소배출을 많이 하는 나라들의 비협조 때문이다.

우리나라도 이산화탄소 배출량 세계 9위다. 그런데도 이산화탄소 배출량을 줄이려는 노력은 부족한 듯하다. 최근 경제가 어렵다 보니 경제 회복에 중점을 두는 정책을 펼친다. 그렇다 보니 기업의 부담을 고려해 탄소배출권 거래제를 완화하는 정책으로 나간다. 저탄소차협력금 제도 시행도 연기했다. 그러나 이런 정책은 결국 부메랑으로 우리에게 되돌아온다. 전문가들은 저탄소 성장을 추구해도 높은 성장률을 끌어낼 수 있다고 말한다. 에너지 안전과 더 깨끗해진 공기, 건강 증진, 웰빙의 삶을 누리는 부수적인 효과도 크다. 후손들의 삶을 담보로 한 이기심을 버려야 한다. 적극적이고 긍정적인 패러다임이 필요한 시기다.

2015년에는 가뭄과 폭염이 지구촌을 강타했다. 2월에는 호주와 브라질에 강력한 가뭄과 열파가 휩쓸었다. 130년 만의 극심한 가뭄이 캘리포니아를 휘청거리게 했다. 우리나라도 봄철 심각한 가뭄으로 난리를 겪었다. 엘니뇨와 맞물리면서 세계적인 기상 재앙이 빈발하고 있다. 원인은 바로 지구온난화 때문이다.

지구온난화로 인해 엘니뇨는 앞으로 더 자주 더 강하게 발생할 것이다. 지진과 화산 발생이 빈번해질 것이다. 극심한 전염병의 창궐이 있을 것이다. 집중호우와 태풍의 강도가 강해질 것이다. 가뭄과 사막화는 수많은 기후 난민을 만들 것이다. 심각할 정도로 테러가 증가할 것이고 국가 간 분쟁이 빈번해질 것이다. 탄소 증가가 가져오는 지구온난화는 파국 그 자체이다.

"지금보다 온도가 2℃ 이상 오르면 경제와 산업이 지탱할 수 없는 파국이 올 겁니다. 이를 막기 위해서 이산화탄소 배출량을 2050년까지 1990년 대비 50% 감소하여야 합니다." 유엔 정부간기후변화위원회의 3,000여 명의 과학자가 주장한다. 영국의 환경운동가 마크 라이너스[Mark Lynas]가 쓴 『6도의 멸종[Six Degrees, Our Future on a Hotter Planet]』이라는 책이 있다. '기온이 1℃씩 오를 때마다 세상은 어떻게 변할까?'라는 주제로 기후변화에 따른 인류 문명의 파괴적 미래 대예측에 대한 책이다. 나는 지구 파괴가 6℃ 상승까지 안 가리라고 본다. 기원 이후 가장 심각했던 지구의 기후변화는 탐보라 화산 폭발로 생겼다. 이때 상공에 치올려진 화산재가 태양빛을 막으면서 북반구에 3년 동안 여름이 없었다. 여름에도 눈이 내리고 서리가 내리면서 식량은 절단 났다. 식량 가격의 폭등으로 인해 굶어 죽는 사람이 늘어나고 영국과 프랑스에는 폭동이 발생했다. 최초의 금융공황이 발생했고 발진티푸스, 콜레라 등이 창궐했다. 이렇게 지구에 대공황을 가져왔을 때의 기온 변화가 얼마였을까? 지구 평균기온이 1℃ 떨어졌다. 1℃ 하강만으로도 상상할 수 없는 재앙이 발생했다면, 지구 평균기온 2℃ 상승은 어떤 결과를 가져올까?

영국의 《가디언》지는 지구온난화로 인한 기온 상승에 따라 예상되는 피해를 예상해보았다. 온난화 진행에 따라 영구 동토층 파괴, 수온 상승에 따른 산성화로 해양 수중생물 멸종, 기후변화에 따른 수십억 명의 이재민 발생, 사막화 지역 확산 등으로 인한 대기근 발생, 해수면 상승으로 인해 지하수 해수 침투, 기후 교란으로 인한 이상기온과 홍수·

가뭄 등의 급증, 열대우림의 파괴, 말라리아, 콜레라 등 매개성 질병 및 열대성 질환 증가 등이다. 결국에는 지구 상 생물의 95%가 멸종한다는 것이다.

그렇다면 지구의 파국을 막기 위해서 우리가 해야 할 일은 무엇일까? 이산화탄소의 저감이다. 미국의 경제잡지 《포브스Forbes》는 미래는 저탄소사회가 지배할 것이라고 말한다. 여기에서 저탄소사회는 '탄소가 모든 것을 조절하는 세상'이다. 기업 입장에서는 탄소의 생산성이 기업경영을 좌우하게 된다. 소비자들은 저탄소형 소비 패턴으로 갈 수밖에 없다는 것이다. 지금까지 인류는 산업혁명과 이어진 IT 기술의 혁명으로 풍요를 누려왔다. 그러나 지금 지구온난화라는 큰 위기를 맞고 있다. 결국 이 위기를 이기기 위해서는 기술혁신과 자원 생산성의 향상이 절대적으로 필요하다는 것이다. 왜냐하면 인류는 풍요로운 삶을 포기하고 생산과 소비의 절대량을 축소하면서 탄소 저감을 하려 하지 않을 것이기 때문이다. 풍요로움을 유지하기 위해서는 적어도 자원 생산성을 4배 이상 향상해야 한다. 제품을 생산할 때의 자원을 줄이고, 제품을 사용할 때는 자원소비를 줄여야 한다. 그리고 마지막으로 제품의 사용 방법을 바꾸어서 자원소비를 줄이는 것이다.

정책은 국가가 세우겠지만 일은 기업들이 담당해야 한다. 대체에너지 개발, 이산화탄소 포집 및 저장 기술개발, 주거환경의 패러다임 혁신, 저탄소 제품과 서비스의 개발 등에 기업이 과감하게 투자해야 한다. 지금은 힘들어도 이런 기술혁신이야말로 성공의 길목이기 때문이다.

2015년 여름, 전 세계적으로 기상 이변이 많이 발생했다. 인도와 중국의 폭염, 페루의 홍수와 미국 중부의 호우, 이상적인 멕시코의 토네이도, 대만의 강력한 태풍 피해 등이 그것이다. 우리나라도 8월 초반에는 엄청난 폭염이 전국을 휩쓸었다. 왜 지구는 이렇게 심각한 몸살을 앓고 있는 것일까? 동태평양에 발생한 엘니뇨의 영향이 가장 크다. 그러나 근본적인 원인은 역시 지구온난화로 인한 기후변화다.

미국의 퓨 리서치센터[Pew Research Center][73]는 2015년 4월에 40개국의 성인 4만 5,000여 명을 대상으로 설문조사를 했다. 40개국 시민들은 미래에 가장 위협이 될 것으로 기후변화를 꼽았고, 그다음 위협으로는 이슬람국가 테러조직이었다. 기후변화가 가장 큰 위협이라고 답한 나라는 브라질, 페루, 인도 등 기후변화로 피해를 많이 입는 나라 19개국이었다. 이슬람 테러조직이 가장 큰 위협이라고 답한 나라 역시 이들로부터 피해를 가장 많이 받는 중동, 유럽, 북미 지역의 국가들이었다. 우리나라는 어땠을까? 응답자의 75%가 이슬람 테러조직의 위협을 가장 높이 보고 있었다. 기후변화가 우려된다는 응답자는 40%로 미국이나 일본과 비슷했다. 아직 국민 다수가 기후변화의 심각성을 인식하고 있지 않다는 증거다.

2015년 11월 5일 미국의 퓨 리서치센터는 새로운 보고서를 발표했다. 기후변화를 막기 위해 국제협약으로 탄소 배출량을 감축해야 한다는 견해에 한국인들이 가장 적극적인 것으로 나타났다는 것이다. 한국은 탄소 감축의 국제협약화 방안에 국민 89%가 지지해 조사 대상 40개

---

[73] 미국의 정치 및 경제 전문지로 현안에 관한 모든 주제를 다룬다.

국 가운데 이탈리아와 함께 최고를 나타냈다. 그러나 지구 최대의 탄소 배출국인 중국과 미국의 지지 견해는 세계 평균보다 낮았다. 이들 나라는 각각 69%, 71%의 지지율을 보였다. 그런데 우리나라 사람들의 기후변화에 대한 우려는 어느 수준일까? 조사를 보면 한국인들의 48%만이 우려할 만하다고 답했다. 세계 평균인 54%보다 낮아 기후변화 우려에는 둔감한 국가로 분류됐다. 이것이 무엇을 의미하는 것일까? 상대적으로 기후변화에 의한 피해가 작기 때문이 아닐까? 탄소감축량 배분을 두고 선진국이 더 많은 부담을 져야 하느냐는 질문에 흥미로운 결과가 나왔다. 일본은 선진국이 더 많은 부담을 져야 한다는 의견이 34%로, 개도국도 같은 부담을 져야 한다는 의견 58%보다 훨씬 적었다. 우리나라는 선진국의 부담을 요구하는 의견이 55%, 저개발국의 동등한 부담을 원하는 쪽이 43%로 집계됐다. 경제력의 차이 때문일까? 아니면 국민 성숙도의 차이일까?

그러나 기후변화는 눈에 보이지는 않지만, 지속적이며 광범위하게 진행되고 있다. 비관적인 기후학자들은 지구의 티핑 포인트가 얼마 남지 않았다고 말할 정도다. 기후변화를 막기 위해서는 탄소 저감이 시급하다. 다행히 그동안 상당히 부정적이었던 미국의 태도가 바뀌었다. 오바마 대통령은 2015년 8월 '기후변화와의 전쟁'을 선포했다. 기후변화 대응을 위한 '청정전력계획'은 '미국 역사상 가장 강력한 조치'라는 평가다. 경제와 국민 건강에 미치는 이익은 조치에 드는 비용의 4~7배에 이를 것이라고 한다. 중국도 뒤질세라 7월 말 "2030년까지 GDP 단위당 온실가스 배출량을 2005년 대비 60~65% 낮추겠다"고 발표했다. 이산화탄소 감축을 줄기차게 주장해온 유럽 국가들은 더 강화된 안을 제안하고 있다. 우리나라도 2015년 6월 30일, 2030년까지 우리나라의 온실가스 배출 저감 목표를 배출 전망치$^{BAU}$ 대비 37%로 확정했다. 정부가 예상보다 높은 배출 저감 목표를 제시한 것이다. 기업들은 현실을 무시한 수치라며 난리다. 그런데도 전향적인 결정을 내린 정부의 기후정책에 박수를 보낸다. 왜냐하면, 탄소 저감으로 얻는 환경이나 웰빙의 가치는 엄청난 이익으로 되돌아오기 때문이다.

이젠 강화된 신기후 체제가 만들어질 것으로 보인다. 누가 빨리 기후변화 패러다임에 적응하느냐의 싸움이 될 것이다. 우리나라는 글로벌녹색성장기구$^{GGGI}$[74]를 출범시킨 국가다. 국제적인 기후체제를 주도적으로 이끌고 나가야 할 책임이 있다. 그런데 정부만의 힘으로는 역부족이다. 기업과 국민의 적극적 참여가 절대적으로 필요하다. 탄소 저감만이 살길이라는 패러다임을 가져야만 한다.

탄소 저감 정책과 맞물려 탄소 저감으로 돈 버는 일도 구상해야 한다. 지구온난화로 인한 피해가 우리의 상상을 초월한다. 2014년 3월 IPCC는 「기후변화 영향 및 적응에 관한 보고서」를 발표했다. 기온 상승이 세계 식량 확보에 위협을 줄 것이며, 폭염으로 사망자가 증가하고, 가뭄으로 인한 물 부족에 시달리게 되어 이로 인해 분쟁 위험이 급격히 커질 것으로 예측했다. 이 예측대로라면 세계 경제는 세기말에 최대 1조 4,000억 달러 손실을 볼 것이다.

---

**74** 글로벌녹색성장기구(3GI, Global Green Growth Institute)는 개발도상국의 녹색성장을 위해 설립된 국제기구로 자문 제공, 경험 공유, 녹색성장 모델 제시를 주 업무로 한다.

국제전략기구<sup>UNISDR</sup><sup>75</sup>는 한술 더 뜬다. IPCC보다 무려 18배나 더 많은 25조 달러의 경제적 손실을 예상한다.

반기문 유엔사무총장까지 나서서 세계 지도자 정상회담을 하자고 할 만큼 지구온난화는 정말 심각하다. 그런데 지금까지 미국 등 강대국들이 매우 소극적이고 비협조적이었다. 지구온난화를 늦추려는 노력이 빈번히 수포가 된 이유다. 그런데 올해부터 이들 나라의 태도가 변했다. 미국의 경우 연방정부를 다섯 번이나 마비시켰던 혹한과 폭설이 국가 경제를 강타했다. 남부지방의 폭염과 가뭄, 중부지방의 토네이도도 한몫했다. 미국은 기상재해를 겪음으로써 기후변화 대응이 실제적인 경제정책이라는 인식을 하게 된 것이다. 2015년 4월 오바마 미국 대통령은 대기오염과 경제 성장이 양립할 수 있다는 새로운 시각을 제시했다. "차 에너지 효율만 높여도 일자리가 늘고 운전자 돈을 아껴 경제에 도움이 된다"는 것이다.

미국만이 아니다. 세계 각국은 기후변화 대응에서 공세로 급선회하고 있다. 유럽연합, 중국까지도 기후변화에 적극적으로 나서기 시작한 것이다. 지금의 투자로 인한 손실은 오히려 미래의 큰 이익으로 돌아올 것을 알기 때문이다.

앞서도 말했듯 우리나라는 이산화탄소 배출량이 세계 9위다. 다른 나라보다 더 적극적으로 지구온난화 정책에 앞장서야 한다. 시대의 흐름

---

**75** 1990년 지속 가능한 개발에 따른 재해 감소의 중요성에 대한 국제적인 인식을 높이고 자연재해로 인한 사회적, 경제적 혼란을 경감시키기 위해 설립된 국제기구다. 본부는 스위스 제네바에 있다.

을 먼저 읽는 자가 미래의 기회를 잡는다. 지구온난화 대책기술은 미래에 최고의 마케팅이 될 것이다. 확고한 신재생에너지 정책, 탄소 저감 정책, 탄소시장 활성화 및 컨설팅 능력 배양, 탄소 저장기술 개발 등 해야 할 것은 많다. 잘만 한다면 환경보호도 되고 새로운 성장 동력도 될 것이다. 도랑도 치고 가재도 잡을 수 있으니 얼마나 좋은가!

# 해양, 무한한 자원이 될 수 있다

"세계는 지금 기후변화로 불리는 '환경' 위기에 직면하고 있습니다. 과도한 화석 에너지의 사용으로 인한 탄소가스의 배출은 지구온난화를 가져왔고, 지구온난화는 생태계의 교란뿐 아니라 인류의 생존까지 위협하고 있습니다." 코펜하겐 회의 때 반기문 유엔사무총장이 한 말이다. 세계는 교토의정서와 같은 협약을 통해 탄소가스의 배출을 규제하려는 노력을 강화해 나가고 있다. 우리나라와 같이 화석연료에 대한 의존도가 높고 에너지 소비가 많은 나라는 매우 부담스러운 상황이다.

이에 우리나라도 국제적인 요구에 부응하는 '저탄소 녹색성장' 정책으로 전환하여 친환경적이면서도 효율적인 녹색산업에 대한 투자를 확대하고 있다. 특히 발전 분야에서는 청정에너지를 만들기 위한 선도적인 의욕을 읽을 수 있다.

2010년 3월, 대형발전사업자들에게 태양광, 풍력 등 신재생에너지를 일정 비율 이상 생산하도록 의무화하는 제도인 신재생에너지 공급의무제RPS, Renewable Portfolio Standard 법안이 국회를 통과했다. 우리나라의 대형 발전사업자는 무조건 신재생에너지를 일정량 이상 생산해야만 하게 된 것이다. 정부는 2022년까지 전체 전력 생산량의 10%를 신재생에너지로 생산할 계획이라고 한다.

그런데 신재생에너지 중 태양광이나 풍력발전 등은 대단위 설비기지가 필요하며 수력발전은 하천생태계 파괴 등의 문제가 있다. 좀 더 좋은 기발한 문제 해결은 없을까? 있다. 바로 바다이다. 지구의 에너지 저장고는 해양이다. 해양에너지 중 2%만 활용해도 전 세계의 사용 에너지 전력을 충당할 수가 있다. 바다에너지를 활용할 경우 송전 손실이 적으며 다른 재생에너지와 달리 전력 생산이 일정하다.

바다에는 항상 파도가 친다. 하루 두 번 밀물과 썰물의 흐름이 있다. 또 한류와 난류 혹은 만·해협 등 바닷가 폭에 조류의 흐름도 있다. 이 힘을 에너지로 전환하는 것이다. 에너지를 발전으로 바꾸는 방법에는 세 가지가 있다. 파력발전과 조력발전, 그리고 조류발전이다.

우선 파력발전은 파도의 상하, 수평 운동에너지를 이용해 전기를 만들어내는 방식이다. 원통형으로 생긴 발전장비를 바다에 반쯤 잠기도록 설치한 다음 파도가 드나들 때 생기는 공기 압력으로 터빈을 돌리는 방식이다.

다음으로 조력발전은 조수간만의 차가 큰 만에 댐을 설치해 바닷물을 가뒀다가 물이 빠지는 힘을 이용해 발전하는 방식이다. 조수간만의 차가 큰 우리나라에 유리한 발전방식으로 현재 건설 중인 시화호 발전소가 이런 방식이다.

마지막으로 조류발전은 바닷물의 흐름이 빠른 곳에 회전하는 수차*<sup>水車</sup>를 설치해 전기를 생산하는 방식으로 바람을 이용한 풍력발전과 비슷한 원리다. 하지만 풍력발전의 경우 바람이 불지 않는 경우 발전을 할수 없는 반면 해수의 경우 계속 바닷물이 흐르기 때문에 1년 365일 내내 안정적인 발전이 가능하다. 그뿐 아니라 댐의 설치나 선박의 통행을 막는 대규모의 구조물 설치가 필요 없으므로 친환경적이다.

위 세 가지 방법 중 가장 친환경적인 조류발전<sup>Tidal Power</sup>에 대해 좀 더 설명해보겠다.

"노르웨이 근해에 살츠스트라우멘 해협이 있지요. 이곳은 북유럽 신화에서 놀라운 힘을 가진 악한 수중 괴물 레비아탄이 살고 있다고 전해진답니다. 레비아탄이 만드는 크고 강한 소용돌이 때문에 지나가는 배들이 많이 침몰했지요." 이처럼 신화에도 등장할 정도로 강한 조류가 흐르는 곳이 많다. 일본의 나루토[<sup>鳴門</sup>] 해협도 큰 소용돌이가 생기는 곳으로 유명하다. 일본은 이 해협을 관광 상품화해서 엄청난 돈을 벌어들인다. 살츠스트라우멘<sup>Saltstraumen</sup> 해협이나 나루토 해협의 소용돌이가 강한 것은 독특한 해저지형과 함께 조수간만의 차로 인한 조류가 강하게 흐르기 때문이다. 우리나라에서 조류가 가장 강하고 소용돌이가 큰 곳은 이순신 장군이 명량대첩을 올린 울돌목이다. 이곳의 유속은 평균 초속 5.5m 정도인데 바다 표층은 최대 초속 6.5m에 달한다. 보통 한강에 홍수가 나 자동차가 떠내려갈 정도의 물살이 초속 2.3m 정도이니 얼마나 강한지 알 수 있다.

조석 차이로 인해 해수면의 높이가 바뀌면서 바닷물이 수평운동을 하는 현상을 이용하는 조류발전은 바닷물이 빠르게 흐르는 곳에 터빈을 설치하여 하루 두 번 전기를 생산한다. 따라서 울돌목이나 나루토 해협처럼 조류가 빠른 곳이 최적지이며, 조류의 흐름을 이용하여 수차를 돌려 에너지를 생산한다. 청정에너지이기에 꿈의 에너지라고 부르며 첨단 해양기술력을 보여주는 에너지라고도 말한다.

2010년 '지구의 날'에 미국의 버락 오바마 대통령이 조력 등의 대체 에너지 개발에 힘쓰겠다고 말한 것처럼 청정에너지의 대표 주자는 해양을 이용한 에너지이다. 해양에너지 중 조류발전은 최상의 에너지를 만드는 방법이다. 조류발전의 가치는 바다를 이용한 공해가 없는 청정에너지이며, 고갈되지 않는 무한 에너지라는 점이다. 또 초기의 투자에 비하여 연 유지비가 투자비의 3.63%로 아주 낮다는 점도 있다.

우리나라는 울돌목에 시간당 1,000kW(킬로와트)급 시험 조류발전소를 건설하였다. 시간당 9만kW의 전력을 생산할 수 있는 상용 조류발전소도 있다. 아울러 진도 주변의 해역인 장죽수도와 맹골수도에도 각각 10~20만kW와 20~30만kW급 조류발전소 건설계획을 추진하고 있다. 만일 계획대로 발전소가 지어진다면 조류발전 분야에서 세계 최고 수준의 기술력과 상용화 능력을 보유할 것으로 예상한다. 해양연구소는 한반도 연안에는 약 44만 가구에 전기를 공급할 수 있는 100만kW 규모의 조류에너지가 있는 것으로 추정하고 있다. 이것은 약 4,000억 원의 수입 대체 효과와 함께 연간 103만 톤의 탄소를 줄일 수 있는 규모다. 얼마나 놀라운가!

앞으로 청정에너지를 더 많이 사용해야 하는 우리로서는 적절한 에너지 개발은 필수다. 이중 조류에너지의 개발은 우리에게 부족한 에너지를 충당할 수 있을 뿐만 아니라 이산화탄소의 발생을 줄여 환경 문제도 해결해줄 것이다. 환경을 보호하면서 동시에 성장을 도모할 수 있는 조류에너지 개발은 다른 어떤 산업보다도 우리가 적극적으로 추진해야 할 미래형 성장 산업이다. 바다에너지도 중요하지만 바다가 가지고 있는 물도 적극적으로 활용해야 한다.

"그 친구는 사는 동안 하루도 빼놓지 않고 꿈을 가지고 있었지. 그리고 그 친구를 통해 많은 사람이 꿈이란 어떻게 꾸는 것인지, 더 멋진 세상은 어떻게 상상해야 하는지 알게 되었지. 그 친구 이름이 바로 월트 디즈니야." 짐 스토벌Jim Stovall 의 저서 『최고의 유산 상속받기The Ultimate gift』에 나오는 말이다. 꿈이 있는 사람은 현재의 모습에 실망하지 않는다. 자신의 먼 미래의 비전을 꿈꾸기에 늘 기뻐하며 최선을 다한다. 꿈꾸는 사람에 의해 조직이, 비즈니스가 긍정적으로 바뀐다. 꿈꾸는 사람이 곁에 있으면 절로 행복해지는 이유가 거기에 있지 않을까? 내게도 '물은 우리 미래의 꿈'이라고 생각하는 친구가 있다. 양질의 차별화된 해저심층수로 국민에게 좋은 물을 싼값에 공급해주고 국가 경제에도 이바지하고 싶단다. 나는 그 친구의 꿈이 이루어질 것이라고 믿는다.

오늘날 물 부족[76]을 겪고 있는 전 세계 인구는 7억 명에 이른다. 기후

---

**76** 호수와 하천으로부터의 취수는 지난 40년간 2배로 증가했다. 농업에 70%가 사용되는 담수는 인구 증가보다 훨씬 더 많은 물을 사용한다. 그러다 보니 기후변화로 인한 물 부족은 심각한 상태를 넘어 일부 국가 간에서는 전쟁의 위험마저 커지는 상태다.

변화, 인구증가, 그리고 1인당 물 수요량 증가로 인해 2025년까지 30억 명으로 증가하리라는 예측까지 나오고 있다. 모든 대륙에서 지하수가 감소하고 있으며, 인류의 약 40%는 국가 간에 걸쳐 있는 강물에 의존하고 있다. 세계 80여 국가(세계 인구의 40%)에서 많은 사람이 먹는 물 문제로 고통당하고 있으며 이로 인해 전쟁이 일어날 확률이 높아졌다.

물 부족은 다른 나라만의 이야기가 아니다. 우리나라는 어떠한가? 그러면 우리나라는 과연 물 문제로부터 자유로운가? 대답은 '전혀 아니다'이다. 우리나라도 물 부족 국가[77]이다. 우리나라의 경우 여름에 비가 집중되는데 국토경사가 급해 내린 비가 바다로 바로 흘러가 버린다. 비의 양도 부족하지만 물을 저장하고 가두는 댐 건설을 하지 못하다 보니 물 부족은 갈수록 심각해져 갈 것이다.

세계 각국은 물 문제를 해결하기 위해 골머리를 앓고 있다. 당장 물이 부족하면 경제뿐 아니라 정치까지 영향을 받는다. 그러다 보니 각국은 먹는 물 문제 해결에 발 벗고 나설 수밖에 없다. 2003년 유럽을 휩쓸었던 폭염 때 프랑스 슈퍼마켓 앞에는 생수를 사기 위해 시민들이 몇백 미터(m)나 줄을 섰다. 독일 생수협회 자료에 따르면 2003년 전반기 생수 매출액은 무려 10%나 늘어났다. 그 기록은 2002년 이미 112억ℓ라는 신기록을 경신한 바로 다음 해에 이루어졌기 때문에 더욱 놀라웠다.

---

[77] 국제인구행동연구소(PAI, Population Action International)는 1인당 사용 가능한 물의 양이 1,000m³ 미만이면 물 기근 국가, 1,700m³ 미만인 경우 물 부족국가, 1,700m³ 이상이면 물 풍요국가로 분류한다. 우리나라는 리비아, 모로코, 이집트와 같은 나라들과 함께 물 부족 국가군에 속한다. 우리나라에서 활용 가능한 수자원의 양은 630억m³이지만, 이를 국민 1인당 환산하면 1,452m³에 불과하기 때문이다.

독일의 생수업체인 브라우 운트 브룬넨Brau und Brunnen 사는 판매 이익이 30% 늘었다. 직원들은 생수와 사과 탄산음료의 생산설비에 특별 근무조를 편성해야 했다. 이후 유럽 기업들은 생수의 제조 판매에 공격적인 투자를 시작했다. 물은 한 해 4,250억 달러에 달하는 엄청난 산업이다. 이는 석유와 전력의 뒤를 이어 세계에서 세 번째로 큰 규모의 비즈니스이다. 앞으로 20년 동안 물 관련 산업은 세계 경제성장률의 2~3배에 이를 것으로 예상한다. 물 산업에 관심을 두지 않는 기업이 오히려 이상할 정도다.

우리나라 사람들조차 수돗물을 믿지 않고 먹는 물만은 생수여야 한다고 말한다. 건강에 대한 관심이 높아지고 웰빙에 대한 동경 때문이다. 어쩔 수 없는 현실이다. 결국 세계의 생수 시장은 매년 지속해서 크게 성장하고 있다. 비텔, 에비앙, 볼빅 등 생수 기업의 과점구도가 형성되면서, 유럽이나 남미, 카리브 해 지역, 아시아에서 판매량이 대폭 증가하고 있다. 그럼 국내의 먹는 샘물 현황은 어떨까? 먹는 샘물의 시판이 허용된 1995년 이래 매년 10%의 성장세를 꾸준히 유지하고 있다. 국내 기업들은 육상에서 채취하는 먹는 샘물 외에 해양심층수를 이용한 물 생산량을 늘려나가고 있다.

우리나라 주변 바다의 심층수는 세계적으로도 품질이 우수하다고 한다. 심층수를 채집하는 심해층深海層[78]은 수온약층 아래 있다. 각국은 해

---

[78] 통상 바다 1,000m 수심에 존재하는 심해층은 연중 수온 변화가 없고 평균수온은 평균 0~4℃ 정도이므로 병원균이 거의 없는 무균의 저온성 해수다. 화학물질에 의한 오염도 거의 없어 청정수라는 말이 과장이 아니다. 그래서 석유가 황금 물이라면, 심층수는 다이아몬드 물이라고 말하는 것이다.

저심층수를 이용해 막대한 돈을 벌고 있다. 미국은 심층수를 물뿐 아니라 의약용 물질로도 생산하고 있고, 일본도 이에 뒤질세라 생수, 식료품 활용, 화장품까지 만들어낸다. 그런데 우리나라 동해에도 심층수가 거의 무한대 양이 있다. 수온약층까지 포함하면 무려 동해 해수의 90% 가까이가 심층수이다. 그래서 적극적으로 동해 심층수 개발 및 가치 창출에 적극적으로 투자할 필요가 있는 것이다.

2018년 열리는 평창 동계올림픽은 그린에너지 빙상장을 보게 될 것 같다. 국토해양부는 올림픽 빙상 경기장을 해양심층수를 이용해 빙상장을 얼리고 냉·난방은 물론 발전까지 하겠다고 한다.

계획을 보면 강릉 앞바다 약 5~8km 부근 수심 200m 아래에서 해양심층수를 취수한 후 빙상장까지 공급해 빙상장의 빙면*氷面을 얼리고 유지하는 데 이용할 계획이다. 해양심층수는 2℃로 온도가 낮다. 이 물을 경기장 지하에 설치된 냉각 시스템을 통해 영하 15℃의 얼지 않는 물로 바꿔 그 냉기로 빙면을 얼리는 것이다. 빙면을 얼리는 데 사용된 심층수는 빙상장의 실내 온도를 올리는 데 곧장 이용된다. 빙면을 얼리면서 영상 7~8℃까지 올라간 심층수를 다시 빙상장 지하에 있는 열 펌프에 공급해 온수를 만든 뒤 경기장 내로 온기를 공급하는 것이다. 심층수를 이용할 경우 빙상장 운영 비용이 1년에 약 8억 1,000만 원 절감될 것이라고 한다. 여기에 이산화탄소 발생량도 연간 2,581톤에서 936톤으로 63.8% 정도 줄어든다니 '꿩 먹고 알 먹는 격'이라 할 수 있다.

일부 선진국에서는 해양심층수를 냉·난방 등으로 활용하는 방식을 이미 시행하고 있다. 미국은 하와이에서 해양심층수를 호텔 냉방 등에 이용하고 있고, 일본 오키나와에서도 해양심층수를 냉·난방에 활용한다. 그런데 우리나라는 한 발짝 더 나가 전기도 생산하겠다고 한다. 정부는 빙상장을 건립하면서 해안과 빙상장 중간 지점에 해수 온도의 차이를 이용한 '해수온도차 발전소'를 건설하겠다고 한다. 이 발전소에는 차가운 해양심층수와 함께 섭씨 25℃ 이상의 온천수 등이 공급된다. 이들 온수와 해양심층수를 프레온이나 암모니아 같은 냉매로 각각 증발시킨다. 응축하는 과정에서 발생하는 압력 차이를 활용해 증기를 만들어낸다. 그런 다음 다시 증기 터빈을 돌려 발전을 하겠다는 것이다. 심층수가 단지 먹는 기능만 아니라 냉난방에서 한 발 더 나가 전력발전까지 이용할 줄 누가 알았을까? 정부는 국내 물 산업 규모를 20조 원까지 키우겠다고 밝혔다. 세계 10위권 기업을 두 개 이상 육성하겠단다. 국제적인 먹는 물 브랜드도 육성하겠다고 한다. 바다는 생명이며 돈이다.

지구온난화 시대에 우리나라 미래 성장 동력은 무엇일까? 앞에서도 예를 들었듯 단연코 해양이다. 미래 산업, 기후조절, 에너지, 식량, 거주지 등 해양산업이 지구온난화 대응에 최선 방안이기 때문이다. 기후회의마다 '해양을 바라보라'는 말이 나오는 것은 이 때문이다. 한국공학한림원 해양산업위원회에서 「2030 미래전략 보고서」에는 우리나라가 미래에 개발해야 할 유망한 해양기술이 실려 있다. 보고서의 톱 3에 해당하는 기술은 어떤 것이었을까?

첫째가 첨단 인공섬 기술이다. 현재는 원유를 해상에서 시추하기 위해 거대한 구조물을 바다 위에 띄운다. 시추장비인 '터렛'과 부유식 원유생산저장하역설비FPSO가 합쳐진 것이다. 이 기술을 발전시켜 영하

50℃ 이하의 혹한과 유빙 충돌에도 견딜 수 있는 '극지 전용 인공섬' 기술을 확보해야 한다는 것이다. 둘째가 쇄빙과 내빙선 개발이다. 북극을 통과하는 쇄빙 수송선은 필수 기술이다. 북극 항로를 오가는 일반 화물선에 쇄빙碎氷 외에 혹한이나 유빙에 견딜 수 있는 내빙耐氷 기술을 추가하는 것이다. 셋째 해저 6,000m급 유인 잠수정 기술이다. 6,000m급 유인 잠수정을 보유하면 전 세계 바다의 98%를 탐사할 수 있다. 이 기술은 미국, 러시아, 프랑스, 일본, 중국 등 소수 국가만이 보유한 최첨단 기술이다.

북극 지역은 원유뿐 아니라 천연가스, 가스 하이드레이트Gas Hydrate[79] 등 천연자원이 묻혀 있다. 이 중 가스 하이드레이트는 최고의 청정연료다. 그런데 알래스카 북극 지역에는 엄청난 가스 하이드레이트가 매장되어 있다고 한다. 무려 1억이 넘는 가구가 10년 이상 난방할 수 있는 양이란다. 최근 북극 빙하가 녹으면서 지하자원 탐사가 쉬워지고 있다. 러시아, 미국, 노르웨이, 캐나다 등이 북극권 영유를 주장하는 것도 지하자원 때문이다.

우리나라는 북극에 직접적인 연고가 없다. 그러나 최첨단 기술만 있다면 우리가 참여할 수 있는 분야는 무궁무진하다. 미래에 해양 관련 첨

---

**79** 낮은 온도와 높은 압력에서 가스와 물이 결합하여 형성된 고체 에너지. 해저의 고압저온 상태에서 물 분자 간의 수소 결합으로 형성되는 3차원 격자 구조로 형성되어 있다. 격자 구조 내의 공간에는 메탄, 에탄, 프로판, 이산화탄소 등 작은 가스 분자가 화학 결합이 아닌 물리적으로 결합해 있다. 따라서 상온 상압 상태에서는 바로 물과 가스로 분리된다. 1m³ 가스 하이드레이트 안에는 약 170m³의 가스가 함유되어 있어서 불을 붙이면 불꽃을 내며 탄다고 해서 일명 '불타는 얼음'으로 불린다. 매장량이 많고 공해가 없어 차세대 에너지로 관심이 높다.

단기술은 우리나라를 먹여 살릴 신성장 동력이 될 가능성이 크다는 뜻이다. 다행히 우리나라는 조선업이 발달해 있다. 자동차 산업도 뛰어나다. 여기에 세계적인 IT산업 강국이라는 이점도 있다. 세계적인 장치산업과 소프트웨어 산업 위에 인재들의 역량이 결집한다면 해양 톱 3 기술은 꿈이 아니다. 해양을 바라보는 마인드가 절대적으로 필요한 때다.

# 지도자,
# 재난에 대처하는 지도력이 필요하다

정치인이나 정당이 가장 잘 쓰는 방법이 양비론兩非論이다. 자기의 잘못을 희석하기 위해 상대방에게도 잘못이 있다고 주장한다. 국민은 공격하는 상대 정당도 잘못이 있다고 믿게 만든다. 전형적인 물타기 수법이다. 이와 반대가 양시론兩是論이다. 서로 대립하는 양쪽의 주장이나 태도를 모두 옳다고 하는 견해다. 양비론보다 긍정적인 면이 강하다. 그러나 양시론이 반드시 옳은 것은 아니다. 날씨에서는 특히 그렇다.

봄철이 오면 황사가 몰려온다. 황사는 미세먼지로 이루어져 있어 호흡기질환 등 질병을 유발한다. 중국의 오염물질을 실어오면서 역전층을 형성해 대기오염을 가중한다. 반도체, 조선, 유통업은 큰 피해를 본다. 그런데 황사가 이롭다고 말하는 사람도 있다. 황사가 지구온난화와 산성화를 방지한다는 것이다. 토양의 비옥도를 높이고 해양생물의 생장을 촉진한다는 거다. 삼성경제연구소에서는 강한 황사의 영향으로 우리나라가 입는 피해를 15조 원으로 추정한 적이 있다. 황사로 이익이 있기는 하겠지만, 피해에 비하면 새 발의 피다.

여름이 되면 태풍이 북상한다. 강력한 바람과 호우를 동반하기에 재난이 발생한다. 2008년 미얀마를 강타했던 태풍은 18만 명의 사망자를 냈다. 국가가 휘청거릴 정도다. 그런데 어떤 사람들은 태풍의 이로운 점을 말한다. 큰비는 가뭄을 해소해주고, 강한 바람은 바다의 산소를 풍부하게 해주어 적조도 없애주고 물고기도 많게 해준다는 것이다. 그러나 태풍 '루사'로 5조 3,000억 원의 피해를 보았을 만큼 태풍은 이익보다는 피해가 훨씬 더 크다.

지구온난화의 주범이 이산화탄소다. 증가하는 이산화탄소의 영향으로 강력한 태풍과 홍수, 한파 등의 기후변화가 발생한다. 이산화탄소는 '미운 오리'이자 '천덕꾸러기'이다. 그런데 이산화탄소가 도움이 된다는 주장도 있다. 이산화탄소로 만든 탄산화합물로 인공 뼈나 칼슘보조제 등의 의료제품은 물론 플라스틱이나 제지, 고무, 시멘트, 페인트, 치약 등의 공업용 재료로도 활용할 수 있기 때문이다. 바이오디젤을 생산하는 데 이산화탄소가 사용되는 이점도 이야기한다. 그러나 이산화탄소에 이점이 있다고 해도 피해는 이보다 훨씬 크다.

태풍이나 황사에 이익이 있다는 주장이나 해악이 크다는 두 주장 모두 틀리다고는 할 수 없다. 그러나 황사나 태풍이 우리나라로 오지 않거나 이산화탄소의 증가가 없는 편이 훨씬 더 좋다. 그래야 재앙이 줄어들기 때문이다. 재난이 발생하면 재난에 미처 대비하지 못한 국민의 잘못일까? 아니면 미리 철저히 대비해 피해를 줄여야 하는 국가나 지도자의 책임일까?

2004년 말, 알래스카의 에스키모들이 미국 정부를 상대로 법정소송을 제기했다. "우리가 사는 땅은 밑으로 꺼져가고 있고, 식량원인 곰과 물범은 사라지고 있다. 이것은 미국 정부가 지구온난화에 제대로 대응하지 못했기 때문이다." 당시 큰 화제가 되었던 것은 과연 지구온난화에 대한 책임을 미국 정부가 져야 하느냐는 것이었다.

2014년 9월에는 인도네시아 농민들이 대통령을 고소해 외신을 뜨겁게 달구었다. 열대우림 산불로 연무[80] 피해를 본 수마트라 섬 농민들이 정부가 기후변화에 제대로 대응하지 못해 피해를 봤다는 것이다. 농민들은 대통령이 화전식 열대우림 개발과 벌목 같은 불법 행위를 막지 않고 방관했다고 주장했다. 수마트라 지역은 2014년 6월 이후 팜유 농장 확대를 위한 화전식 개간 등으로 산불이 급속히 번지면서 극심한 연무 피해가 발생했다. 재벌들은 팜유 농장을 넓히기 위해 열대우림에 불을 놓는 불법행위를 벌이고 정부는 모르는 척 묵인했다는 것이다. 그리고 피해는 농민들이 고스란히 떠안았다는 것이다.

그런데 이번 사태와 비슷한 산불로 인해 인도네시아에서는 대통령이 쫓겨난 일이 있다. 1997년 강력한 엘니뇨가 발생하면서 인도네시아에는 큰 가뭄과 함께 열대우림에 강한 산불이 발생했다. 산불은 심각한 연

---

**80** 마르고 미세한 진애(塵埃)나 염분 등의 미립자가 대기 중에 부유하여 공기를 뿌옇게 흐리게 하며 시정을 나쁘게 하는 상태를 말한다. 흡습성의 미립자가 많이 포함되어 있을 때는 그 주위에 수증기가 응결하여 미세한 물방울이 형성되기 때문에 안개가 된다. 연무는 배경이 밝은 경우는 노르스름한 색을 띠며 배경이 어두울 때는 푸르스름한 색을 띤다.(출처 : 『자연지리학사전』 한국지리정보연구회, 2006.)

기와 연무를 발생시키면서 엄청난 피해를 가져왔다. 연기의 오염도는 무려 1,890μg/m³에 달했다. 이 수치는 세계보건기구가 정한 '정상' 수준보다 거의 50배나 높은 것이다. 10만 명 이상의 사람들이 눈과 피부, 호흡기 질환을 겪었다. 강한 산성비로 인해 식수가 오염되면서 심각한 건강장애도 발생했다. 여객선의 충돌로 29명이 죽은 사건과 가루다 항공기의 추락, 교통사고의 빈발도 연무로 인한 시계 불량 때문이었다. 산불로 인한 곡물피해와 목재피해, 산림에서 얻을 수 있는 직간접 수익의 손실 등 총 경제적 손실은 인도네시아 1년 GNP의 2.5%나 되었다.

흉년이 들고 환경이 파괴되면서 고향을 떠나는 사람들이 증가하고 민생은 어려워지는데 인도네시아 정부는 대책은 없고 변명만 늘어놓을 뿐이었다. 이 사건은 수하르토Suharto 대통령이 이끄는 정부의 무능과 부패를 선명하게 국민에게 보여주었다. 국민은 길거리로 나섰다. 1998년 독재자 수하르토 대통령이 어쩔 수 없이 퇴진했다. 대형 산불이 대통령을 몰아낸 것이다. 이런 무책임한 지도자가 있는가 하면 국민을 재난으로부터 보호하는 지도자도 있다.

"수상이 5시간 동안이나 재난방송을 했다고요?" 2005년 쿠바 수상 카스트로는 허리케인 대처방법과 국민이 취할 행동요령을 5시간이나 생방송을 했다. 국민은 방송에 따라 신속하고 질서있게 행동했다. 허리케인이 지나간 후 이웃 나라 아이티는 3,000명의 사망자와 엄청난 재산피해가 발생했다. 그러나 쿠바는 단 한 명의 희생자도 없었고 재산피해도 적었다.

자연재해에 관한 조기경보 시스템을 갖추고 기후변화에 취약한 계층을 대상으로 한 사전예방 정책을 펼치는 것이 가장 중요하다. 재난이 닥쳐오고 있을 때 이를 정확하게 예측할 수 있는 시스템과 국민에게 효과적으로 전달하는 재난방송, 그리고 구난시스템, 여기에 이를 적극적으로 수용해 대피나 예방조치를 취하는 지역공동체의 협력 등이다.

역사상 가장 피해가 컸던 태풍은 1970년 11월 방글라데시에서 발생했다. 이 태풍으로 30만 명 이상의 사람들이 죽었다. 1991년 방글라데시 삼각주 지역을 덮쳤던 태풍으로도 13만 8,000명이 희생되었다. 방글라데시는 이후 적극적인 재난대비 경고 방송을 통해 국민이 피난이나 대비를 신속하게 할 수 있도록 했다. 조기경보시스템이나 재난방송이 얼마나 중요한가를 알려주는 좋은 본보기다.

2003년 폭염이 유럽을 강타해 전 유럽에서 7만 명 이상의 희생자가 발생했다. 프랑스에서만 4만 명 이상의 희생자가 발생했다. 이탈리아와 스페인에서도 거의 1만 명 이상이 죽었다. 놀랍게도 벨기에에서는 단한 명의 희생자도 없었다. 벨기에는 국민이 미리 대비할 수 있도록 폭염 관련 재난방송을 했던 것이다. 사회적 약자나 소외계층의 노약자들은 국가에서 미리 도와주었다. 효율적인 재난방송, 국가의 적극적 구난시스템이 빛을 발했다. 이처럼 국가와 방송, 국민이 적극적으로 자연재난에 대비하는 의식이 필요하다. 이는 지도자들 역시 마찬가지다. 이들만의 노력으로 천재天災가 줄어들지는 않겠지만 피해는 줄일 수 있지 않겠는가?

2012년 10월 말, 미국 동북부 지방을 강력한 허리케인 '샌디'가 강타했다. 수많은 인명피해와 엄청난 재산피해가 발생했다. 오바마 대통령은 재난 현장에서 피해 지역을 국가재난지구로 선포하고 국민을 다독이면서 신속한 복구작업을 이끌었다. 국민은 그의 재난 리더십에 신뢰를 보였고, 이런 분위기가 대통령으로 재선하는 데 큰 도움이 되었다고 한다.

2002년 강력한 초특급 폭풍으로 독일은 혹심한 재산과 인명피해를 크게 보았다. 독일의 슈뢰더 총리는 피해를 본 지역 주민들의 손을 잡고 함께 그들의 고통에 공감했다. 그의 강력한 리더십으로 피해 지역은 빠르게 복구되었고, 합리적인 보상 또한 신속하게 집행하였다. 그는 국민의 지지를 바탕으로 포퓰리즘에 기대지 않고 사회복지 혜택을 축소하고 노동시장 유연성 제고를 추진할 수 있었다.

1426년 2월, 한양에 대화재가 발생했다. 오랫동안 계속된 가뭄으로 풀과 나무 등이 바짝 말라 있었다. 불이 나자 한양은 순식간에 폐허로 변해버렸다. 세종대왕은 큰 피해를 본 백성들을 직접 만나 위로하고 신속하게 구제를 베풀었다. 대형화재의 원인이 된 초가지붕 개량을 추진해 한양 안의 주택은 모두 기와지붕으로 바꿨다. 한양은 폐허의 아픔을 딛고 주작대로에 기와집이 즐비한 위풍당당한 조선의 수도로 거듭났다. 백성들은 세종대왕의 재난에 대처하는 지도력을 보고 깊은 신뢰를 하게 되었다고 한다.

앞의 지도자와는 다른 모습을 보이는 지도자도 있다. 64년 7월 18일 로마에 대화재가 발생했다. 가뭄으로 바짝 말라 있던 도시라 누구도 불을 끌 수 없었다. 9일 동안 불길에 휩싸인 채 모두 타버렸다. 당시 네로 황제는 불타는 로마를 보면서 악기를 연주하고 노래를 불렀다고 역사가 타키투스는 기록한다. 진서를 보면 수많은 농민이 가뭄 때문에 밥이 없어서 죽어간다는 이야기를 들은 진나라의 혜제惠帝는 "어째서 백성들이 고기 죽을 먹지 않느냐?"고 물었다고 한다. 스코틀랜드인들이 폭동을 일으킨 것은 빵이 없어서라는 이야기에 "왜 그들은 고기를 먹지 않는가?"라고 말한 영국 에드워드 2세의 우답도 있다. 답답할 뿐이다. 지도자들의 가장 중요한 덕목이 무엇인가를 생각하게 만드는 장면이다. 지구온난화로 인해 앞으로 재난은 더욱 강하게 발생할 가능성이 크다. 그래서 지도자들이 국민을 생각하고 국가의 미래를 바라보는 사람이었으면 좋겠다.

# 친환경적인 생각과 고민,
# 그리고 실천이 지구를 살린다

"이 건물(ECC)은 이화여대의 자랑입니다. 대표적인 친환경 건물이지요. 지하의 에너지를 최대한 활용했어요. 땅속에 묻히는 건물 좌우의 벽 부분을 이중으로 설치했지요. 미로를 만들어 공조기에 들어갈 공기를 미리 데우거나 식히는 기법을 도입했습니다. 에너지 사용을 최소화했는데, '열미로$^{Thermal\ Labyrinth}$'라 부릅니다."

이화여대의 ECC관에 강의를 갔을 때였다. 초여름의 무더운 날이었는데도 상당히 시원했다. 건물 냉방이 잘된다는 내 말에 이화여대의 김 교수가 입에 침이 마르도록 자랑한 말이다. 건물 냉난방을 땅 온도를 이용해 할 수도 있구나 싶어 감탄했다.

최근 우리나라 고층건물들은 외벽을 유리로 많이 만든다. 유리는 건축자재에서 혁명이라고 불렸다. 유리 외벽은 햇볕의 에너지를 최대한으로 끌어낼 수 있기 때문이다. 유리 건물은 태양의 에너지를 활용한다는 측면에서는 최고라고 할 수 있다. 건물의 모습은 멋있다. 그러나 중대한 결점을 안고 있다. 많은 에너지가 집중되었을 때 적절히 해결할 만한 장치가 없다는 거다. 그러다 보니 과도한 냉방을 해주지 않을 경우 찜통이 되어버린다. 냉방을 위한 에너지가 엄청나게 필요하다. 에너지 과다 사용은 비용으로 돌아온다. 유명한 유리 주상복합 아파트 관리비가 천문학적(?)으로 올라간다.

그렇다면 옛사람들은 어떻게 냉방을 했을까? 남부 유럽의 집을 보면 정원에 '임플루비움Impluvium'이라는 연못이 있다. 이 연못이 집안 온도를 일정하게 유지해주는 역할을 한다. 비열이 큰 물의 성질을 이용한 것이다. 대표적인 건축물이 스페인의 알함브라 궁전이다. 가운데 정원에는 큰 연못이 있다. 이곳으로부터 사방으로 수로가 뻗어 방 안쪽까지 물이 흘러든다. 이 정원 효과로 인해 한여름에 길거리보다 9℃ 이상 온도가 낮다고 한다. 시내가 31℃라면 정원 안은 22℃보다도 낮다는 거다. 에어컨을 켠 것보다 냉방 효과가 더 좋다. 스페인의 세비야 대학에서는 이런 기술에 주목했다. 이 냉각 방식을 활용하여 시원한 공기를 건물 내부로 끌어들이는 기법을 개발했다. 그리고 이를 말라가 호텔에 적용했다. 호텔 냉방에너지를 무려 절반으로 줄일 수 있었다고 한다. 완전 대박이었다.

스페인이 냉방에 물을 사용했다면 우리네 조상들은 바람을 이용했다. 한옥 구조를 보면 감탄할 때가 많다. 한옥에 바람길을 만들어 사시사철 통풍이 잘되도록 했기 때문이다. 한옥이 여름에 시원한 이유는 '마당' 때문이다. 한옥 마당에는 황토가 깔려 있다. 태양열에 의해 데워진 황토 덕분에 바람길이 만들어진다. 더워진 공기가 상승하면 비는 공간에는 외부 바람이 들어와 채우게 된다. 이때 바깥의 시원한 바람이 집 안으로 불어오는 원리이다. 한여름에도 한옥 대청마루에 앉아 있으면 에어컨이 필요 없는 건 바로 이런 원리가 적용되기 때문이다. 이화여대 ECC관이 흙의 지중온도를 활용했다면 한옥은 황토의 데워짐을 이용하는 것이다. 기상을 활용하는 지혜가 대단하지 않은가?

그런데 우리 조상들이 수평적인 바람길을 이용했다면 흰개미들은 수직 바람길을 이용한다. 흰개미는 개미탑의 구멍들을 여닫으면서 수직 공기의 흐름을 조절한다. 열대의 뜨거운 환경을 자연적인 냉방으로 해결하는 것이다. 짐바브웨 출신의 건축가 믹 피어스<sup>Mick Pearce</sup>는 흰개미에서 영감을 받아 그들의 환기시스템을 모방했다. 최초의 대규모 자연냉방 건물인 이스트게이트 쇼핑센터를 건설했다. 효과는 놀라웠다. 에어컨 없이도 실내온도가 24℃ 정도로 유지됐다. 덕분에 이스트게이트 쇼핑센터는 같은 규모 건물의 10%에 불과한 에너지만 사용한다. 투자비용의 몇십 배의 수익을 낸 장사였다.

지구온난화로 매년 여름은 더 뜨거워진다. 앞으로 냉방을 위한 에너지 사용량은 더 늘어날 것이다. 우리네에게는 큰 부담이다. 우리 모두 의식적으로 멋보다는 환경과 에너지를 더 생각하는 습관이 필요하다. 에너지 사용에 대한 패러다임 시프트<sup>paradigm shift</sup>가 필요하다. 에너지를 최소화하는 건축으로 나가야 한다. 그러면 탄소 저감을 이룰 수 있다. 지구온난화 방지에도 이바지한다. 에너지 사용 비용도 줄어든다. 친환경적인 삶을 살게 된다. 완전히 수지맞는 장사가 아닌가!

온라인상에서 단 3분 만에 모든 사과가 팔렸다. 기무라 아키노리라는 일본인이 썩지 않는 기적의 사과를 만들어낸 결과였다. 무농약 유기농법으로 사과농사를 시작한 그는 첫해 수확량이 10%, 2년 후 수확량은 0%밖에 못 거둔 참담한 실패를 맛봤다. 자연퇴비만 사용하고 해충을 직접 손으로 잡고, 사과마다 봉투를 씌워주면서 재배했다. 그러나 돌아온 것은 수확량 감소와 말라비틀어진 사과나무였다. 8년 동안 실패한 그가 어느 날 산에 있는 도토리나무를 보고 깨닫게 된다. '최대한 가꾸지 말고 자연 그대로 내버려둬야 한다'는 것이다. 발상의 전환으로 그는 드디어 9년째에 들어서서 사과꽃이 만개하는 기쁨을 맛봤다. 그 이후 10년째 썩지 않는 기적의 사과를 만들면서 최고의 대박 사과 농부로 변신했다. 자연도 마찬가지다. 손을 대지 않고 그대로 두는 것이 최상이 되는 경우가 많다.

사람들은 해수면 상승에 별다른 관심이 없다. 자신에게 직접적인 영향을 주지 않는다고 생각하기 때문이다. 그러나 미국 기상청은 최악의 허리케인 중 하나로 기록된 2005년 카트리나로 2012년 한국 돈으로 환산했을 때 118조 원의 재산피해가 있었다고 발표했다. 2011년에는 태국의 수도 방콕이 물에 잠겼다. 두 피해 모두 해수면 상승으로 인한 침수 피해가 얼마나 무서운지를 잘 보여주는 예이다.

해수면 상승에 대비하기 위해 이탈리아는 베네치아에 30조 달러라는 엄청난 예산을 들여 물막이 제방공사를 시작했다. 그러나 네덜란드는 제방을 더 높이 올리기보다는 물에 뜨는 집으로 대응한다. 로테르담의 경우 2035년까지 모든 도시의 건축물을 물에 떠오르도록 만들어 바닷물이 넘쳐 들어와도 피해가 없게 하겠다는 계획을 세웠다. 뉴욕에서는 '허리케인에 땅을 내주자'는 재미있는 역발상 정책을 펴고 있다. 바닷가 연안 지역의 주택들을 사들여 습지, 모래언덕, 조류 보호구역 등 개발하지 않는 자연 상태로 보존하겠다는 것이다. 해수면 상승과 개발로 인해 날로 커지는 기후변화 피해에는 자연 그대로 두는 것이 정답이라는 것이다. 일본인 아키노리가 사과나무를 자연 그대로 놔두어 기적의 사과를 만든 것과 발상이 비슷하다. 발상의 전환이 기후변화를 이기는 큰 힘이 될 수도 있다.

영화 〈더 임파서블The Impossible〉 이야기를 해보자. 2004년 동남아시아에 닥친 거대한 쓰나미를 배경으로 재난 속에서 빛나는 가족애를 주제로 설정한 감동적인 영화다. 실제로 발생했던 사건을 영화화했다는 점이 세월호 사건을 연상시켜 가슴에 크게 다가온 영화다.

최근 지구촌은 곳곳에서 쓰나미와 해일을 가져오는 강력한 지진과 태풍이 많이 발생하고 있다. 2004년의 동남아 지진, 2011년 아이티와 일본 대지진, 2014년 칠레대지진 등은 강력한 쓰나미를 동반했다. 2005년 태풍 카트리나, 2008년 태풍 나르기스, 그리고 2013년 필리핀을 강타한 태풍 하이옌海燕, Haiyan[81] 등은 초강력 폭풍해일을 몰고 왔다. 문제

---

**81** 중국에서 제출한 이름으로 뜻은 '바다제비'다. 필리핀 기상 당국의 발표에 의하면 하이옌은 필리핀 중동부 사마르 지역에 상륙할 당시 태풍 중심부 최대풍속 시속 235km, 최대 순간풍속 시속 275km를 기록했다. 또한 필리핀 중부를 지나면서 그 위력이 점차 강해져 순간풍속이 1분 평균 최대풍속이 시속 315km, 순간 최대풍속이 시속 379km까지 달했으며, 이는 태풍 풍속의 가장 높은 등급인 5등급(시간당 260km 이상의 풍속)을 넘어서는 수준으로, 미국 합동태풍경보센터(JTWC)의 태풍 관측 사상 최고 수준이기도 하다. 지금까지 가장 강력한 태풍은 1969년 미국 미시시피에 엄청난 피해를 가져온 풍속은 시속 280km의 허리케인 '카미유(Camille)'였다.

는 지구온난화로 인한 기후변화는 앞으로 더 강력한 태풍이나 폭풍을 만들어내리라는 점이다. 우리는 그 누구도 지진을 제어할 힘도 없으며 태풍을 막을 수도 없다. 쓰나미를 억제할 수도 폭풍해일을 약화시킬 수도 없다. 그렇다면 손을 놓고 속수무책으로 당해야 할까? 많은 나라에서 환경을 파괴하지 않고 지구온난화에 대비하는 구조물들을 만드는 것도 벤치마킹할 필요가 있다.

티벳 고원에 초롤파Tsho Rolpa라는 호수가 있다. 지구온난화로 빙하가 녹아내리면서 이 호수의 면적은 1990년까지 40년 동안 무려 7배로 증가하였다. 1억m²에 달하는 거대한 호수가 취약한 댐을 압박하면서 수력발전소와 댐 하류의 많은 마을이 위험에 빠졌다. 네팔 정부는 댐의 벽에 수문을 내어, 물의 방출을 조절하기로 했다. 수문을 내는데 약 50억 원의 돈과 4년의 기간이 소요되었다. 이 사례는 선진국들이 지구온난화로 생기는 문제가 심각할 것이라는 사실을 인식하게 하였다. 이때부터 토목공사 프로젝트마다 기후변화와 환경보호를 주요 변수로 고려하기 시작했다.

티베트 고원의 칭하이-티베트 철도는 약 500km의 철도구간이 영구동토대 위에 설치되어 있다. 영구동토대는 기온이 몇℃만 상승해도 녹을 수가 있다. 이들은 기차가 영구동토대 온도가 녹는점 이상으로 상승하지 않도록 절연체와 냉각시스템을 도입하였다. 캐나다의 프린스에드워드 섬과 본토를 연결하는 13km짜리 컨페더레이션 다리는 필요한 높이보다 1m 높게 건설되었다. 미국 보스턴에서는 하수처리 플랜트를 지금보다 높은 지역에 설치하였다. 이것은 지구온난화로 인한 해빙과 해수면 상승을 고려한 좋은 예라 할 수 있다. 일본의 경우 해안 매립 때 친수 공간을 조성토록 하고 토지이용계획 수립 때 콘도 등을 해안 전면에 배치하는 것을 금지하고 있다.

2004년 강력한 동남아 쓰나미 때 놀랍게도 맹그로브 숲이나 산호초의 보호를 받던 나라나 섬들은 피해가 극히 적었다. 반대의 경우도 있다. 1997년 온두라스에 초강력 태풍 '미치'가 강타했다. 최악의 피해가 발생했다. 온두라스 정부가 새우양식장을 만들기 위해 맹그로브 숲을 파괴한 것이 원인이었다. 2008년 태풍 '나르기스'가 미얀마를 강타했다. 무려 18만 명이 죽었다. 미얀마 정부가 개발을 위해 해안가의 맹그로브 숲을 없앤 대가였다. 해안 개발로 얻는 이익보다 단 한 번의 강력한 태풍이나 쓰나미로 인한 피해가 훨씬 더 크다는 사실을 깨닫게 된 계기였다. 자연은 자연으로 대응할 수 있다는 것을 보여준 실례다.

우리나라 모든 해안이 쓰나미에 노출돼 있다는 연구 결과가 국립산림과학원에서 나왔다. 우리나라 모든 해안 지진·해일에 무방비 상태라는 것이다. 가장 효과적으로 피해를 줄이는 방법은 해안 방재림 조성이라고 한다. 해안 방재림의 폭이 10m인 경우 7%의 쓰나미 에너지가 감소한다. 100m인 경우 약 50% 정도에 이른다. 맹그로브가 자랄 수 없는 우리나라 여건상 해안에는 방재림을 조성하는 것이 최상이라는 것이다. 자연 친화적인 생태계를 만들어나가는 노력이 우리를 지켜주는 힘이 될 것이라는 생각을 해본다.

# 에너지 사용,
# 더 줄여야 한다

21세기의 화두는 지구온난화 문제이다. 온실가스를 줄이는 재생에너지 중 가장 효율이 높은 것이 풍력발전이다. 그런데 풍력발전도 다른 재생 가능한 에너지원과 마찬가지로 변동성이 심하다. 적정한 바람이 불어만 준다면 최상의 에너지원이지만 바람이 불지 않을 때는 무용지물이 되고 만다. 세계의 많은 나라가 육지에 풍력단지를 만들었다. 그러나 바람의 변동성도 심하고 환경문제도 있었다. 풍력발전이 가장 활발한 유럽의 경우 발전기를 세울 수 있는 적합한 땅이 거의 바닥났다고 한다. 그들은 발상의 전환을 통해 날개를 크게 제작하는 방법과 해양에 거대한 풍차를 세우는 방법을 생각해냈다.

현재 가장 많이 설치된 풍력발전기의 날개 지름은 대관령 풍력단지에 세워진 80MW(메가와트)급이다. 그런데 독일의 리파워$^{RE\ power}$ 사는 지금보다 발전량이 5배나 되는 지름이 200m인 10MW 초대형풍차를 개발하여 바다에 설치했다. 또한 북해 등에 대규모 해양 풍력 단지를 만들었다. 바람의 문제도 어느 정도 해결이 되었다. 우리나라도 제주도와 남서 해안에 대규모 해상 풍력단지를 건설하여 운영하고 있다.

그런데 육상이나 해상보다 더 좋은 방법이 있다. 공중에 풍차를 띄우는 방법이다. 네덜란드의 델프트 대학은 20~30개의 연에 소형풍차를 매달아 발전을 시작했다. 캐나다의 머긴파워<sup>MagennPower</sup> 사는 300m 상공에 헬륨 몸체를 띄워 풍차 돌리는 데 성공했다. 상공의 바람은 지상보다는 강하고 지형의 영향을 받지 않으므로 지속적인 바람이 분다. 미국의 스카이윈드파워<sup>Skywindpower</sup> 사는 한술 더 떠 제트기류를 활용하는 장비를 만들었다. 상공 10km에 있는 제트기류에 풍차를 올려 많은 에너지를 얻겠다는 것이다. 이 경우 발전 단가를 4분의 1로 낮출 수 있다고 한다. 게다가 천둥이나 번개 등으로 인한 풍차 파손도 없다니 그야말로 금상첨화라 할 수 있다. 기가 막히지 않는가?

그런데 건축가들은 굳이 공중에 헬륨 풍차나 연 같은 소형 풍차를 올릴 필요가 있느냐고 말한다. 대형 빌딩에서 부는 빌딩풍을 이용해 발전하면 되지 않느냐는 거다. 풍력발전의 패러다임을 바꾼 빌딩이 두바이에 있다. 두바이 세계무역센터 빌딩이다. 날카로운 뿔 모양의 두 빌딩 사이에 세 개의 풍력 터빈을 설치했다. 240m 높이 빌딩 사이로 부는 강한 바람을 이용해 발전한다. 이 빌딩이 필요로 하는 전력의 15%를 생산한다니 얼마나 놀라운가?

영국 런던에 있는 SE 1 빌딩은 148m 높이의 42층 빌딩이다. 이 빌딩 42층 위에 뚫린 세 개의 구멍을 만들어 이곳에 대형 터빈을 설치했다.

대형 터빈은 빌딩을 타고 흐르는 바람을 잡아 풍력발전을 한다. 건물 전체에서 사용하는 에너지의 8%가량을 충당한다니 놀라울 뿐이다. 도심의 고층빌딩 벽을 타고 오르는 강력한 상승기류를 활용한 풍력발전도 있다. 영국의 설계사 막스 바필드<sup>Marks Barfield</sup>가 제안한 고층아파트 '스카이 하우스'다. 아파트 세 동을 단지 중심부로 바람을 끌어들이도록 배치해서 건물 사이를 타고 오르는 상승기류를 이용하여 대형 수직 풍력발전기를 돌리는 원리다. 이 전력으로 아파트단지의 공동 전력수요를 충당한다. 아파트 관리비가 줄어들어 주민들이 좋아한단다.

신재생에너지에서 풍력 분야는 선진국만이 기술력을 가지고 있다. 그러다 보니 선진국들은 다투어 빌딩풍을 이용한 풍력발전 빌딩을 짓고 있다. 미국, 영국, 독일, 일본, 호주 등이 대표적인 나라다. 생뚱맞게 중국도 광저우에 풍력발전 빌딩을 지었다. 정보통신기술과 장치산업 기술력이 세계적 수준인 우리나라도 풍력발전 분야에서 상당한 경쟁력을 가질 수 있지 않을까?

"결국, 살아남는 종種은 강인한 종도 아니고, 지적 능력이 뛰어난 별난 종도 아니다. 종국에 살아남는 것은 변화에 가장 잘 대응하는 종이다." 윤종용 삼성전자 고문의 말이다. 급속히 변화하는 글로벌 무한경쟁 시대에서 생존하기 위해서는 변화하는 환경을 쫓아가기보다는 환경보다 더 빨리 변해야 한다는 뜻이리라.

"전기를 전혀 사용할 수 없는 사람들은 전 세계 20억 명에 달합니다. 또 10억 명은 전력을 배터리에만 의존하고 있고, 불을 밝히기 위해 양초와 등유를 사용하고 있습니다. 태양에너지는 이 사람들에게 전력을 제공하는 가장 쉽고도 믿을 만한 방법입니다."

유엔 에너지 담당관의 말이다. 지구온난화 시대에 가장 믿을 만한 청정 재생에너지는 태양에너지이다. 전 세계 사막면적의 1%에 태양광발전소를 지어 나머지 다른 지역과 고압선으로 연결할 수 있다면, 전 세계의 전력 수요를 모조리 충족시킬 수 있을 정도로 풍부한 것이 태양에너지다. 세계의 태양열 시장은 급성장하고 있다. 친환경적이며 무한한 에너지원인 태양열 에너지를 이용하는 기술개발이 무엇보다 시급하다.

지구온난화로 인한 기후변화는 건축 분야에도 많은 변화를 가져오고 있다. 난방 등의 주거에너지 사용이 급격히 증가하고 있기 때문이다. 이 문제를 해결하기 위해 건축전문가들은 다양한 방법을 내놓는다. 미래의 건축은 무엇이 대세일까? 기온 상승과 늘어나는 강수량으로 인해 주거환경의 변화가 일어날 것이다. 미국 베벌리 힐스에 사는 유명한 영화배우들이 사는 집이나 홍콩의 가장 부자들이 사는 지역을 보면 산 중턱이다. 좀 더 쾌적하며 시원하고 친자연적인 곳을 선호하기 때문이다. 따라서 이들처럼 좀 더 쾌적하고 안전하며 시원하면서도 깨끗한 주택으로 소비자의 관심이 옮겨갈 것이다. 또 에너지 비용이 가장 적게 들어가는 주택을 선호하게 될 것이다. 이런 시대적 흐름에 발맞추어 주택건설도 에너지 제로 주택으로 옮겨가고 있다.

"도시 기후를 만드는 주범이 빌딩이며 빌딩이 소모하는 에너지는 미국 전체 에너지의 70% 이상이다." 미국 환경보호청EPA이 발표한 자료다. 지구온난화를 가져오는 온실가스를 배출하는 양도 빌딩이 가장 많다. 전 미국에서 배출되는 온실가스양의 38%가 빌딩에서 나온다고 한다. 이런 추세로 가면 빌딩에서 배출되는 이산화탄소는 2030년까지 매년 1.8%씩 증가할 것이란다. 이런 자료를 근거로 미국 환경보호청은 앞으로 환경친화적인 녹색빌딩 건축이 필요하다고 미국 정부에 충고하고 있다.

그럼 주택이나 빌딩에서 에너지를 줄이는 건축방법에는 어떤 것들이 있을까? 화석연료를 사용하지 않고 에너지를 줄이는 방법에는 먼저 패시브 하우스passive house[82]가 있다. 패시브 하우스란 1m²당 10W 이하의 에너지를 사용하는 에너지 절약형 건축물을 가리킨다. 석유로 환산하면 연간 냉방 및 난방 에너지 사용량이 1m²당 1.5ℓ 이하에 해당한다. 한국 주택의 평균 사용량은 16ℓ이므로 80% 이상의 에너지를 절약하는 셈이다. 실내의 열을 보존하기 위하여 삼중창을 만든다. 단열재도 일반 주택에서 사용하는 두께의 3배인 30cm 이상을 설치한다. 폐열회수형 환기 장치를 이용하여 신선한 바깥 공기를 내부 공기와 교차시켜 온도 차를 최소화한 뒤 환기함으로써 열 손실을 막는 방법도 사용한다.

대표적인 사례를 보자. 오스트리아 빈에서 차를 타고 30분 정도 가다 보면 브하임퀼헴 지역에 있는 2층짜리 단독주택 'S-House'를 만날 수 있다. 이 집은 기둥만 철근 콘크리트로 지어졌을 뿐 모든 소재는 친환경 소재다. S-하우스로 이름 붙여진 것은 나무와 짚단이 기본 소재이기 때문이다. 이런 패시브하우스가 오스트리아에만 1,000여 개나 지어졌

---

**82** 이름 그대로 '수동적인 집'이라는 뜻으로, 능동적으로 에너지를 끌어다 쓰는 액티브 하우스(active house)에 대응하는 개념이다. 액티브 하우스는 태양열이나 풍력 등을 이용하여 외부로부터 에너지를 끌어 쓰는 방식이다. 그런데 패시브 하우스는 집 안의 열이 밖으로 새나가지 않도록 최대한 차단하는 방법을 사용한다.

다고 한다. 영국은 2016년부터 영국에서 짓는 모든 주택에서 이산화탄소 배출을 완전히 제로화하는 정책을 펴고 있다. 이렇게 하기 위해서는 에너지 제로 주택이 되어야 한다. 유럽연합 의회는 유럽연합 내에 짓는 모든 신규 건물을 대상으로 '건물 내에서 소비하는 에너지보다 더 많은 에너지를 생산토록 하는' 건축 관련 규정을 만들었다. 모든 신축 건물의 제로 에너지화를 의무화한 것이다.

우리나라에서는 2005년에 대림산업이 연수원 건물로 '에코 3ℓ 하우스ECO-3ℓ House'를 만들었다. 기존의 아파트가 m³당 1년에 평균 17.5ℓ의 등유를 사용하는 데 비해 3ℓ만 소비한다는 데서 나왔다. 2009년에는 삼성건설에서 그린 투모로우 건물을 지었다. 그린 투모로우는 고성능 단열 벽체나 창호 등을 사용하고 효율이 높은 전기 설비를 적용해 기존 주택대비 약 56%의 에너지를 절감했다. 현대건설은 용인시에 있는 '그린스마트이노베이션센터' 내에 100% 에너지 절감이 가능한 제로에너지 주택을 지었다. 이 기술을 상용화해서 인천 송도 신도시에 '제로에너지 빌딩'을 짓는다. 2018년에 완공될 단지는 총 886가구다.

우리나라 정부에서도 에너지 절감형 주택에 대해 많은 지원을 하고 있다. 정부에서 지원하는 사업 가운데 노원구 제로에너지 주택 실증단지가 있다. 아파트 106세대, 연립주택 9세대, 합벽주택 4세대, 단독주택 2세대 등이다. 노원구는 서울시·명지대와 함께 정부로부터 연구·개발비 240억 원을 지원받아 국내 첫 제로zero 에너지 주택단지를 짓는다. 이곳은 에너지 절약 기술로 주택단지에 필요한 에너지를 50% 줄이고, 나머지 50%는 신재생에너지를 통해 충당하는 방식으로 운영한다. 그러나 아직 유럽과 비교하면 턱없이 부족하다. 먼저 건설업계에서는 비용을 대폭 줄이면서 에너지 제로 하우스를 만드는 최첨단의 기술력 개발에 나서야 한다. 정부는 더 엄격한 친환경 에너지 주택을 지을 수 있도록 정책을 펴나가야 한다.

# 역발상,
# 지구를 살리는 기본 바탕

'환경 파괴 없는 경제 성장은 가능할까?' 대부분 불가능하다고 생각한다. 상식적으로 보면 그렇다. 그러나 지구는 온실가스 배출량을 줄이고 환경 파괴를 하지 않고 성장을 해야 한다.

영국 정부의 지속가능개발위원회[SDC]는 2009년에 「성장 없는 번영 Prosperity without growth: economics for a finite planet」이란 보고서를 내놓았다. 이 보고서 속에 주목할 만한 내용이 있다. 경제 성장을 누리면서 기후문제에 적절히 대응하는 것은 초인적인 과제라는 것이다. 가장 큰 문제는 '리바운드 효과 rebound effect'라고 이들은 본다. 즉, 기술혁명이 일어나도 쉽게 효과가 나타나지 않는다는 거다. 리바운드 효과는 무엇일까? '제품의 효율성이 커질 경우 그 제품을 더 많이 쓰게 되는 데서 비롯된 현상'이다. 예를 들어보자. 연비가 좋으면 배출가스량이 더 높아지고, 차체가 두꺼워 안정성이 높아지면 차가 무거워진다. 기술발달로 엔진의 성능이 좋아져 연비가 좋아지면 기름이 덜 들기 때문에 사람들은 더 크고 무거운 차를 구입하기 때문이다. 에어컨 성능이 좋아져 가격이 싸지면 더 많은 사람들이 에어컨을 사서 사용한다. 1인당 소득 증가를 따지지 않고 기술 발전만 고려해도 사람들의 소비에 반동 효과가 나타나 한계에 이른다는 것이다. 이 보고서의 결론을 보자.

"사실 미래의 90억 인류의 소득을 지속해서 늘려줄 수 있는 확실하면서도 사회적 정당성을 지니고 또 논리적으로 지속 가능한 시나리오를 찾을 수 없다. 시장경제 구조와 맞서지 않고도 배출량과 자원 소비량을 대폭 감소시킬 수 있다고 생각하는 것은 완전히 망상이다……." 이 보고서를 보고 『대붕괴』의 저자 폴 길딩은 인류는 '대붕괴'라는 위기를 피할 길이 없다고 이야기한다.

2015년 11월 《네이처》는 호주가 생태계 파괴 없이 경제 성장을 할 수 있을지 그 가능성을 소개했다. 2020년 이후 적용될 신기후체제를 앞두고 호주 연방과학원$^{CSIRO}$이 벌이는 연구다. 호주는 남한의 80배에 이르는 774만km²의 땅덩이를 가진 세계 6위 국가다. 하지만 '환경지수 Environmental footprint' 지표는 세계에서 가장 높을 정도로 환경과 적대적인 나라다. 호주의 환경지수가 나쁘다 보니 기후 협약이 호주의 경제 성장에 제동을 걸어왔다. 그래서 2100년까지 지구온난화의 주범인 탄소가스 배출을 산업화 이전 수준으로 돌려놓는다는 전제로 시작했다. 그런 조건하에 호주의 경제 성장을 견인할 수 있는 20개의 시나리오가 제시됐다. 기술적으로 가능하긴 하지만 사회 태도를 변화시킬 수 있는 새로운 정책이 무엇보다 시급하다고 본다. 즉, 사람들의 생활 방식이 변해야 한다는 것이다. 그래야 수자원, 에너지, 식량 부족, 기후변화, 생태계 다양성에 대한 문제를 해결하면서도 경제 성장을 이룰 수 있을 것이라고 본다. 이 이야기를 살짝 비틀어 본다면 사람들의 의식이 바뀌지 않는 한 생태계 파괴 없이 경제 성장은 불가능하다는 뜻이다.

인류는 엄청난 온실가스를 사용하면서 풍요로운 삶을 살아왔다. 그렇다면 저탄소 사회는 과학기술이 준 편리함과 풍요로운 삶을 포기하고 생산과 소비의 절대량을 축소해야 하는 사회일까? 그렇지는 않을 것이라고 생각한다. 물론 인간은 한 번 경험해본 편리함과 쾌적성을 버리기 힘들다. 그렇다면 앞으로 우리가 추구해야 하는 저탄소 사회는 경제 성장을 유지하면서 풍요롭고 쾌적한 삶을 지속하는 사회여야 한다. 그리고 중요한 것은 이런 생활을 유지하면서도 이산화탄소를 대폭 감소하고 지구 환경을 보호하는 일은 필수적으로 시행되어야 한다.

지금 세계 인구는 기하급수적으로 늘고 있으며, 자원은 고갈되고 있다. 전 세계가 빈곤을 극복하고 풍요로움과 지구 환경의 균형을 유지하기 위해서는 적어도 자원 생산성을 4배로 향상시켜야 한다고 전문가들은 말한다. 현재 생각하고 있는 방안으로는 제품을 생산하는 단계에서부터 자원을 줄이고, 제품을 사용할 때 자원 소비를 줄이고, 마지막으로 제품의 사용 방법을 바꾸어서 자원 소비를 줄이는 방법이 있다. 이것도 전 지구인의 합의와 실천이 필요한 사항이다. 그러나 그것 또한 매우 어려운 일이다.

그럼 어떻게 해야 할까? 어떻게 해야 인류 문명의 대붕괴나 멸망을 막을 수 있는 것일까? 나는 '역발상'에 힌트가 있다고 본다. 예를 들어보

자. 애플의 팀 쿡 CEO는 "기업이 나서서 기후변화 문제 해결해야 한다"라는 말을 했다. 그는 2015년 11월 10일 "기업은 정부가 기후변화 문제를 해결해주기를 기다릴 수 없다"라고도 말했다. 이탈리아 최고 권위의 보코니 대학 경영대학원에서 한 연설에서다. 기후변화에서 국가의 역할이 가장 크지만 이런 것을 기업들이 옆에서 그저 방관만 해서는 안 된다는 것이다. 왜냐하면 기후변화는 에너지 위기 및 경제 전반의 안정에 영향을 끼치는 문제이기 때문이다. 애플은 세계 여러 곳에 소재한 회사를 재생 가능 에너지를 사용해 운영한다는 목표를 세웠다. 그리고 현재 이 목표의 87%를 달성했다고 한다. 바로 이런 것이다. 지구의 미래를 살리기 위해서는 이들처럼 기본적인 사고와 행동이 바뀌어야 한다. 정부든 개인이든, 기업이든 나서야 한다.

지금 세계의 초점은 온실가스 배출로 인한 환경 부담을 누가 질 것이냐다. 선진국이 배출한 이산화탄소가 많으니 더 많은 부담을 지라는 것이다. 그런데 재미있는 것은 한 국가 안에서도 부유한 사람들이 온실가스를 더 많이 배출하니 더 많은 부담을 져야 한다는 의견이 나왔다. 프랑스의 경제학자 토마 피케티Thomas Piketty는 2015년 11월 3일 「탄소와 불평등 : 교토에서 파리까지Carbon and inequality:from Kyoto to Paris」라는 연구 논문을 발표했다. 그는 여러 자료를 분석한 뒤 온실가스 배출도 소득 상위층에 집중되고 있다고 밝혔다. 상위 10%에 속하는 계층이 전 세계 온실가스 배출량의 약 절반을 내뿜고 있다는 것이다. 그의 연구 논문에 따르면 2013년 기준으로 온실가스 배출량 상위 1%에 속하는 미국과 룩셈부르크, 싱가포르, 사우디아라비아의 최상위 소득 계층이 배출하는 1인당 연간 온실가스 배출량은 200톤이다. 이는 온두라스, 모잠비크, 르완다와 말라위의 최하위 계층이 배출하는 연간 온실가스양인 0.1톤에 비해 무려 2,000배나 많은 양이다. 피케티는 따라서 당연히 선진국들이 기후변화 대응 기금에 더 많은 부담을 질 필요가 있다고 말한다. 그러나 신흥국의 부유층 역시 '녹색 기후 기금'[83] 조성에 참여해야 한다고 주장한다. 그는 여러 가지 해결방안을 제시했는데 흥미로운 것은 비행기 좌석 등급에 따라 탄소세를 매기는 방안을 제안했다. 만약 모든 비즈니스 클래스 좌석에 180유로로, 모든 이코노미 클래스 좌석에 20유로의 세금을 물릴 경우 매년 필요한 기후변화 대응 기금 1,500억 유로의 재원을 마련할 수 있다는 것이다. 가장 기본이 되어야 하는 사고가 이런 것이 아닐까 한다.

『소 방귀에 세금을』[84]이라는 책이 있다. 학교의 환경 토론 수업에서 많이 사용하는 '지구 환경 교과서'다. 지구온난화에 대한 기본적인 지식을 소개하고, 이를 둘러싼 다양한 관점을 보여준다. 내용 중에 소 방귀에 세금을 물려 소 사육을 줄이자는 기발한 발상이 나온다. 지구온난화에 소 방귀가 엄청나게 기여(?)하고 있기 때문이란다.

미국과 독일, 호주, 오스트리아, 영국 등 국제공동연구팀이 최근《네이처》기후변화학회지에 연구 결과를 실었다. 소 같은 반추동물이 기후

---

**83** 녹색 기후 기금은 개발도상국의 온실가스 감축과 기후변화 적응을 지원하기 위해 유엔 기후변화협약에 따라 만든 기금으로 운용 본부는 인천 송도에 있다. 기후변화 적응을 위한 기금 마련에는 2020년 이후 매년 1,500억 유로가 들어간다.

**84** 지구온난화를 둘러싼 여러 이야기를 소개한 책으로 저자는 임태훈이다. 2004년에 처음 출판된 이후 2013년 개정판이 나왔다.

변화에 미치는 영향에 대한 보고서다. 지구에서 메탄을 가장 많이 배출하는 것은 산업체나 석탄, 자동차가 아니다. 소나 양 같은 반추동물이다. 이들이 1년에 방귀나 트림으로 배출하는 메탄의 양은 이산화탄소로 환산하면 2.3Gt(기가톤)이나 된다. 지구온난화의 18%가 메탄 때문에 발생하는 것을 감안할 때 소 방귀의 위력은 정말 대단하다고 할 수 있다.

2011년 조사된 바에 따르면 전 세계에 사는 반추동물은 30억 마리 정도다. 소가 14억 마리, 양이 11억 마리, 염소 9억 마리, 들소 2억 마리다. 문제는 반추동물의 수가 급격히 증가하고 있다는 것이다. 육류에 대한 수요가 늘어나기 때문이다. 소 같은 반추동물이 왜 우리만 가지고 그러느냐고 항의할지도 모르겠다. 흰개미가 방귀로 내뿜는 메탄도 엄청나다고 말이다. 맞는 말이긴 하다. 앞에서도 말했지만 흰개미들이 배출하는 메탄은 연간 50.7Tg(테라그램)으로 지구에서 생산되는 메탄의 약 10%나 된다.

그런데 말이다. 소 같은 반추동물은 생산성이 매우 낮다. 이들을 먹이기 위해 재배해야 하는 식량이 만만찮다. 거기에 이들을 키우기 위해 지표면적의 26%가 사용되고 있다. 기온이 상승하면 당장 식량은 감산된다. 세계적으로 8명 중 1명이 굶주림에 허덕일 정도로 기아인구는 늘어나는데 소고기를 먹기 위해 계속 목초지를 더 늘려야 할까?

지구온난화를 해결하기 위한 가장 빠른 길이 소 같은 반추동물을 줄이는 것이라고 과학자들은 말한다. 이산화탄소는 대기 중에 수백 년이나 머문다. 그래서 이산화탄소의 양을 줄여도 바로 효과가 나타나지 않는다. 그러나 메탄은 대기 중 수명이 9년 이내다. 메탄 배출량을 줄이면

온난화를 누그러뜨리는 효과가 대단히 크다는 이야기다. 아! 고민이다. 소고기 먹는 것을 끊어야 할 것인가?

고민하지 않아도 될 것 같다. 지난 100여 년 동안 인류의 동물성 단백질 섭취량이 5배나 늘었다. 고기를 먹는 양이 늘어났다는 것은 더 많은 사료 소비가 있었다는 말이다. 더 많은 사료를 만들기 위해 삼림을 베어 내고 콩과 옥수수를 심었다. 나무들이 사라지면서 이산화탄소량이 늘어나고 지구온난화 속도도 빨라졌다. 고기를 먹으면서 숲도 보호할 방안이 없을까. 유럽 과학자들은 그 해답으로 곤충을 제시했다. 사료의 주요 성분인 단백질을 곤충으로 대체하자는 거다. 그러면 작물 재배를 줄여 삼림도 보호할 수 있다는 말이다. 고기도 마음 놓고 먹고 말이다. 곤충을 가축 사료로 쓰면, 지구온난화를 막을 수 있다.

유럽연합은 2015년 11월 곤충으로 가축 사료의 단백질을 대체하는 '프로테인섹트PROteINSECT' 프로젝트를 시작했다. 간단하게 설명하면, 한 컨테이너에서는 닭의 배설물로 집파리를 수만 마리 키우고 다른 컨테이너에서는 파리가 깐 알에서 나온 구더기를 기른다. 구더기가 자라면 가공단계를 거쳐 돼지 사료로 쓴다. 숲을 없애 만드는 사료가 더는 필요 없어진다는 뜻이다. 게다가 환경에 해가 되는 가축 분뇨도 없앤다. 돼지까지 덤으로 키울 수 있다. 완전히 가재 잡고 도랑 치는 격이다.

남아프리카공화국에서는 빌 게이츠로부터 1,100만 달러를 지원받아 곤충 사료 공장을 짓고 있다. 케이프타운에서 나오는 음식쓰레기 110톤으로 파리 애벌레를 생산하겠다고 한다. 애벌레는 저렴한 양식어류용 사료로 판매한단다. 세계식량기구FAO는 2014년 보고서에서 곤충은 물

고기를 갈아 만든 어분魚粉 사료나 콩 사료를 25~100% 대체할 수 있다고 밝혔다. 이젠 우리의 패러다임을 바꿀 때가 되었다. 앞의 이야기처럼 자연을 손상하지 않으면서 새로운 방법과 기술로 위기를 극복해 나가야 한다.

자연환경을 손상하지 않으면 오히려 더 큰 이익이 되는 경우가 많다. 유엔의 「밀레니엄 생태계 보고서Millennium Ecosystem Assessment」에서는 사람들이 자연환경의 손상이 경제 손실로 이어진다는 점을 받아들이지 않는다고 본다. 어업의 경우를 보자. 2009년 《사이언스》에 발표된 논문에서 현재 우리가 먹는 생선은 2048년부터는 먹지 못하게 될 것이라 예측한다. 어획량이 90% 이상 줄어들 전망이다. 어업이 붕괴하면 이들을 생계로 삼는 9억 명의 사람이 일자리를 잃는다. 무차별한 남획으로 뉴펀들랜드 대구어장이 황폐해진 것이 바로 그 예다. 매년 수십만 톤씩 잡히던 대구 어획량이 거의 제로에 가까울 만큼 격감했다. 대구잡이가 무너지면서 3만 명이 일자리를 잃었고 미국 정부는 이들에 대한 소득지원과 재훈련으로 20억 달러를 쏟아부어야 했다.

격감하는 어족 자원을 해결하기 위해 양식업에 눈을 돌려야 한다고들 말한다. 그러나 연어와 참치 등의 양식업은 그 어종의 몇 배나 되는 자연산 생선을 먹이로 주어야 한다. 그 비효율성이 뜻밖에 크다. 사람들이 값싸게 먹을 수 있는 어종을 이들 고급 양식 어종에 뺏긴다는 뜻이다. 「밀레니엄 생태계 보고서」에서는 태국의 맹그로브를 보호하고 이용하면 헥타르(ha)당 최고 3만 6,000달러의 수익을 올릴 수 있다고 한다. 그러나 맹그로브를 갈아엎고 그곳에 새우 양식장을 만들면 헥타르당

고작 200달러의 수익만 올릴 수 있다. 결국 무슨 이야기를 하고 싶었던 것일까? 정답은 없다. 무슨 수를 써서라도 탄소 사용은 줄여야 한다. 어떤 일이 있더라도 환경 파괴는 안 된다. 자연은 그대로 둘 때 오히려 인류의 삶이 풍요로워진다는 뜻이다.

**참고문헌**

권원태,『기후변화 현황 및 대책 수립』, 기상청, 2008.

권원태,『한반도 기후 100년 변화와 미래 전망』, 기상청, 2013.

공우석,『키워드로 보는 기후변화와 생태계』, 지오북, 2012.

국립기상연구소,『신생활산업기상기술 개발』, 2009.

국립기상연구소,『기후변화 이해하기2-한반도의 기후변화; 현재와 미래』, 2009.

김기종 외,『친환경 그린 IT의 현황 및 시사점 : IT 서비스업을 중심으로』, 산은 경제연구소, 2008.

김도연,『기후, 에너지 그리고 녹색이야기』, 글램북스, 2015.

김명섭,『대서양 문명사』, 한길사, 2001.

김범영,『지구의 대기와 기후변화』, 학진북스, 2014.

김병춘,박일환,『재미있는 날씨와 기후 변화 이야기』, 가나출판사, 2014

김소구,『지진과 재해』, 기전연구사, 1996.

김연옥,『기후학 개론』, 정익사, 1999.

김지석,『기후불황』, 센추리원, 2014.

남종영,『지구가 뿔났다 : 생각하는 십대를 위한 환경 교과서』, 꿈결, 2013.

남재작,『기후대란 - 준비 안 된 사람들』, 시나리오친구들, 2013.

램, 김종규 역,『기후와 역사』, 한울, 2004.

로렌스 C. 스미스, 장호연 역,『2050 미래쇼크 : 인구, 자원, 기후, 세계화로 읽는 2050년 보고서』, 동아시아, 2012.

마리우스 다네베르크 등, 박진희 역,『기후변화에 대응하는 재생가능에너지』, 온수레, 2014.

마이크 데이비스, 정병선 역,『엘니뇨와 제국주의로 본 빈곤의 역사』, 이후, 2008.

문승의,『기상환경의 이해』, 지구문화사, 1997.

박호정,『탄소 전쟁 : 기후변화는 어떻게 새로운 시장을 만드는가』, 미지북스, 2015.

백명식,『구름을 뚫고 나간 돼지 : 날씨와 기후 변화』, 내인생의책, 2014.

베른하르트 푀터, 정현경,『 역기후변화의 먹이사슬 : 가해자와 피해자, 그리고 이득을 보는 사람들』, 이후, 2011.

브라이언 페이건, 남경태 역,『기후, 문명의 지도를 바꾸다』, 예지(Wisdom), 2013.

빌 브라이슨, 이덕환 역,『거의 모든 것의 역사』, 까치글방, 2003.

사이먼 윈체스터,『지구의 생명을 보다』, 휘슬러, 2005.

산은경제연구소 산업분석 2팀,『기업의 지속가능경영을 위한 금융의 역할』, 2007.

삼성지구환경연구소,『지구온난화가 열어가는 시장 : 카본마켓』, 2007.

삼성지구환경연구소,『녹색경영이 만들어가는 저탄소사회』, 2009.

삼성지구환경연구소,『기후변화가 비즈니스를 바꾼다』, 2010.

샤론 모알렘, 김소영 역,『아파야 산다 : 인간의 질병·진화·건강의 놀라운 삼각 관계』, 김영사, 2010.

세계기상기구 유럽지사, 최병철 외 2명 역,『위기의 지구 - 폭염』, 푸른길, 2007

소방방재청, 중앙재난안전대책본부,『재해연보 2013』, 소방방재청, 2014.

소선섭,『대기과학』, 청문각, 2014.

송은영,『빈이 들려주는 기후 이야기』, 자음과모음, 2010.

스티븐 존슨, 김명남 역, 『감염지도 : 대규모 전염병의 도전과 현대 도시문명의 미래』, 김영사, 2008.

실베스트르 위에, 이창희 역, 『기후의 반란』, 궁리, 2002.

안병옥, 『인간과 자연, 공존하며 살아간다는 것 : 기후 변화와 생태 이야기』, 21세기북스, 2014.

오코우치 나오히코, 『얼음의 나이 : 자연의 온도계에서 찾아낸 기후변화의 메커니즘』, 계단, 2013.

윤영균, 『기후변화협약 협상동향 및 산림부문 대응 방향』, 교토의정서 발효 2주년 학술심포지움 발표자료, 2007.

윤일희, 『현대 기후학』, 시그마프레스, 2004.

이유진, 『기후변화 이야기』, 살림, 2010.

이지훈, 『녹색성장시대의 도래』, 삼성경제연구소, 2008.

임선아, 『누가 숲을 사라지게 했을까?』, 와이즈만북스, 2013.

임태훈, 『어, 기후가 왜 이래요?』, 토토북, 2007.

임향, 『기후변화 조용한 재앙 : 화석연료 제로 마을 베드제드 가보니』, 국민일보, 2008.

장순근 외, 『극지와 인간』, 한국해양과학기술원, 2013.

정병곤, 김득수 등, 『생태계와 기후변화』, 동화기술, 2014.

정회성 외, 『기후변화의 이해 : 정책과 경제 그리고 과학의 관점에서』, 환경과문명, 2013.

제레드 다이아몬드, 김진준 역, 『총, 균, 쇠』, 문학사상사, 2013.

제리 실버, 최영은,권원태 역, 『스스로 배우는 지구온난화와 기후변화』, 푸른길, 2010.

존 린치, 이강웅 역, 『길들여지지 않는 날씨』, 한승, 2004.

캔디 구얼레이, 김영선 역, 『날씨전쟁 : 기후변화로 고통 받는 지구 이야기』, 사파리, 2013.

클라우스 퇴퍼, 프리데리커 바우어 공저, 『청소년을 위한 환경 교과서 : 기후변화에서 미래 환경까지』, 사계절, 2009.

타챠나 알리쉬, 우호순 역, 『자연재해』, 혜원출판사, 2009.

트루디 벨, 손영운 역,『사이언스 101 기상학』, 북스힐, 2010.

팀 플래너리, 이한중 역,『기후창조자』, 황금나침반, 2006.

폴 길딩, 홍수원 역,『대붕괴 : 기후 위기는 세계 경제와 우리 삶을 어떻게 파멸 시키나』, 두레, 2014.

프레드 싱거, 데니스 에이버리 공저, 김민정 역,『지구온난화에 속지 마라 : 과학 과 역사를 통해 파헤친 1,500년 기후 변동주기론』, 동아시아, 2009.

하랄트 벨처, 윤종석 역,『기후전쟁 : 기후변화가 불러온 사회문화적 결과들』, 영림카디널, 2010.

한국기상학회,『대기과학개론』, 시그마프레스, 2006.

한현동,『이상기후에서 살아남기』1, 2 - 아이세움, 2009.


C. Donald Ahrens, *Essentials of Meteorology*, CengageLearning, 2008

Felix Gad Sulman, *Health, Weather and Climate*, S. Karger, 2007

Ackerman, Meteorology, *ThomsonLearning*, 2006

John E. Oliver, The Encyclopedia of Climatology, *VanNostrandReinhold*, 1987.

Robin Birch, *Watching Weather*, MarshallCavendishChildren'sBooks, 2009.

Michael Oard, *The Weather Book*, Master Books, 1997.

William James Burroughs, *Does the weather really matter?*, Cambridge University Press, 2005.

Cotton, Human Impacts on Weather and Climate, Cambridge University Press, 2007.

반기성 교수의
기후와 환경 토크 토크

**초판 1쇄 발행** 2016년 1월 26일
**초판 2쇄 발행** 2016년 4월 14일

**지은이** 반기성
**펴낸이** 김세영

**펴낸곳** 프리스마
**주소** 04035 서울시 마포구 월드컵로8길 40-9 3층
**전화** 02-3143-3366
**팩스** 02-3143-3360
**블로그** http://blog.naver.com/planetmedia7
**이메일** webmaster@planetmedia.co.kr
**출판등록** 2005년 10월 4일 제313-2005-00209호

ISBN 979-11-86053-03-4 03450